U0313612

电力感应滤波原理与应用

Principle and Application of Inductive Power Filtering Method

李　勇　罗隆福　张志文　许加柱　曹一家　著

科学出版社

北　京

内 容 简 介

电能质量问题广泛存在于工业定制电力系统、新能源发电系统、交直流输配电系统等领域。本书在无源滤波、有源滤波等传统的电能质量解决方法基础之上,提出了一种电力感应滤波方法。本书介绍了电力滤波技术的现状与发展趋势;分析了电力感应滤波的工作原理、电磁特性以及滤波性能;重点研究了感应滤波在应用于直流输电系统时,对系统运行与控制方面的影响;探讨了基于感应滤波的新型换流变压器保护原理以及换流变压器绕组振动;详细介绍了感应滤波应用于柔性直流输电的可行性以及在实际工业直流系统中的工程应用。

本书可供电力系统、电力电子、电机与电器及相关领域的研究生、科研工作者和工程技术人员参考阅读。

图书在版编目(CIP)数据

电力感应滤波原理与应用＝Principle and Application of Inductive Power Filtering Method/李勇等著. —北京:科学出版社,2015.9
 ISBN 978-7-03-045708-0

Ⅰ.①电… Ⅱ.①李… Ⅲ.①电力-谐波-滤波理论-研究 Ⅳ.①TM713

中国版本图书馆 CIP 数据核字(2015)第 220589 号

责任编辑:耿建业 陈构洪 乔丽维 / 责任校对:桂伟利
责任印制:徐晓晨 / 封面设计:耕者设计工作室

科 学 出 版 社 出版
北京东黄城根北街 16 号
邮政编码:100717
http://www.sciencep.com

北京虎诚则铭印刷科技有限公司 印刷
科学出版社发行 各地新华书店经销
*

2015 年 9 月第 一 版 开本:720×1000 B5
2016 年 2 月第二次印刷 印张:18 3/4
字数:362 000
定价:88.00 元
(如有印装质量问题,我社负责调换)

前　言

　　近年来,化工、冶金、轨道交通、造纸等关乎国计民生的工业领域节能减排的指标越来越严格,这需要工业定制电力系统提供更为安全与高效的电力供应。此外,风能、太阳能等新能源在电力系统中得到了一定程度的应用,由于传统化石能源的短缺以及核能使用过程中暴露出来的安全问题,新能源发电将会在电力系统中得到进一步的普及。鉴于电力与能源系统呈现出的上述发展趋势,电力电子技术在电力系统中将得到日益广泛的应用。但是,电力电子变换装置固有的非线性特性会给电力系统带来谐波污染、功率因数低、三相不平衡、电压品质低等电能质量问题。

　　在解决电力系统电能质量问题方面,常见的有无源滤波和有源滤波两种方法。作者在此基础上充分发掘变压器这一电力系统中普遍应用的电气设备所具有的谐波条件下电磁感应潜能,提出了一种电力感应滤波方法,能够在靠近谐波产生源处实施谐波抑制与无功功率补偿,在确保公共电网电能质量的同时,有效解决非线性负荷及其供电系统存在的电能质量问题。本书是作者在电力感应滤波领域研究成果的系统性总结,以期读者能够比较深入与系统地了解感应滤波的工作原理以及应用于输配用电系统所表征出来的运行特性与技术特征。

　　全书共13章。第1章主要介绍电力滤波技术的现状、电力感应滤波的提出背景与意义、直流输电系统的现状与发展趋势。第2章详细介绍电力感应滤波的工作原理与实现条件、感应滤波装置的场路耦合模型以及感应滤波的电磁特性。第3章重点论述非理想参数对感应滤波性能的影响。第4、5章主要研究感应滤波对直流输电谐波传递特性的影响以及感应滤波抑制直流输电谐波不稳定的机理。第6、7章主要研究基于感应滤波的新型直流输电无功功率特性以及逆变状态下感应滤波对直流输电换流器运行特性的影响。第8章主要介绍采用感应滤波的新型换流变压器保护原理。第9章研究谐波条件下感应滤波对换流变压器绕组振动的影响。第10章主要探讨感应滤波应用于由电压源型换流器构建的轻型直流输电的技术可行性。第11~13章详细介绍感应滤波方法在牵引供电系统和工业直流供电系统中的实际应用情况。

　　本书得到了国家自然科学基金重点项目(61233008)、国家自然科学基金项目(51377001、51477046)、国家国际科技合作专项(2015DFR70850)、国家科技支撑计划项目(2013BAA01B01)、湖南省自然科学基金重点项目(12JJ2034、12JJ2030)、国家电网公司重大科技项目(5216A014007V)、国家青年千人计划项目等的资助,在此一并表示衷心的感谢。此外,本书还得到国内外同仁的大力支持。作者要特别感谢湖南大学的刘福生教授、德国多特蒙德工业大学(TU Dortmund University)的 Christian Rehtanz 教授、澳大利亚昆士兰大学(The University of Queensland)的 Tapan K. Saha 教授、中南大学的刘芳副教授、华侨大学的邵鹏飞博士与尚荣艳博士、株洲电力机车研究所的刘文业博士给予的大力支持。湖南大学的姚芳虹硕士、彭衍建博士为本书的出版做了大量工作,在此一并表示感谢。

由于作者水平有限,书中难免有不足或有待改进之处,敬请读者批评指正。

作　者
2015 年 5 月于湖南大学

目　　录

第1章 绪 论

清洁、高效、易使用的电能作为一种可交易的商品形式,是社会经济快速发展的重要物质保证[1-3]。当今社会正进入信息时代,资源与环境协调发展已成为社会生活和经济发展的主旋律,在这种大环境下,如何发展现代电力工业,为现代社会经济发展提供优质、经济的电能,这既是时代赋予电力行业的一项重要任务,又是电力行业与时俱进需要解决的一项科学问题。

现代电力电子技术在电力行业中日益广泛地使用,为现代电力系统的发展注入了活力,但与此同时也对电能品质提出了挑战[4-9]。电力电子设备固有的非线性特性或多或少均会对电力系统造成某种程度的污染,而这种污染对电力系统安全、稳定、高效、灵活的控制会带来一定的消极作用。直流输电技术是电力电子技术在电力系统中应用最早、也是最为成熟的一门技术[7,10-15]。随着现代电力系统的发展和电气设备制造水平的提高,直流输电技术呈现出一些新的特征,并在配用电领域得到了一定程度的使用,但技术的应用随着电力行业的发展以及人们对环境与能源的重视而呈现出新的问题,面临着新的挑战。

本章将首先综述电力滤波技术的现状与发展,在此基础上,对感应滤波的由来及其发展现状与应用前景进行综述;然后综述直流输电技术的现状与发展,在此基础上,对感应滤波换流器的由来与技术特性以及借此构成的直流输电新模式与技术特性进行概述;最后阐述本书的研究目的、研究意义与主要的研究内容。

1.1 电力滤波技术的现状与发展

1.1.1 无源电力滤波技术

分流式滤波技术即无源电力滤波技术,它是目前在电力系统领域应用最早、也是最为广泛的谐波抑制技术[16-18],其滤波原理是:通常由电容器、电抗器和电阻器构成在特定次谐波频率下呈低阻抗特性的无源电路网络,该无源网络对特定次频率的电流分量表现为对地短路,当其并联接入电网时(一般是在公共连接点(PCC)处接入),如果电力负荷中含有该特定次频率的谐波电流,则由于该无源电路网络对该谐波频率呈现出的对地短路特性,其被引流至该无源对地网络,从而起到抑制谐波电流的作用,使之不至于流入电网中造成谐波污染。

图 1.1 为无源电力滤波器目前常见的几种结构型式。其中,单调谐滤波器在

实际工程中,尤其是在化工、冶金、造纸等工业用户定制电力系统中的应用比较广泛,这主要是得益于其所具有的结构简单、设计方便、易于维护等特点,并且其对单一重要谐波的滤除能力比较强,通常情况下是将它与二阶高通滤波器搭配起来共同使用,用于抑制主要特征谐波以及其他更高次的谐波。单调谐滤波器的主要缺点是低负荷时的适应性差,抗失谐能力比较低,基波损耗比较大。

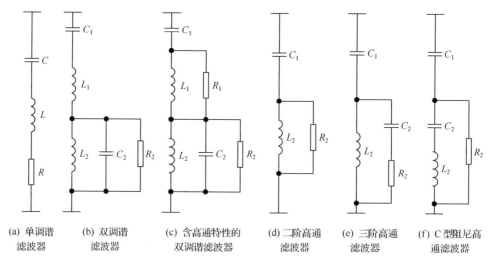

| (a) 单调谐滤波器 | (b) 双调谐滤波器 | (c) 含高通特性的双调谐滤波器 | (d) 二阶高通滤波器 | (e) 三阶高通滤波器 | (f) C 型阻尼高通滤波器 |

图 1.1　无源电力滤波器的常见结构型式

　　双调谐滤波器是目前直流输电交直流侧谐波抑制普遍选用的滤波器型式[19-22],它可以用来同时滤除两个特征谐波,其中的串联支路主要承受电网基波电压,而并联支路主要承受谐波电压。相对于两个独立的单调谐滤波器,双调谐滤波器的基波损耗比较低,且只有串联支路这一个处于高电位的电容器组,可部分地降低滤波电容器的电压等级,节约器件的绝缘成本。

　　随着现代电气设备制造水平的进一步提高,一些结构更为复杂的无源电力滤波器在实际工程中得到了初步的应用。尤其是在近几年的直流输电工程中,出现了如图 1.2(b)所示的三调谐滤波器,用于 HVDC 系统直流侧高次谐波的抑制。例如,我国的贵—广第二回高压直流输电工程采用了用于抑制 12/24/36 次谐波的三调谐直流滤波器[23],高—肇直流输电工程采用了用于抑制 3/24/36 次谐波的三调谐直流滤波器[24]。由于多调谐滤波器的结构比较复杂,对特定次谐波的滤波性能受到多个元器件的综合影响,滤波性能受元器件参数摄动的灵敏度比较大,对失谐较为敏感[19,25]。图 1.2(c)所示的含高通与低损耗特性的三调谐电力滤波器是国内学者提出的一种新型滤波器[24],其本质是图 1.2(b)所示结构型式的改进型,充分利用了多调谐滤波器并联支路主要承受谐波电压的特点,将高通支路的基波损耗大为减少。

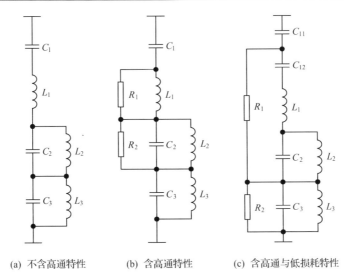

(a) 不含高通特性　　(b) 含高通特性　　(c) 含高通与低损耗特性

图 1.2 三调谐无源电力滤波器的结构型式

实际上,滤波装置的投入虽然能够较好地遏制谐波对电网的污染,提高电能的产品质量,但必然会带来一定的运行损耗,这对工业用户定制电力而言,尤为重要。因为电力用户从自身经济利益考虑,最为关心的还是工业供用电系统的实际运行效率。因此,目前的无源电力滤波器的工程优化设计,一般都会在保证滤波效果满足相关谐波限值标准[16,17]《电能质量公用电网谐波标准》(GB/T 14549—93),IEEE,IEC 谐波限值标准等)的同时,综合考虑电力滤波器的设备选型、投资成本、运行损耗等因素。

分流式电力滤波技术虽然具有运行可靠性相对较高、技术比较成熟、投资成本相对较低等优点,但同时也存在如下缺点。

(1) 无源滤波网络由于其固有的阻抗频率特性,对低于该特定次数的其他次谐波而言具有一定的谐波放大作用。

(2) 滤波效果容易受系统阻抗变化的影响,当电力系统的阻抗网络(包括电网和负荷)发生改变时,可能会导致串/并联谐振的发生。

(3) 滤波装置一般是在电网公共连接点(PCC)处实施谐波抑制,能有效解决谐波与无功对电网的污染,这对于电力运营商(transmission system operator,TSO)是十分有利的,但无法改善谐波与无功对电力用户带来的不良影响。对于电力用户,谐波治理与提升运行效率是一个两难选择。

值得特别指出的是,在目前的高压/特高压直流输电(电流源型直流输电)工程中,换流站交流侧的滤波装置一般采用无源电力滤波器的结构型式,这与无源滤波技术相对比较成熟、补偿容量比较高、运行相对可靠不无关系。当然,随着无源滤波技术的发展与进步,目前出现了一种尖锐调谐度的连续调谐交流滤波器(continuously tuned AC filter,ConTune),被成功应用于基于电容换相换流器(CCC)

的直流输电系统[12]。图 1.3 为连续调谐滤波器及其实物图[26],其首次工程应用是安装于太平洋联络线的 Celilo HVDC 换流站。连续调谐滤波器通过控制铁心材料的饱和度,达到控制滤波电抗器的电抗值,使之与滤波电容器在一定范围的谐波频率下能够连续调谐。虽然这种滤波器具有非常良好的滤波效果,但目前还只适合于在单调谐无源电力滤波器中采用,且只针对一个谐波频率,其价格也相对较贵。

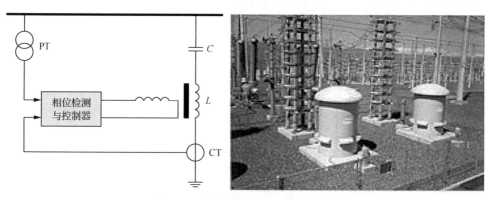

图 1.3　连续调谐无源电力滤波器

1.1.2　有源电力滤波技术

有源电力滤波技术是一种应用电力电子技术和现代控制理论与方法实现动态抑制谐波与补偿无功的滤波技术[16,27-33],它能对变化的谐波(幅值和频率变化)以及变化的无功(无功大小、容性或感性)进行跟踪性补偿。有源电力滤波技术发展至今,出现了多种不同的拓扑结构类型,其工作原理和运行特性各有特色。但根据有源电力滤波器接入电网的方式,可分为并联型和串联型两大类。图 1.4 为这两类有源电力滤波器的简化结构图。

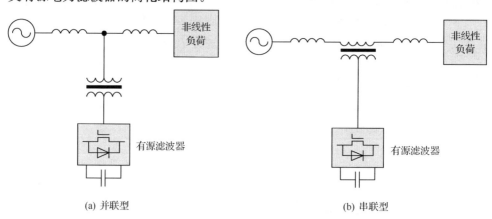

图 1.4　有源电力滤波器的简化结构图

　　有源电力滤波技术基本的工作原理是,检测补偿对象的电流和电压,经过指令运行电路得到补偿电流的指令信号,该指令信号经过补偿电流发生电路,产生与电网谐波电流大小相等、方向相反的补偿电流注入电网,从而实现补偿电流与电网谐波和无功电流相抵消,最终得到期望的电源电流。

　　并联型有源电力滤波器是目前应用比较广泛的有源滤波器类型,通常情况下,它与无源电力滤波器组成各种类型的混合型电力滤波器。图 1.4(a)为并联型有源电力滤波器最基本的结构型式。由于电网电压经过变压器直接施加到变流器上,且补偿电流基本上由变流器提供,这使得所需的变流器容量较大,难以在高压大功率的谐波抑制场合得到应用。

　　串联型有源电力滤波器可被看成一个受控谐波电压源,这种谐波源的一个典型应用是电容滤波型整流电路。与并联型有源电力滤波器相比,串联型有源滤波器的基波损耗较大,并且其投切、故障后的退出及各种保护也比并联型有源电力滤波器复杂。因此,目前单独使用串联型有源电力滤波器的工程应用很少,国内外研究较多的是由无源电力滤波和串联型有源电力滤波构成的混合电力滤波技术。

　　为了有效降低有源电力滤波器的容量,目前主要有两种方法:一种是混合型电力滤波,这将于 1.1.3 节阐述;一种是如图 1.5 所示的谐振注入式[16,34,35]。这种方式利用电容器和电抗器构成基波谐振回路,使得有源电力滤波器部分只承受极小部分的基波电压,从而大大降低有源滤波器的容量。如图 1.5(a)所示,电容器 C_2 和 L 构成串联基波谐振回路,使得基波电压绝大部分降落在电容器 C_1 上;如图 1.5(b)所示,电容器 C_1 和 L_1 构成并联基波谐振回路,使得基波电压绝大部分加在该谐振回路上。通过这两种基波谐振方式,均能够使得有源电力滤波器只承受谐波分量,从而降低有源电力滤波器的基本容量和总容量。

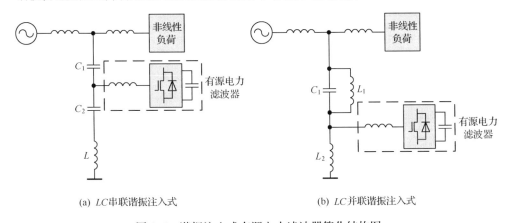

(a) LC 串联谐振注入式　　　　　　　　(b) LC 并联谐振注入式

图 1.5　谐振注入式有源电力滤波器简化结构图

1.1.3　混合型电力滤波技术

混合型电力滤波技术是目前有源滤波技术工程应用的一种最为成功和典型的类型,它有效结合了无源滤波结构简单、补偿容量大、成本相对较低,以及有源滤波动态抑制谐波与无功补偿的优点[16,36-42]。图1.6为混合型电力滤波器的三种主要结构型式。

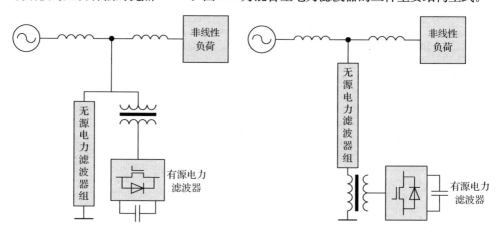

(a) 无源滤波器和并联型有源滤波器的并联方式　　　(b) 无源滤波器和并联型有源滤波器的串联方式

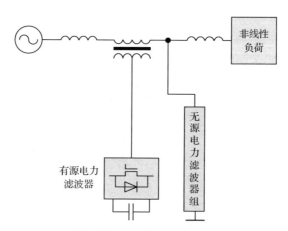

(c) 无源滤波器和串联型有源滤波器的并联方式

图 1.6　混合型电力滤波器简化结构图

图1.6(a)为无源滤波器和并联型有源滤波器的并联混合方式。在这种方式中,无源电力滤波器组包括多组单调谐滤波器及高通滤波器,承担主要的谐波抑制与无功补偿任务;有源电力滤波器是进一步改善整个系统的性能,其所需的容量与单独使用方式相比大幅降低。图1.6(b)为无源滤波器和并联型有源滤波器的串联混合方式。这种串联混合方式与上述的并联混合方式相比,有源电力滤波器基

本不承受电网基波电压,因此容量会进一步降低。图1.6(c)为无源滤波器和串联型有源滤波器的并联混合方式。这种混合方式中的有源部分起到了谐波隔离器的作用,对基波而言阻抗为0,而对谐波而言,呈现高阻抗,迫使谐波电流流入无源滤波部分,可抑制电网阻抗对无源滤波部分的影响。

值得说明的是,尽管有源电力滤波技术的发展已经有了长足的进步,滤波性能非常显著,但目前还主要停留在中低压领域的应用,对于高压/特高压领域鲜有应用,这主要是由于有源滤波的实施需要备有谐波发生源和大功率全控型功率器件,且无功补偿量也有限。特别是目前的高压/特高压直流输电,其换流站交流侧的谐波抑制与无功补偿绝大部分还是采用无源电力滤波器技术;其换流站直流侧的滤波技术在近年来有一些采用了有源电力滤波技术。

1.1.4　多重化谐波消除技术

多重化谐波消除技术是指将两个或更多个相同结构的换流(整流或逆变)电路通过换流变压器进行移相多重联结,从而减少交流侧输入电流谐波,提高交流侧电网的电能质量。对于多重化换流电路,一般是以6脉波桥式换流电路为基本的换流单元。该换流单元在交流侧产生的特征谐波次数是$6n\pm1(n=1,2,3,\cdots)$。当采用两组换流单元,通过换流变压器进行30°移相联结时,换流变压器一次侧汇流处的特征谐波次数变成$12n\pm1(n=1,2,3,\cdots)$。类似地,若采用三组换流单元,通过换流变压器进行20°移相联结时,换流变压器一次侧汇流处的特征谐波次数变为$18n\pm1(n=1,2,3,\cdots)$。文献[16]给出了具有一般意义的多重化换流电路的拓扑结构。在此值得说明的是,尽管通过多重化换流技术可以降低换流器交流电网侧的谐波畸变率,提高电网侧的电能质量,但同时也存在以下局限性。

(1)多重化换流技术在一定程度上降低了换流阀组的使用效率。一般地,对于6脉波换流单元,在一个周期内,每个桥臂上的每套换流阀组使用效率可近似理解为0.5,则对于12脉波,其使用效率变为0.25。以此类推,随着多重化程度的提高,换流阀组在一个周期内的使用效率则随之降低。

(2)多重化换流技术无法解决谐波与无功对换流变压器造成的危害。由于每个换流单元在交流侧产生的特征谐波次数均为$6n\pm1(n=1,2,3,\cdots)$,这意味着每个换流单元产生的各次谐波电流与无功分量均通过换流变压器的一二次侧绕组,在换流变压器的一次侧端口处汇流。因此,谐波与无功对换流变压器的危害得不到任何的抑制。

1.2　感应滤波技术的提出及其发展现状与应用前景

本书研究的电力感应滤波技术是在电气化铁道牵引供电系统、工业直流供电系统和直流输电系统谐波治理与无功补偿基础之上发展出来的一种新型滤波方法。下面将阐述这种滤波新技术得以开发的根源、发展现状和与之相关的几种新型供电变压器,总结感应滤波技术的实用意义,并对其应用前景进行展望。

1.2.1　多功能阻抗匹配平衡牵引变压器

多功能阻抗匹配平衡变压器是在阻抗匹配平衡牵引变压器基础上,通过在三相变两相平衡变压器的二次侧引出抽头,接入 LC 调谐支路,构成的一种新型的具有谐波屏蔽功能的牵引变压器[43,44]。该类牵引变压器可用于综合解决电气化铁路牵引变电站所存在的无功、谐波等电能质量问题。图 1.7 为该新型牵引变压器的原理接线图。

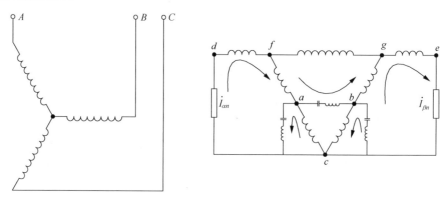

图 1.7　多功能阻抗匹配平衡牵引变压器原理接线图

图 1.8 为多功能阻抗匹配平衡变压器及其配套全调谐装置的实物图。表 1.1 为现场测量得到的分别采用无源滤波和感应滤波对三次谐波电流的滤波效果。由此可知,相对于传统的无源滤波,感应滤波具有更好的谐波电流滤除率。

(a) 多功能阻抗匹配平衡变压器

(b) 电抗器   (c) 电容器

图 1.8 多功能阻抗匹配平衡变压器及其配套全调谐装置实物图

表 1.1 多功能阻抗匹配牵引变压器一次侧电流谐波滤除情况

测量序号	总的谐波电流/A(三相平均值)			谐波电流滤除率/%	
	不滤波	无源滤波	感应滤波	无源滤波	感应滤波
1	14.46	7.7	3.87	46.75	73.24
2	10.05	6.44	5.39	35.92	46.37
3	9.16	6.61	5.5	27.84	39.96
4	10.96	4.81	3.4	56.11	68.98
平均值	11.16	7.76	5.51	41.66	57.14

1.2.2 谐波屏蔽单相牵引变压器

谐波屏蔽单相牵引变压器是我国 20 世纪 90 年代在进行电气化铁路改造过程中发展出的一种具有谐波屏蔽功能的单相牵引变压器,图 1.9 为该类牵引变压器的原理接线、绕组布置以及等值电路图,相应的原理分析见文献[45]。

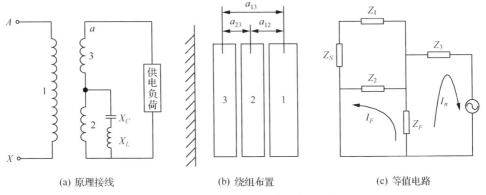

(a) 原理接线   (b) 绕组布置   (c) 等值电路

图 1.9 谐波屏蔽单相牵引变压器

这种新型单相牵引变压器可向电气化铁道的单相机车牵引负荷供电,也可向单相的整流或电弧炉负荷供电。在长沙顺特变压器厂研制了其原理试验样机,并进行了相关的谐波测试。表1.2和表1.3分别给出了在5kW、7kW和9kW三种负载情况下,分别测量变压器一次侧3次谐波电流和总谐波电流的滤波情况。测试结果中包含了三种工况:不接滤波器、在抽头处(100V)接入新型滤波器(感应滤波方式)和在负载侧(320V)接入常规滤波器(无源滤波方式)。由结果可知,感应滤波比传统无源滤波具有更好的滤波效果。

表1.2　谐波屏蔽单相牵引变压器一次侧绕组中3次谐波电流滤除情况

序号	总的谐波电流/A(三相平均值)			谐波电流滤除率/%	
	不滤波	感应滤波	无源滤波	感应滤波	无源滤波
5kW	13.2	3.9	6.9	70.45	47.73
7kW	14.0	4.4	7.4	68.57	47.14
9kW	14.8	4.6	7.6	68.92	48.65
平均值	14.0	4.3	7.3	69.32	47.84

表1.3　谐波屏蔽单相牵引变压器一次侧绕组中总的谐波电流滤除情况

序号	总的谐波电流/A(三相平均值)			谐波电流滤除率/%	
	不滤波	感应滤波	无源滤波	感应滤波	无源滤波
5kW	17.6	9.8	12	44.32	31.82
7kW	18.1	10.4	12.4	42.54	31.49
9kW	18.6	10.5	12.4	43.55	33.33
平均值	18.1	10.23	12.3	43.47	32.21

1.2.3　新型换流变压器及其感应滤波系统

将感应滤波技术应用于直流输电系统,可构建一种如图1.10所示的具有新型绕组接线方式的换流变压器。该换流变压器二次侧绕组采用延边三角形,延边绕组引出端点与换流器连接,内接三角形角接处引出与外部星形接线串有小值电感的电容支路相连接。该新型换流变压器及其感应滤波系统的接线原理和运行方式将在后续章节中予以重点研究。

1.2.4　感应滤波的实用意义

(1)大功率变流系统均要经变压器作变压供电,利用变压器开发的潜能进行滤波,既非无源滤波又非有源滤波,是一种感应滤波,为电力滤波开创了一条新路。

(2)整流和逆变要消耗无功,接入电容对基波负荷实施无功补偿,在谐波频率

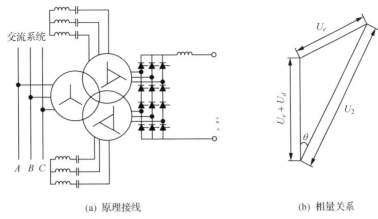

(a) 原理接线   (b) 相量关系

图 1.10 新型换流变压器及其感应滤波系统简化接线图

时形成阻抗匹配,为滤波提供条件,但实际滤波是靠内部绕组构成的安匝平衡消除谐波,可有效降低谐波与无功对供电变压器造成的危害。

（3）传统的无源滤波要避开谐振过电压和谐波放大的危害,发展受到限制;有源滤波要备有电力电子装置构成的谐波发生源和复杂的跟踪检测控制系统,成本较高,难以在大功率滤波中推广应用。变压器感应滤波技术利用了有源滤波的构想,但不是人为制造反向的谐波,而是利用相关绕组的自耦感应来产生反向谐波,这在吸取有源滤波优点的同时,又克服了其缺点。

1.3 直流输电系统及其换流技术的现状与发展

1.3.1 直流系统的分类与应用范围

随着现代电力电子技术及相关功率器件制造技术的发展,以交直流电能变换装置为核心的直流系统在现代电力系统的发、输、配、用电侧均得到了一定程度的应用[12,16,46]。现以直流系统在电力系统中的应用范围,对直流系统进行如下分类。

（1）在发电侧,尤其是风能、太阳能等新能源的发电端,直流系统通常可作为新能源并网的一种联络方式。例如,风电场的发电端一般通过换流器将交流电转换至直流电,在电网侧又通过换流器将直流电转换至交流电。

（2）在输电侧,直流系统一般作为大容量、远距离输电的一种经济选择方式,得到了一定程度的应用。特别是,在区域间电网的非同步互联、海底电缆输电领域,直流输电具有比较明显的技术与经济优势。

（3）在配电侧,近年来,由直流配网为主干的城市配电网,或者应用直流技术向负荷密集区（如城市中心区）进行送电,这些方面的研究在国内外引起了一定的关注。另外,在以分布式电源为核心构建的分布式配电系统中,直流技术也具有一定的应用价值。

（4）在用电侧，尤其是工业用电侧，直流系统更是得到了相当规模的应用，这部分也是直流技术工程化时间最早、应用范围最广的一个领域。例如，金属冶炼、化工生产等部门，直流系统通常被用来向生产系统提供一定容量的直流电源。另外，在城市轻轨、地铁等轨道交通领域，直流系统也得到了相当程度的应用。

1.3.2　直流输电技术及其在我国的应用

直流输电技术是以直流电的方式实现电能传输的技术。直流输电技术与交流输电技术相互配合已经成为现代电力传输系统不可或缺的重要组成部分。直流输电技术在远距离大容量输电和区域电力系统联网方面具有明显的优点，是我国"西电东送"和全国联网工程中极其重要的一个环节，也是我国高压/特高压电网建设的一个非常重要的方面。

直流输电系统主要分为整流站、逆变站和直流输电线路三部分，其基本的构成与接线原理如图 1.11 所示[19]。

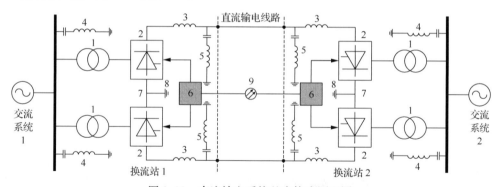

图 1.11　直流输电系统基本构成原理图
1-换流变压器；2-换流器；3-平波电抗器；4-交流滤波器；5-直流滤波器；6-控制保护系统；7-接电极引线；
8-接地极；9-远动通信系统

换流器是直流输电系统中最为核心的电力电子装置。目前，国内外大部分的高压/特高压直流输电工程均采用晶闸管阀作为换流器件，它没有自关断电流的能力，需要借助外部交流系统来完成自然换流，换流器在此过程中消耗大量的无功功率。同时，由于这种换流器强烈的非线性作用，会在换流站的交流侧和直流侧产生大量的非特征和特征谐波电流和谐波电压，因此，必须考虑在换流站中安装交流滤波器和直流滤波器，并且，交流滤波器也部分地补偿了换流器消耗的无功功率。

换流变压器是高压直流输电系统中最为重要的电气设备之一，它向换流器提供适当等级的换相电压和足够的换相电抗，以满足换流器正常换相的要求，并且在一定程度上起到交直流隔离的作用。由于换流器强烈的非线性作用，导致与普通电力变压器相比，换流变压器在短路阻抗、绝缘、谐波、直流偏磁、有载调压以及型式试验等方面具有比较鲜明的技术特点。

我国自从 1989 年第一个直流输电工程(舟山直流工程)投入商业运行以来,高压直流输电技术的研究与应用取得了长足的发展。截至 2006 年年底,我国已投运的高压直流输电工程有 9 个,如表 1.4 所示[46]。我国在 2020 年前计划投运的直流输电工程将超过 30 个。特别值得关注的是,为实现我国的"西电东送"战略规划,我国正在积极推进 $\pm800\text{kV}$ 特高压直流输电工程的建设,未来将建设约 16 回特高压直流输电工程,具体如表 1.5 所示[47,48]。

表 1.4 我国已投运的高压直流输电工程

序号	工程名称	额定电压/kV	额定电流/kA	额定容量/MW	输送距离/km	投运年份
1	舟山工程	100	500	50	54	1989
2	葛南工程	±500	1200	1200	1045	1989
3	天广工程	±500	1800	1800	980	2000
4	三常工程	±500	3000	3000	860	2002
5	嵊泗工程	±50	600	60	66	2002
6	三广工程	±500	3000	3000	976	2004
7	贵广Ⅰ回工程	±500	3000	3000	882	2004
8	灵宝背靠背工程	120	3000	360	0	2005
9	三沪工程	±500	3000	3000	1040	2006

表 1.5 我国拟建设的特高压直流输电工程

电源类别	外送容量/GW	特高压直流线路/回
金沙江下游	41	6
四川水电	10.8	1
云南水电	约 25	4
呼盟—沈阳	6.4	1
呼盟—北京	6.4	1
哈密—郑州	6.4	1
俄罗斯水电	6.4	1
哈萨克火电	6.4	1
总计	108.8	16

1.3.3 直流输电系统在工程应用中存在的问题

1. 换流变压器的电磁环境与噪声污染

换流变压器由于运行过程中受到交直流电场的同时作用,其电磁环境相对于普通电力变压器要恶劣得多。特别是目前的换流变压器承受的谐波分量比较严重,由换流器产生的各种特征谐波电流与非特征谐波电流均通过换流变压器的阀侧绕组和网侧绕组而馈入至交流电网侧,这意味着谐波电流在换流变压器中自由流通而得不到任何抑制。由于换流变压器绕组中含有大量的谐波电流,势必会增加绕组的铜耗;换流变压器漏磁的谐波分量会使变压器的杂散损耗增大,有时还可能使某些金属部件和油箱产生局部过热现象;对于有较强漏磁通过的部件要用非磁性材料或采用磁屏蔽措施;数值较大的谐波磁通所引起的磁滞伸缩噪声一般处于听觉较为灵敏的频带,需要采取有效的隔音降噪措施,如图 1.12 所示的江陵换流站和图 1.13 所示的龙泉换流站,均采用了降噪装置,也就是应用"BOX-IN"技术[49],通过外在的被动式噪声抑制措施将换流变压器的噪声水平降低 15~20dB。这种噪声抑制措施实际上是一种不得已而为之的方法,是换流站在实际运行中出现噪声污染问题后的一种事后修补举措。

(a) 备用的单相换流变压器　　　　　　　(b) 正在安装中的降噪装置

图 1.12　三广直流输电工程江陵换流站中的换流变压器及正在安装的降噪装置

(a) 换流变压器　　　　　　　　　　(b) 正在安装中的降噪装置

图 1.13　三常直流输电工程龙泉换流站中的换流变压器及正在安装的降噪装置

随着我国电网建设尤其是特高压直流工程建设的不断发展,对环保的要求将会越来越高。输变电工程必须具备环境友好型,但在已投运的直流输电工程出现的新问题中,噪声问题越来越突出,有的换流站中换流变压器噪声超过国家标准达到 20dB 以上。环境友好型将是高压/特高压直流输电工程必须考虑的关键问题之一,国家有关部门也已经将相关条例纳入法制化管理[49]。

2. 直流输电稳定运行与现代电能质量

安全、可靠与稳定的运行是直流输电的基本要求,然而现代电网存在的日益严重的电能质量问题对这一基本要求提出了挑战。直流输电遭受的电能质量问题主要由两个方面引起:一是电网存在的背景谐波;二是换流器产生的特征与非特征谐波。其中,背景谐波问题在很大程度上是由大量以电力电子设备为代表的非线性负荷接入电网引起的,如化工、冶金、造纸、电气化铁道等含有交直流变换装置的用户,均会对电网造成谐波污染、三相电压失衡、电压暂降等电能质量问题;直流输电换流器尤其是目前 HVDC 普遍采用的电流源型换流器在实现交直流电能变换的同时会在换流器的交直流侧产生大量的特征谐波与非特征谐波,这同样会对直流输电的稳定运行带来不利影响。

谐波、三相电压失衡、暂降等电能质量问题常常会引起换流器换相电压过零点的跳变或者偏移,增加了逆变运行下换流器发生换相失败故障的概率。非特征谐波或者背景谐波还有可能使系统阻抗与交流滤波器构成串并联谐振,造成滤波器的过电压或过电流,这同样威胁直流输电的稳定运行。不仅如此,高频谐波还会对换流站的控制与保护设备、通信设备等形成干扰,影响直流输电的实际控制效果并造成保护装置的误动。

3. 直流偏磁

直流偏磁是直流输电在实际应用中客观存在的一个典型问题。换相电压的三相不对称、换流器触发脉冲间隔不相等、直流输电单极运行等均会在换流器的交流侧或者接地极产生直流电流分量[19,50-52]。这种直流分量在流过换流变压器或者换流站附近变电站的电力变压器绕组时,使得变压器铁心交变磁通的正负半波不对称,从而发生直流偏磁现象。直流偏磁造成的危害是不可忽视的,若换流变压器绕组电流中含有一定的直流分量,会促使换流变压器铁心磁饱和,导致换流变压器振动加剧、噪声增加、损耗增大、温度上升等问题,危害换流变压器的正常运行。同时,直流偏磁还会使换流变压器成为一个谐波源,产生偶数次非特征谐波(一般主要是 2 次谐波)。这种偶数次谐波窜入换流站的交流系统,若换流器交直流侧的阻抗在该次谐波频率下构成互补谐振的条件,极易引发直流输电谐波不稳定的发生,危害直流输电的稳定运行。

目前,消除由直流输电接地极电流引起的换流变压器直流偏磁根本性的举措是保持直流输电的双极平衡运行。然而,在直流输电建设过程中,一般先建成的一极会立即投入运行以发挥效益,而且,即使在双极运行条件下,因故障导致的单极闭锁也有可能发生[53]。不仅如此,换流器触发脉冲间隔不相等或者换相电压的三相不对称等因素导致的换流变压器直流偏磁也是客观存在的,即使在双极平衡运行条件下也有可能发生。因此,如何抑制换流变压器的直流偏磁及其造成的危害仍是值得研究的问题。

4. 直流输电谐波传递与谐波不稳定

直流输电换流器作为一种高度非线性的电力电子变换装置,对交流侧而言是一种谐波电流源,对直流侧而言是一种谐波电压源。同时,它又可以被看成是一个谐波频率调制器,对换流器交直流侧的谐波进行变换[12]。例如,交流侧的 100Hz 谐波(2 次谐波)变换至直流侧将成为 50Hz 和/或 150Hz;直流侧的 50Hz 变换至交流侧将成为直流和/或 100Hz。换流器产生的谐波会进一步扩散至换流器的交直流侧。目前,关于谐波的传播路径、污染面积、对换流站主要电气设备尤其是换流变压器的作用程度等方面的研究并未引起充分的重视,只是约定俗成地指出其大致的影响,关于其理论分析与计算还有待进一步深入研究。

谐波不稳定问题最早出现在新西兰直流输电工程和英法海峡直流输电工程中,后来在 Kingsnorth 和 Nelson River 等多个直流输电工程中都相继出现过这种问题[54-62]。谐波不稳定造成的危害是不容忽视的,它会使换流站交流母线电压严重畸变,恶化换流站的电能质量,导致换流器换相困难,危害直流输电的稳定运行,甚至造成系统闭锁。谐波不稳定问题是一个受诸多影响因素制约且作用机制比较复杂的问题,换流变压器直流偏磁、换流母线三相电压失衡、换流器非等间隔触发模式、直流系统故障恢复等非理想运行状态均有可能引发直流输电的谐波不稳定。特别是鉴于现代电能质量问题的源头与形式变得越发扑朔迷离,关于直流输电谐波不稳定的问题更应该引起足够的重视。

5. 直流输电无功功率的协调与平衡

为了实现交直流电能的变换,HVDC 换流器无论是工作于整流方式还是逆变方式,均要从交流系统吸收无功功率。一般地,换流器吸收的无功功率占其直流传输功率的 30%～60%[19,46,50]。因此,如何进行切实可行的换流器无功功率管理一直以来都是直流输电工程非常重视的一个问题。换流器的无功功率管理主要涉及两个方面:一个是无功功率的控制;另一个是无功功率的补偿。关于无功功率的控制,主要是采用各种可能的控制方式(包括换流变压器的抽头控制),使得整流器的触发角 α 和逆变器的关断角 γ 分别稳定在 10°～15°和 15°或稍大一些的范围内,在确保直流输电稳定运行的同时,尽可能使换流器消耗的无功功率最小;关于无功功率的补偿,主要是通过交流网侧的并联电容器和滤波器补偿换流器的无功消耗。

由于换流器无功功率的控制与补偿同时存在,且控制方式众多,所以存在协调与平衡的问题。例如,逆变器通常采用定关断角控制方式来控制逆变器的无功消耗,当发生控制模式的转换时,通常需要合理的换流器抽头控制,以保证逆变器的关断角不超过一定的值。诚然如此,当换流器处于低功率运行或者甩负荷时,由于网侧无功补偿装置的补偿量固定,通常会发生过补偿现象,使得换流站无功过剩。特别是,换流器在从交流侧取用无功功率时,所引起的无功分量对换流变压器的危害也应引起足够重视。

6. 逆变运行下直流输电换流器的换相可靠性

换相可靠性日益成为衡量直流输电换流器尤其是逆变器稳定运行水平的一个重要指标。对于逆变器,换相失败是其最常见的故障之一,它的发生与很多因素休戚相关,换相电压暂降、直流电流抬升、谐波引起的换相电压波形畸变、交流系统非对称性故障引起的换相电压过零点相对移动等因素均有可能导致逆变器发生换相失败[63-71]。换相失败故障有时会因为一次偶然的扰动就引起,在某些时候会随着扰动的消失而自动恢复,即只发生一次换相失败;但有些时候虽然扰动消失,由一次换相失败引起的通过逆变器的电流增大会进一步引起其他换流阀的换相失败,从而引发后继的第二次换相失败。继发性换相失败会使直流输电运行受到更大的扰动,并有可能将基频电流引入直流回路,从而在直流回路中引起无阻尼性振荡,使得直流系统产生谐振过电压。

目前,关于对换相失败的机理分析和抑制措施方面的研究已经比较深入,但人们往往忽视了换相机理与抑制措施之间的一种自然联系,所谓的抑制措施大都是一种外在修补式的方法。如何采取更为有效并且切实可行的方法来改善逆变器的换相过程从而抑制换相失败的发生,这对于抑制直流输电换相失败将是一个值得研究的问题。

7. 直流输电故障恢复能力与控制模式的转换

直流输电在实际运行中往往会遭受到某些典型扰动或者故障,如控制器指令设定值的阶跃变化、远方交流系统单相或三相故障、直流线路故障、换流器触发脉冲丢失、换流器桥臂短路等[12,72-79],其中的任何一种扰动或者故障都会对整个直流输电系统的稳定运行带来影响,并有可能危及相关设备的安全。从另一个方面来讲,直流输电故障也是对直流输电控制与保护设备的考验。一般情况下,直流输电在故障切除后的恢复过程中,均会发生一次或者多次控制模式的转换,以确保直流系统能够快速恢复至稳定运行的水平。

直流输电控制模式及相关控制器设计的好坏在很大程度上体现在直流系统遭受典型扰动或者故障时能否稳定、充裕地运行。在对实际工程的直流控制器进行测试、验证阶段,通常采用仿真器(物理的或数字的)来测试和优化直流控制器。同时也应该看到,直流输电的故障恢复能力以及控制性能的好坏很大程度上是受到直流输电系统本身制约的。一个自身具有优良性能的直流输电系统在采用标准的控制模式与控制器时,应该具有优良的抗扰动稳定运行能力和良好的故障恢复特性。

1.4　本书的主要内容

本书将建立一套比较完善的感应滤波理论研究及其在直流输电中的应用研究体系,结合直流输电实际应用中存在的主要问题,通过系统与深入的研究揭示基于感应滤波的新型直流输电的运行特性以及造成这种技术特性的内在作用机制,为新理论与新技术的工程应用奠定比较扎实的理论基础。

立足于感应滤波理论及其对直流系统的内在作用机制,本书将在以下几个方面分不同章节予以重点研究。

(1) 感应滤波的工作机理与电磁特性研究。

在第 2 章中,将提出应用超导闭合回路磁链守恒原理和磁势平衡原理对谐波频率下新型换流变压器的电磁感应特性进行理论分析的方法,并进一步根据三绕组变压器谐波与基波频率下的等值电路模型,分别从场路两方面揭示感应滤波实施需要满足的特定次谐波频率下的超导闭合回路条件,并相应提出应用于直流输电换流站的感应滤波换流变压器及其配套全调谐装置的接线方案与原理。在此基础上,提出感应滤波的场路耦合电磁分析法,并根据感应滤波换流变压器的绕组布置和配套全调谐装置的参数配置,建立感应滤波装置的场路耦合模型,并据此对感应滤波装置的电场特性、磁场特性、励磁特性、振动特性进行比较全面的分析与计算,揭示感应滤波具有的独特的电磁特性。

(2) 非理想参数下感应滤波性能的灵敏度分析。

在第 3 章中,将提出非理想参数下感应滤波性能的灵敏度分析方法。首先给出感应滤波换流变压器的一般结构型式,并提出分别含独立滤波绕组和含耦合滤波绕组的两种类型的感应滤波换流变压器。然后在此基础上,建立一般结构型式的感应滤波换流变压器谐波模型,通过多绕组变压器理论和电路基本原理,推导并建立含电磁约束关系的感应滤波换流变压器解耦电路模型及相应的数学模型,充分考虑变压器阻抗因素对感应滤波性能的影响。最后提出应用灵敏度函数理论分析感应滤波技术的实际滤波性能,据此研究各种外部扰动与波动因素,以及内部摄动因素与感应滤波灵敏度的关联性,根据建立的数学模型,推导各种因素对感应滤波性能的灵敏度函数。通过与传统无源滤波性能相比较,对各种影响因素对感应滤波性能的实际作用程度进行系统深入的研究。

（3）感应滤波对直流输电谐波传递特性的影响分析。

在第 4 章中,将提出统一化的基于感应滤波的新型直流输电等值电路模型以及谐波传递数学模型建立方法。首先基于采用感应滤波的新型直流输电主电路拓扑,建立以阻抗特征(包括基波阻抗与谐波阻抗)为表达方式的等值电路模型,并通过详细的数学模型推导,建立反映感应滤波对直流输电谐波分布特性影响的谐波传递模型。通过对换流器的换相过程进行理论分析,得到反映换流器谐波特性的阀电流时域表达式,并结合谐波传递数学模型,对新型换流变压器绕组谐波电流特性进行系统化的理论解析计算、系统仿真计算以及动模试验研究,揭示谐波在基于感应滤波的新型直流输电中的分布特性,以及造成这种特性的内在反应机制。

（4）感应滤波抑制直流输电谐波不稳定的机理研究。

在第 5 章中,将提出应用感应滤波抑制直流输电谐波不稳定的理论与方法。首先应用互补谐振的概念对直流输电谐波不稳定尤其是铁心饱和型谐波不稳定的产生机理与过程进行分析,并将建立用于分析直流输电谐波不稳定的阻抗网络。基于等效性原则,根据国际大电网组织(CIGRE)直流输电标准测试系统,建立可与之作对比研究的基于感应滤波的新型直流输电测试,为普遍开展新型直流输电的研究提供一个标准的测试系统。在此基础上,对这两种系统的阻抗网络进行扫描,从谐波不稳定产生的机理角度,揭示感应滤波抑制谐波不稳定的潜在优势。最后,从理论角度分析应用感应滤波抑制直流输电谐波稳定时,感应滤波双向抑制换流器交流侧并联谐振电流的工作原理,并通过仿真研究验证机理分析的正确性。

（5）基于感应滤波的新型直流输电无功功率特性研究。

在第 6 章中,将提出采用频率扫描法研究计及无功补偿度的新型换流器等值换相电抗的理论与方法。首先,将根据多绕组变压器理论和基尔霍夫电流定律(KCL),对基于感应滤波的新型换流器具有的阀侧绕组无功补偿特性进行理论推导与矢量分析,并进一步研究感应滤波对新型换流变压器设计容量的影响。然后,通过详细的理论推导,获取计及无功补偿度的新型换流器等值阻抗理论表达式,并通过频率扫描法对其阻抗频率特性进行深入研究,揭示等值阻抗在不同频率段受无功补偿度影响的变化特性;在此基础上,提出一种引入参与因子的方法,定义并详细计算新型换流器的等值阻抗,并详细研究感应滤波对运行于不同控制模式时的换流器无功功率特性的影响。最后,基于采用感应滤波的新型直流输电动模试验系统,对等值换相电抗和换流器的功率因素进行相关试验研究。

（6）逆变状态下感应滤波对换流器运行特性的影响分析。

在第 7 章中,将揭示逆变状态下基于感应滤波的新型换流器换相特性、静态伏安特性和暂态稳定特性以及造成这些特性的内在反应机制。首先,通过对正常运行、对称与非对称性故障运行下感应滤波对逆变器换相特性的影响进行机理性研究,揭示新型换流器的关断角特性;然后,分别对整流器和逆变器交流母线电压跌落时,CIGRE 直流输电标准测试系统和基于感应滤波的新型直流输电系统的稳态响应特性进行对比研究,揭示新型直流输电在采用标准控制器时控制模式转换特性和功率传输特性;最后,通过应用电力系统电磁暂态仿真工具 PSCAD/EMTDC 分别对 CIGRE 直流输电标准测试系统和基于感应滤波的新型直流输电系统进行暂态计算,并根据前面的理论分析,对比揭示新型直流输电的故障恢复特性以及能够避开 1 次换相失败或者后继 2 次换相失败的内在运行机制。

(7) 感应滤波换流变压器的保护原理研究。

在第 8 章中,将提出基于相分量法的感应滤波换流变压器数学模型和基于模型法的感应滤波换流变压器保护原理与算法。首先,以变压器耦合电路原理为基础,以感应滤波换流变压器原理样机的设计参数为依据,首次通过相分量法建立感应滤波换流变压器的三相基本数学模型,并通过对基本模型的拓展,应用统一广义双侧消去法建立计及中性点接地阻抗的节点拓展模型、计及二次角接三角形绕组抽头处滤波装置的支路拓展模型和将抽头处无源设备等效为变压器本体一部分的等效双绕组变压器模型,便于在实际工程中灵活应用;然后,通过分析感应滤波换流变压器的基本数学模型,阐述基于模型的感应滤波换流变压器保护方案的基本原理,理论推导基于该原理的变压器动作方程,拟定相应的保护方案并对保护判据进行整定;最后,通过对感应滤波换流变压器多种运行状态进行仿真计算,以验证基于此保护方案的感应滤波换流变压器保护原理的正确性。

(8) 谐波条件下感应滤波换流变压器绕组振动研究。

在第 9 章中,将结合换流变压器的特点,简要分析变压器绕组振动抑制的必要性以及感应滤波技术对绕组振动的影响。利用多绕组变压器理论,结合磁势平衡方程、基尔霍夫定律,对感应滤波换流变压器的绕组电流进行计算。采用拉格朗日定理计算绕组电磁力。建立感应滤波换流变压器绕组的有限元模型,通过瞬态动力学求解得到各个绕组在四种工况下的振动特性,以表明感应滤波技术对各个绕组振动的抑制作用。

(9) 感应滤波应用于轻型直流输电的可行性研究。

在第 10 章中,将对电压源型感应滤波换流器(VSIFC)应用于轻型直流输电的可行性与相关技术特性进行研究。根据第 2~9 章建立的感应滤波理论研究及其在直流输电中的应用研究体系,并结合一个具有代表意义的传统轻型直流输电测试系统,本章将建立一个可与之作对比研究的基于 VSIFC 的轻型直流输电测试系统,并基于电力系统电磁暂态仿真工具 PSCAD/EMTDC 对这两种系统进行电磁暂态仿真计算,通过对比揭示基于 VSIFC 的轻型直流输电滤波特性、换流器 PQ 特性、双向潮流控制特性、电压稳定性以及故障恢复特性,对感应滤波理论在现代直流输电领域的进一步应用拓展进行有益探讨。

（10）感应滤波平衡变压器的工程应用研究。

在第 11 章中，将对谐波抑制平衡变压器在电气化铁路中的工程应用进行研究。简述该变压器的工程应用背景，针对多功能（谐波抑制）平衡变压器样机及其配套滤波器，讨论设计和制造中的关键技术，给出试验方案，研究多功能（谐波抑制）平衡变压器的各种运行方式。通过挂网运行试验，对现场测试数据进行详细的分析。

（11）感应滤波在工业直流系统中的工程实践研究。

在第 12 章中，将对感应滤波理论与技术首次在工业直流供电系统中的工程应用进行研究。首先，介绍工程应用的背景，对我国某大型化工集团金属阳极直流供电系统的主电气接线方式、运行测试结果以及该系统存在的主要问题进行分析；然后，介绍基于感应滤波的新型工业直流供电系统的电气主接线、感应滤波整流变压器及其配套全调谐装置的现场安装图以及主要的设计参数；最后，对基于感应滤波技术的新型工业直流系统运行情况进行现场测试，并对测试结果进行分析，总结感应滤波技术与装备首台套工程应用所表征出的技术特性与运行经验。

（12）高效能感应滤波整流系统工程应用及能效分析。

在第 13 章中，主要针对感应滤波技术在工业大功率整流供电领域的最新应用形式，对其工程应用情况进行系统性总结和分析。首先，介绍高效能感应滤波整流系统的应用背景、系统接线方案和主参数设计情况；在此基础上，以某电解供电系统应用工程作为典型案例，就该系统谐波、功率因数、各部件功率损耗量测及效率指标情况进行深入分析，以全面把握和验证该新型高效能整流系统工程的实际运行特性和能效指标。

第 2 章　电力感应滤波的工作机理与电磁特性

本章将提出变压器谐波磁通抑制的概念,结合超导回路磁链守恒原理,对感应滤波新技术的工作机理进行深入分析,得到感应滤波的实现条件,以及应用感应滤波技术所形成的新型换流变压器及其配套全调谐装置的接线方案。在此基础上,基于场路耦合原理,提出感应滤波的场路耦合电磁分析法,建立感应滤波装置的场路耦合模型,通过与 Matlab/Simulink 仿真结果进行对比分析,验证场路耦合模型的正确性。最后,对感应滤波换流变压器具有的减振降噪特性进行实验研究。

2.1　感应滤波的机理分析及实现条件

2.1.1　机理分析

现以图 2.1 所示单相结构型式的新型换流变压器及其滤波绕组感应滤波全调谐装置的原理接线方案为例,阐释借助变压器耦合绕组的谐波安匝平衡作滤波机理的新型感应滤波技术。图中,N_1、N_2、N_3 分别表示新型换流变压器网侧绕组、阀侧延伸绕组和阀侧公共绕组的匝数;I_{1h}、I_h、I_{3h} 分别表示网侧、负载侧的 h 次谐波电流;e_{1h}、e_{2h}、e_{3h} 分别表示相关绕组侧的 h 次谐波电动势;Z_{fh} 表示感应滤波配套调谐装置的 h 次谐波等值阻抗。

根据图 2.1 所示,若不投入感应滤波调谐装置,在 h 次谐波频率下,新型换流变压器绕组间满足如下磁动势平衡方程:

$$N_2 I_h + N_3 I_{3h} + N_1 I_{1h} = 0 \tag{2.1}$$

式中,I_h 表示由换流阀组所产生的谐波电流;I_{3h}、I_{1h} 分别表示阀侧公共绕组、网侧绕组感应的谐波电流。

由图 2.1(a)可见,由于未投入感应滤波调谐装置,谐波磁通在换流变压器内部的主铁心、空气以及油等范围内自由流通。与此同时,阀侧绕组谐波交变磁通在穿链网侧绕组时,也会在网侧绕组感应相应的谐波电流。这意味着由谐波磁通所引起的铁耗以及由谐波电流在网侧绕组所引起的铜耗得不到任何的抑制,这也是目前 HVDC 系统采用网侧滤波方案所不能解决的问题[80]。

在投入感应滤波调谐装置时,如图 2.1(b)所示,在阀侧延伸绕组流经特定次谐波电流 I_h 时,会产生相应的谐波磁通。该交变谐波磁通 ϕ_{2h} 在公共绕组和调谐装置所构成的闭合回路中感应出相应的谐波电动势,以 e_{3h0} 表示,则

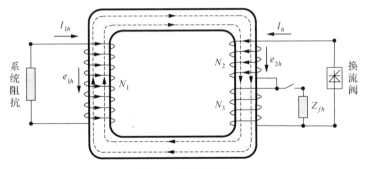

(a) 未投入感应滤波调谐装置

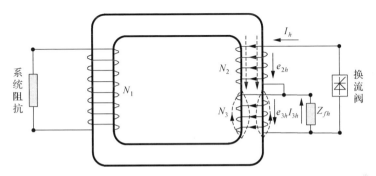

(b) 投入感应滤波调谐装置

图 2.1　新型换流变压器谐波磁通流通路径

$$e_{3h0} = -N_2 \frac{\mathrm{d}\phi_{2h}}{\mathrm{d}t} = -\frac{\mathrm{d}\varphi_{2h}}{\mathrm{d}t} \qquad (2.2)$$

由于闭合回路的存在，e_{3h} 便在该回路中产生相应的谐波电流 I_{3h}，而 I_{3h} 又产生相应的谐波电动势 e_{3h}，其值为

$$e_{3h} = -N_3 \frac{\mathrm{d}\phi_{3h}}{\mathrm{d}t} = -\frac{\mathrm{d}\varphi_{3h}}{\mathrm{d}t} \qquad (2.3)$$

在该特定次谐波频率下，由于感应滤波调谐装置的谐波阻抗 Z_{fh} 为 0，且公共绕组的等值漏抗也为 0，这意味着该闭合回路在特定次谐波频率下可近似看成超导体闭合回路，满足超导回路磁链守恒原理[81]，即

$$\sum e = e_{3h0} + e_{3h} = -\frac{\mathrm{d}\varphi_{2h}}{\mathrm{d}t} - \frac{\mathrm{d}\varphi_{3h}}{\mathrm{d}t} = -\frac{\mathrm{d}}{\mathrm{d}t}(\varphi_{2h} + \varphi_{3h}) = 0 \qquad (2.4)$$

据此可推知

$$\varphi_{2h} + \varphi_{3h} = C \qquad (2.5)$$

式中，C 为常数。

　　由此表明,在特定次谐波频率下,只要保证图 2.1(b)所示的阀侧公共绕组和感应滤波调谐装置所组成的闭合回路的特定次谐波总阻抗近似为 0,也就是保证特定次谐波频率下的超导体闭合回路,则无论外部谐波磁场交链该超导体闭合回路的谐波磁链如何变化,回路感应谐波电流所产生的谐波磁链总会抵制这种变化,这意味着阀侧延伸绕组和阀侧公共绕组间在特定次谐波频率下,达到了谐波磁动势平衡状态,即

$$N_2 I_h + N_3 I_{3h} = 0 \tag{2.6}$$

　　由于谐波磁动势已经在阀侧耦合绕组间得以平衡,网侧绕组就不会感应特定次谐波频率的谐波电流,也就是说,将谐波电流屏蔽于换流变压器的阀侧绕组,实现了与网侧绕组以及交流电网的隔离。同时,图 2.1 所示的感应滤波调谐装置在基波频率下呈容性阻抗,这意味着对基波电流而言,闭合回路不会形成超导型短路阻抗,因此,在应用感应滤波技术时,不会影响基波功率的传输性能。由于调谐装置在基频下呈容性,能补偿一部分换流器所消耗的无功功率。

　　下面从电路的角度,根据新型换流变压器及其配套调谐装置的单相等值电路对感应滤波的机理进一步阐释。根据图 2.1 所示新型换流变压器单相原理接线图,可建立相应的等值电路,如图 2.2 所示。图中,R_1、R_2'、R_3' 分别表示新型换流变压器网侧绕组、阀侧延伸绕组和阀侧公共绕组的等值电阻,X_1、X_2'、X_3' 分别表示相应的各绕组等值电抗,撇表示归算至一次侧。实箭头表示基波电流的流通路径,虚箭头表示从谐波源(换流阀)馈入至阀侧绕组的谐波电流的流通路径。

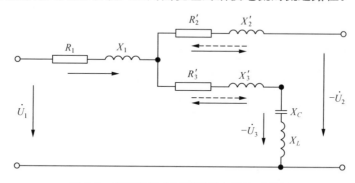

图 2.2　新型换流变压器谐波电流流通路径

新型换流变压器各绕组的等值阻抗 Z_1、Z_2'、Z_3' 可分别表示为

$$\begin{cases} Z_1 = R_1 + jX_1 \\ Z_2' = R_2' + jX_2' \\ Z_3' = R_3' + jX_3' \end{cases} \tag{2.7}$$

各绕组的等效漏感又可分别表示为

$$\begin{cases} L_1 = L_{11} - M'_{12} - M'_{13} + M'_{23} \\ L_2 = L'_{22} - M'_{12} - M'_{13} + M'_{13} \\ L_3 = L'_{33} - M'_{13} - M'_{23} + M'_{12} \end{cases} \tag{2.8}$$

式中，L_{11}、L'_{22}、L'_{33} 分别表示各绕组的自感；M'_{12} 表示网侧绕组与阀侧延伸绕组间的互感；M'_{13} 表示网侧绕组与阀侧公共绕组间的互感；M'_{23} 表示阀侧延伸绕组和阀侧公共绕组间的互感。

在新型换流变压器绕组结构设计中，通过调整绕组间的布置及阻抗关系，可以使阀侧公共绕组的等值漏抗接近于零。若在阀侧公共绕组上并接对 n 次谐波调谐的感应滤波调谐装置，则对于从阀侧延边绕组回馈的 n 次谐波电流，在网侧绕组和阀侧公共绕组上将产生分流效果。由于在 n 次谐波频率下，阀侧公共绕组与感应滤波调谐装置所在支路呈极小的谐波阻抗，故谐波电流绝大部分被分流至这条支路上，这样就改变 n 次谐波电流的流通路径，起到了使 n 次谐波与换流变压器网侧绕组隔离屏蔽的作用。对于基波电流，阀侧公共绕组与调谐装置所在支路呈容性基波阻抗，故在实现感应滤波的同时又起到对换流阀所消耗的无功功率加以补偿的作用。

2.1.2　实现条件

由上述感应滤波机制分析可知，感应滤波技术的实现需要一个类似于同步电机阻尼绕组那样的超导体闭合线圈[81]。对于感应滤波整流变压器，滤波绕组和全调谐装置恰好构成了特定次谐波频率下形成超导体闭合回路的条件。为满足感应滤波的性能要求，该闭合回路需要同时满足如下两个条件。

(1) 在特定次谐波频率下，调谐装置应力求达到谐振，且品质因数越高越好（交流电阻越小越好）。

(2) 滤波绕组的等值漏电感等于或近似等于零，且交流电阻越小越好。

实际工程中，该闭合回路电抗接近于零能够实现，但要求回路总电阻接近于零是有困难的，除非真正采用超导绕组和超导电抗器。电阻接近于零的程度决定滤波效果。

2.2　感应滤波装置的接线方案

2.2.1　新型换流变压器接线方案

在实际工程中直流输电一般采用 12 脉动换流器，为了向直流系统提供一个周期脉动 12 次的直流电压，则与上下三相换流阀组相联的换流变压器阀侧线电压相对于网侧线电压需形成相差 30° 的电角度，为此传统换流变压器一般采用 Y/Y/△ 接线方案。对于新型换流变压器，为了在保证满足变压器感应滤波技术所需要的阻抗匹配条件下得到与传统换流变压器相同的 6 相交流电源,这需要对其绕组的布置与联结方式加以合理的安排。

图 2.3 为新型换流变压器的绕组接线方案与绕组电压矢量图。由图可知,新型换流变压器在应用于直流输电时,与上下桥换流阀组相联的阀侧绕组对应的线电压相位相对于网侧绕组分别前移 15° 和后移 15°,从而达到使两组三相交流电源间相位错开 30°。为了达到上述所需的换流变压器移相要求,绕组间需要满足一定的匝比约束关系。对于图 2.3(a)所示的前移 15° 的绕组接线方案,由对应的电压矢量图可知,阀侧绕组端口间的线电压与阀侧绕组上的电压满足如下电压关系表达式:

$$\frac{|U_{A1-a1}|}{\sin\frac{\pi}{12}} = \frac{|U_{b1-a1}|+|U_{B1-b1}|}{\sin\frac{\pi}{4}} = \frac{|U_{B1-A1}|}{\sin\frac{2\pi}{3}} \tag{2.9}$$

式中,U_{A1-a1}、U_{b1-a1} 与 U_{B1-b1} 分别表示新型换流变压器二次侧 A 相延边绕组、二次侧 B 相角接三角形公共绕组和延边绕组的电压;U_{B1-A1} 表示新型换流变压器阀侧 A 相与 B 相间的线电压。

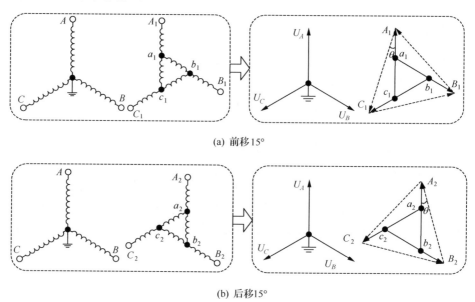

(a) 前移 15°

(b) 后移 15°

图 2.3　新型换流变压器绕组接线方案与电压矢量图

对于图 2.3 (b)所示的后移 15° 的绕组接线方案,由对应的电压矢量图可知,阀侧绕组端口间的线电压与阀侧绕组上的电压满足如下电压关系表达式:

$$\frac{|U_{B2-b2}|}{\sin\frac{\pi}{12}} = \frac{|U_{a2-b2}|+|U_{A2-a2}|}{\sin\frac{\pi}{4}} = \frac{|U_{B2-A2}|}{\sin\frac{2\pi}{3}} \tag{2.10}$$

式中,U_{B2-b2}、U_{a2-b2} 与 U_{A2-a2} 分别表示二次侧 B 相延边绕组、二次侧 A 相角接三角形公共绕组和延边绕组的电压;U_{B2-A2} 表示阀侧 A 相与 B 相间的线电压。

若新型换流变压器网侧与阀侧线电压之间满足如下比值关系:

$$|U_{B-A}| = n|U_{B1-A1}| = n|U_{B2-A2}| \qquad (2.11)$$

式中,n 表示新型换流变压器一二次侧线电压之间的比值,可由满足直流输电系统运行要求所需要的换流变压器网侧与阀侧端口线电压之间的比值加以确定。

根据式(2.9)、式(2.11),将新型换流变压器二次侧延边绕组、角接公共绕组归算至一次侧,可得到满足图 2.3(a)所示前移 15°移相要求所需的新型换流变压器绕组匝比关系:

$$\begin{cases} n_p = \dfrac{N_2}{N_1} = \dfrac{n|U_{A1-a1}|}{|U_A|} = 0.5176n \\[3mm] n_c = \dfrac{N_3}{N_1} = \dfrac{n|U_{b1-a1}|}{|U_A|} = 0.8966n \end{cases} \qquad (2.12)$$

式中,n_p、n_c 分别表示二次侧延伸绕组与一次侧绕组、二次侧角接公共绕组与一次侧绕组之间的匝比;N_1、N_2 和 N_3 分别表示一次侧绕组、二次侧延伸绕组和二次侧角接公共绕组的匝数。

同理,根据式(2.10)、式(2.11),可得到满足图 2.3 (b)所示后移 15°的移相要求所需的新型换流变压器绕组匝比关系:

$$\begin{cases} n_p = \dfrac{N_2}{N_1} = \dfrac{n|U_{A2-a2}|}{|U_A|} = 0.5176n \\[3mm] n_c = \dfrac{N_3}{N_1} = \dfrac{n|U_{a2-b2}|}{|U_A|} = 0.8966n \end{cases} \qquad (2.13)$$

由式(2.12)、式(2.13)可知,图 2.3 所示的新型换流变压器两套绕组移相方案不仅二次侧绕组同为延边三角形绕组接线方式,而且在分别前移 15°和后移 15°时满足相同的匝比约束关系,这表明新型换流变压器在应用于 12 脉动 HVDC 系统时,能从根本上保证 FCC 主电路结构的对称性。

2.2.2　感应滤波调谐装置接线方案

图 2.4 给出了新型换流变压器配套感应滤波调谐装置的接线方案。对于图中的 LC 调谐装置,事实上是一种对特定次谐波电流具有全调谐特征的调谐支路,与传统无源滤波器相比,由于其在工作过程中受到相关绕组间电磁耦合关系的制约,不能自由发展为过电流,所以能完全达到全调谐状态而无需对其进行比较烦琐的偏调谐设计。

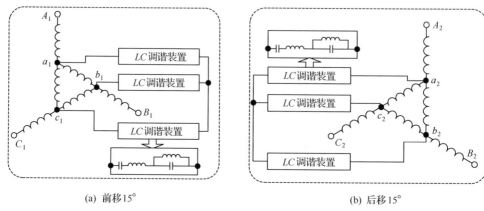

(a) 前移15°　　　　　　　　　　　　　　　(b) 后移15°

图 2.4　新型换流变压器配套感应滤波调谐装置接线方案

对于实际的 12 脉动直流输电工程,换流阀组在工作过程中由于非线性会在换流阀的交流侧,也就是换流变压器的阀侧产生 $6n\pm1(n=1,2,3,\cdots)$ 次特征谐波,在由阀侧经换流变压器馈入至网侧时,有一部分特征谐波会因相位相差 $180°$ 而相互抵消,其网侧特征谐波次数为 $12n\pm1(n=1,2,3,\cdots)$。尽管由换流变压器的绕组接线方式能够消去一类谐波,但考虑到 5、7、11、13 次谐波含量较重,对新型换流变压器的运行带来的危害较大,因此,图 2.4 所示的阀侧耦合绕组抽头处的 LC 全调谐支路主要是为谐波含量较重的 5、7、11、13 次特征谐波提供引流通道,为变压器感应滤波的实施提供必备的前提条件。图 2.4 中 a_1、b_1 与 c_1 处的电压以及 a_2、b_2 与 c_2 处的电压可分别由图 2.5(a) 表征的角接三角形绕组电压 U_{b1-a1}、U_{c1-b1}、U_{a1-c1} 与 LC 全调谐支路上的电压 U_{a1-o}、U_{b1-o}、U_{c1-o},以及图 2.5(b) 表征的角接公共三角形绕组电压 U_{a2-b2}、U_{b2-c2}、U_{c2-a2} 与 LC 全调谐支路上的电压 U_{a2-o}、U_{b2-o}、U_{c2-o} 之间的矢量关系加以描述。

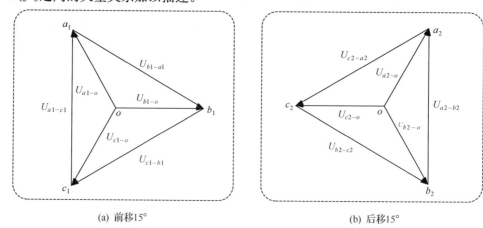

(a) 前移15°　　　　　　　　　　　　　　　(b) 后移15°

图 2.5　阀侧公共绕组与全调谐支路间的电压矢量关系图

根据图 2.5(a)所示的电压矢量关系,可得到前移 15°时新型换流变压器阀侧耦合绕组角接处 a_1、b_1 与 c_1 相对于感应滤波调谐装置的电压,也就是用来表征感应滤波调谐装置所需要承受的支路电压的数学表达式:

$$\begin{cases} U_{a1-o} = \dfrac{1}{\sqrt{3}} U_{a1-c1}\, \mathrm{e}^{-\mathrm{j}30°} \\[2mm] U_{b1-o} = \dfrac{1}{\sqrt{3}} U_{b1-a1}\, \mathrm{e}^{-\mathrm{j}30°} \\[2mm] U_{c1-o} = \dfrac{1}{\sqrt{3}} U_{c1-b1}\, \mathrm{e}^{-\mathrm{j}30°} \end{cases} \tag{2.14}$$

同理,根据图 2.5(b)所示的电压矢量关系,可得到后移 15°时新型换流变压器阀侧耦合绕组角接处 a_2、b_2 与 c_2 相对于感应滤波调谐装置的电压,也就是用来表征感应滤波调谐装置所需要承受的支路电压的数学表达式:

$$\begin{cases} U_{a2-o} = \dfrac{1}{\sqrt{3}} U_{a2-b2}\, \mathrm{e}^{-\mathrm{j}30°} \\[2mm] U_{b2-o} = \dfrac{1}{\sqrt{3}} U_{b2-c2}\, \mathrm{e}^{-\mathrm{j}30°} \\[2mm] U_{c2-o} = \dfrac{1}{\sqrt{3}} U_{c2-a2}\, \mathrm{e}^{-\mathrm{j}30°} \end{cases} \tag{2.15}$$

根据式(2.12)表征出的前移 15°时新型换流变压器阀侧公共绕组与网侧绕组的匝比关系,结合式(2.14),可得到由网侧相电压有效值表示的感应滤波调谐装置所需要承受的支路电压有效值:

$$\begin{cases} |U_{a1-o}| = \dfrac{1}{\sqrt{3}} \times 0.8966 \times n \times |U_A| \\[2mm] |U_{b1-o}| = \dfrac{1}{\sqrt{3}} \times 0.8966 \times n \times |U_B| \\[2mm] |U_{c1-o}| = \dfrac{1}{\sqrt{3}} \times 0.8966 \times n \times |U_C| \end{cases} \tag{2.16}$$

同理,根据式(2.13)表征出的后移 15°时新型换流变压器阀侧公共绕组与网侧绕组的匝比关系,结合式(2.15),可得到由网侧相电压有效值表示的感应滤波调谐装置所需要承受的支路电压有效值:

$$\begin{cases} |U_{a1-o}| = \dfrac{1}{\sqrt{3}} \times 0.8966 \times n \times |U_A| \\[2mm] |U_{b1-o}| = \dfrac{1}{\sqrt{3}} \times 0.8966 \times n \times |U_B| \\[2mm] |U_{c1-o}| = \dfrac{1}{\sqrt{3}} \times 0.8966 \times n \times |U_C| \end{cases} \tag{2.17}$$

在传统的直流输电系统中,交流侧的无源滤波装置一般是并联于交流电网的母线上,也就是换流变压器的高压网侧。而对于采用感应滤波技术的新型直流输电系统,相当于无源滤波装置的感应滤波调谐装置却是并接于新型换流变压器的二次中压侧。若新型换流变压器网侧相电压有效值的标幺值为 1.0p. u.,并且网侧线电压和阀侧线电压的比值 $n=1$,根据式(2.16)、式(2.17)可定量得到传统无源滤波装置和新型感应滤波调谐装置接入点的电压等级,由此得到滤波调谐装置绝缘经济运行性能的对比,如表 2.1 所示。

表 2.1　两种滤波方式下滤波调谐装置并入点的电压等级与绝缘性能对比

项目	传统交流无源滤波装置	新型感应滤波调谐装置
并入点电压有效值/p. u.	1	0.5177
绝缘水平	高	较低
运行环境	较差	较好
综合成本	高	低

由此可知,感应滤波调谐装置并入点的电压等级比传统无源滤波装置并入点的电压等级降低了将近一半,这对降低调谐装置的绝缘水平,改善其运行环境,降低其工程造价是十分有利的。

2.3　感应滤波的场路耦合电磁分析法

2.3.1　基本原理

首先对新型换流变压器电磁场有限元分析部分进行数学建模。近似地把新型换流变压器周围三倍空间看成电磁场分布部分,并假设为似稳场,忽略位移电流,由 Maxwell 方程可得[82-86]

$$\nabla \times H = J_s - \sigma \frac{\partial A}{\partial t} \tag{2.18}$$

式中,H 表示磁场强度;J_s 表示存在于各绕组中的电流密度;$-\sigma \partial A/\partial t$ 表示涡流电流密度,其中 σ 表示材料的电导率。

计算过程中忽略铁磁材料的磁滞效应,则有

$$H = \frac{1}{\mu}B = \frac{1}{\mu}(\nabla \times A) \tag{2.19}$$

式中,μ 表示铁心材料有效磁导率;B 表示铁心单元中的磁感应强度。

将式(2.19)代入式(2.18)可得到瞬态电磁场方程:

$$\frac{\partial}{\partial x}\left(\frac{1}{\mu_x}\frac{\partial A}{\partial x}\right)+\frac{\partial}{\partial y}\left(\frac{1}{\mu_y}\frac{\partial A}{\partial y}\right)+\frac{\partial}{\partial z}\left(\frac{1}{\mu_z}\frac{\partial A}{\partial z}\right)=-J_s+\sigma\frac{\partial A}{\partial t} \tag{2.20}$$

对式(2.20)进行加权积分离散,其矩阵形式可写为

$$[K]\{A\}+[Q]\frac{\partial}{\partial t}\{A\}-[C]\{I\}=0 \tag{2.21}$$

式中,$[K]$、$[Q]$ 表示系数矩阵,$[Q]$ 由选用的单元类型所决定,$[K]$ 与各单元的磁导率 μ 相关,为磁感应强度 B 的函数,假设额定电流下,铁心的磁导率处于线性部分,则 $[K]$ 为常系数矩阵;$[C]$ 为表示线圈电流与各单元节点之间相互作用的关联矩阵;A 表示矢量磁位;I 表示绕组所在支路电流。

有限元区域的绕组与外电路相连,端部效应用绕组的端部漏抗计入变压器绕组的电压方程中,因而绕组电路的控制方程为

$$U=E+Ri+L\frac{\mathrm{d}i}{\mathrm{d}t} \tag{2.22}$$

式中,U 表示外施电压;i 表示绕组电流;R 表示外电路中的电阻;L 表示外电路中的电感;E 表示绕组中的感应电动势。

有限元区域绕组的感应电动势可通过绕组所交链的磁通变化而求得,即

$$E=\frac{n_c}{S_c}\frac{\partial}{\partial t}\int_\Omega A\cdot h\mathrm{d}\Omega \tag{2.23}$$

式中,S_c 表示绕组截面积;n_c 表示绕组匝数;h 表示绕组切向的单位矢量;Ω 表示标量磁位。

将式(2.23)代入式(2.22)可得到场路耦合的等效电路方程为

$$U=\frac{n_c}{S_c}\frac{\partial}{\partial t}\int_\Omega A\cdot h\mathrm{d}\Omega+Ri+L\frac{\mathrm{d}i}{\mathrm{d}t} \tag{2.24}$$

写成矩阵形式可表示为

$$[C]^{\mathrm{T}}\frac{\partial}{\partial t}\{A\}+[L]\frac{\mathrm{d}}{\mathrm{d}t}\{I\}+[R]\{I\}=[U] \tag{2.25}$$

将式(2.21)与式(2.25)联立,可得到瞬态电磁场与绕组电路方程耦合研究电磁暂态过程的空间数值离散场路耦合数学模型:

$$\begin{bmatrix}K & -C \\ 0 & R\end{bmatrix}\begin{Bmatrix}A \\ I\end{Bmatrix}+\begin{bmatrix}Q & 0 \\ C^{\mathrm{T}} & L\end{bmatrix}\frac{\mathrm{d}}{\mathrm{d}t}\begin{Bmatrix}A \\ I\end{Bmatrix}=\begin{Bmatrix}0 \\ U\end{Bmatrix} \tag{2.26}$$

采用 Crank-Nicholson 公式对式(2.26)时域模型进行时间离散,并对离散格式进行整理,可得到如下对称的三维场路耦合时变电磁场的计算格式:

$$
\begin{bmatrix} \dfrac{2Q}{\Delta t}+K & -C \\ -C^{\mathrm{T}} & -L-\dfrac{R\Delta t}{2} \end{bmatrix} \begin{Bmatrix} A \\ I \end{Bmatrix}_{n+1} = \begin{bmatrix} \dfrac{2Q}{\Delta t}-K & -C \\ -C^{\mathrm{T}} & L-\dfrac{R\Delta t}{2} \end{bmatrix} \begin{Bmatrix} A \\ -I \end{Bmatrix}_{n} + \begin{Bmatrix} 0 \\ -\dfrac{U_n+U_{n+1}}{2}\Delta t \end{Bmatrix}
$$

$$(2.27)$$

通过求解式(2.27)即可将求解空间内每一个节点的矢量磁位 A 求出,再根据 A 就可求出变压器绕组电流,同时也可求出绕组每一个单元的电阻量与电感量。事实上,上述场路耦合数学模型从原理上描述了场路耦合法计算变压器绕组电流及端口电压的电磁暂态过程,在应用于新型换流变压器的暂态过程分析时,尚需考虑具体变压器的绕组联结方式及外围电路的拓扑结构。

2.3.2　主要计算量

由感应滤波工作机理的分析可知,感应滤波的实施改变了基波与谐波频率下变压器的磁路关系。那么,如何计算基波与谐波复合交变频率下变压器的电磁特性,揭示感应滤波的实施对变压器的电磁特性的影响,这对于新型感应滤波换流变压器及其配套调谐装置的参数设计、工程制造以及配套继电保护装置的参数整定和工程研发均具有重要的理论指导意义。

图2.6给出了采用场路耦合电磁分析法时,可以进行深入研究的反映感应滤波电磁特性的计算量。其中,绕组与调谐装置的电流、感应电动势以及相关的绕组电磁力属于电场特性分析的范畴;绕组磁链以及相关的计及谐波频率的铁心磁滞损耗、涡流损耗属于磁场特性分析范畴;特别是,铁心损耗在一定程度上是由变压器励磁特性决定的,因此,谐波交变频率下变压器的复合励磁特性以及感应滤波的实施对励磁特性的影响也是非常值得研究的。本章将从电场特性、磁场特性、励磁特性及其电磁瞬变过程这四个方面对感应滤波的机理及其表现形式进行更为深入的研究,并据此揭示感应滤波装置所具有的独特的电磁特性。

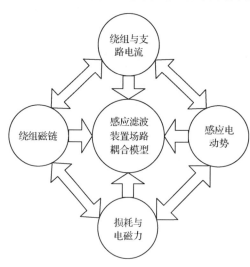

图2.6　感应滤波场路耦合电磁分析法的
主要计算量及其关系

2.4　感应滤波装置的场路耦合模型

2.4.1　感应滤波换流变压器的绕组布置

通过对感应滤波工作机理的分析可知,为了保证良好的感应滤波效果,必须在滤波绕组和全调谐装置间形成特定次谐波频率下的超导闭合回路。具体地,在进行阻抗设计时,需要确保滤波绕组的近似为 0 的等值阻抗设计,同时确保特定次谐波频率下全调谐装置的近似为 0 的谐波等值阻抗设计。

对于滤波绕组,可以通过调整变压器的绕组布置,确保滤波绕组的零等值阻抗设计条件。由感应滤波换流变压器的接线方案一节的分析可知,对于单相结构型式的感应滤波换流变压器,其实质上是由三绕组变压器构成的。不同之处在于,滤波绕组和阀侧绕组间自耦联结,具有电磁耦合的作用。根据三绕组变压器的等值阻抗计算可知[87]

$$\begin{cases} Z_1 = \dfrac{1}{2}(Z_{k12} + Z_{k13} - Z'_{k23}) \\[2mm] Z'_2 = \dfrac{1}{2}(Z'_{k23} + Z_{k12} - Z_{k13}) \\[2mm] Z'_3 = \dfrac{1}{2}(Z_{k13} + Z'_{k23} - Z_{k12}) \end{cases} \tag{2.28}$$

式中,Z_{k12}、Z_{k13}、Z_{k23} 分别表示网侧绕组与阀侧绕组、网侧绕组与滤波绕组、阀侧绕组与滤波绕组间的短路阻抗,带撇表示所求得的短路阻抗均以网侧绕组为基值进行归算。

由式(2.28)可知,若要保证滤波绕组满足零等值阻抗设计的条件,可通过调整这三个绕组间的短路阻抗来实现。具体地,在保证变压器额定输出容量的前提下,通过调整图 2.7 所示的铁心与绕组间、绕组与绕组间的平均绝缘距离及其各绕组的辐向宽度与纵向高度来实现。

对于采用同心式的感应滤波换流变压器,根据图 2.7 所示的尺寸,可得到两两绕组间的短路阻抗百分值[88]:

$$\begin{cases} U_{k12}(\%) = \dfrac{2\pi^2 f \mu_0 I_1 N_1 \rho_{12} S_{12}}{He_t} \\[2mm] U_{k13}(\%) = \dfrac{2\pi^2 f \mu_0 I_1 N_1 \rho_{13} S_{13}}{He_t} \\[2mm] U_{k23}(\%) = \dfrac{2\pi^2 f \mu_0 I_2 N_2 \rho_{23} S_{23}}{He_t} \end{cases} \tag{2.29}$$

式中,μ_0 表示绝对磁导率;f 表示工作频率;H 表示绕组纵向平均高度;S_{12}、S_{13}、

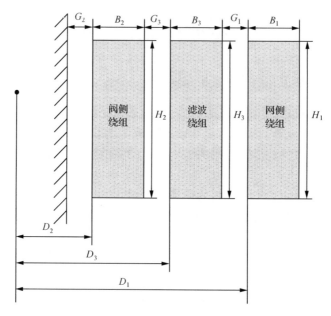

图 2.7　感应滤波换流变压器的绕组布置

S_{23} 分别表示网侧绕组与阀侧绕组、网侧绕组与滤波绕组、阀侧绕组与滤波绕组之间的等值漏磁面积；ρ_{12}、ρ_{13}、ρ_{23} 分别表示网侧绕组与阀侧绕组、网侧绕组与滤波绕组、阀侧绕组与滤波绕组之间的洛氏系数，可分别由式(2.30)和式(2.31)求得：

$$\begin{cases} S_{12} = (D_2 + 2B_2 + G_3 + B_3 + G_1)(G_1 + B_3 + G_3) + B_1(D_1 + 3B_1/2)/3 \\ \qquad + B_2(D_2 + 3B_2/2)/3 \\ S_{13} = (D_3 + 2B_3 G_1)G_1 + B_1(D_1 + 3B_1/2)/3 + B_3(D_3 + 3B_3/2)/3 \\ S_{23} = (D_2 + 2B_2 + G_3)G_3 + B_3(D_3 + 3B_3/2)/3 + B_2(D_2 + 3B_2/2)/3 \end{cases}$$

$$(2.30)$$

$$\begin{cases} \rho_{12} = 1 + \dfrac{1}{\pi\mu_{12}} e^{-\pi\mu_{12}^{-1}} \\ \rho_{13} = 1 + \dfrac{1}{\pi\mu_{13}} e^{-\pi\mu_{13}^{-1}} \\ \rho_{23} = 1 + \dfrac{1}{\pi\mu_{23}} e^{-\pi\mu_{23}^{-1}} \end{cases}$$

$$(2.31)$$

式中，μ_{12}、μ_{13}、μ_{23} 分别表示网侧绕组与阀侧绕组、网侧绕组与滤波绕组、阀侧绕组与滤波绕组间的漏磁组宽度，根据图 2.7 所示可得

$$\begin{cases} \mu_{12} = B_1 + G_1 + B_3 + G_3 + B_2 \\ \mu_{13} = B_1 + G_1 + B_3 \\ \mu_{23} = B_3 + G_3 + B_2 \end{cases} \tag{2.32}$$

联立式(2.28)~式(2.32)可知,滤波绕组等值阻抗 Z_3' 主要与图 2.7 所示的几何尺寸参数有关。这些几何参数主要包括绕组间、绕组与铁心间的绝缘距离,以及绕组的辐向宽度和纵向高度。由于在变压器的设计过程中,主要的几何尺寸参数已经在一定的范围内限定了下来,但两两绕组之间的绝缘距离 G_1、G_2 和 G_3 是可以进行微调的,只要适当地对这三个参数进行调整,即可实现滤波绕组的零等值阻抗设计。值得说明的是,零等值阻抗在实际的变压器设计中是很难实现的,这主要是由于绕组有效电阻的存在。但是,对于大容量的电力变压器,绕组有效电阻是很小的,可以忽略不计。

2.4.2　感应滤波全调谐装置的参数配置

通过对感应滤波机理的分析可知,为了形成具有谐波频率下超导闭合回路性质的谐波吸收通路,除了上述具有零阻抗设计特点的滤波绕组外,还需要在谐波频率下具有零阻抗特性的全调谐装置,这可以采用与无源滤波器类似的调谐装置,不同之处在于,全调谐装置能够完全设计在调谐点,而不需要考虑系统阻抗的影响进行比较烦琐的偏调谐设计。

对于图 2.8(a)所示的采用双调谐滤波器结构型式的全调谐装置,其有两个谐振频率,能同时吸收两个邻近频率的谐波,作用等效于两个并联的单调谐滤波器[20,89,90]。从电路结构分析,双调谐滤波器是由串联谐振电路和并联谐振电路串接而成的。为分析简明起见,略去滤波器电路中电阻的影响,其阻抗特性如图 2.8 所示。

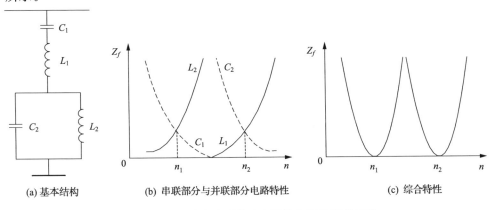

(a) 基本结构　　　　(b) 串联部分与并联部分电路特性　　　　(c) 综合特性

图 2.8　双调谐滤波器的基本结构与阻抗频率特性

图 2.8(b)所示曲线 C_1L_1 表示串联部分的阻抗特性,其谐振频率为 $\omega_{r1} = 1/\sqrt{L_1C_1}$;曲线 C_2L_2 表示并联部分的阻抗特性,其谐振频率为 $\omega_{r2} = 1/\sqrt{L_2C_2}$。在这个阻抗特性中,虚线部分表示滤波器的阻抗呈容性,实线部分表示呈感性。整个双调谐滤波器的阻抗可由这两部分串联后得出,如图 2.8(c)所示。在曲线 C_1L_1 与 C_2L_2 的两个交点处,容抗与感抗相互抵消,从而形成图 2.8(c)中的两个谐振点,其频率分别为 ω_1 和 ω_2,所对应的谐波次数为 h_1 和 h_2。

根据电路分析可知,在谐振角频率 ω 等于 ω_{h1}、ω_{h2} 处,具有如下关系:

$$\omega L_1 - \frac{1}{\omega C_1} = \frac{1}{\omega C_2 - 1/(\omega L_2)} \tag{2.33}$$

由于串联部分和并联部分的谐振频率为

$$\omega_{r1} = 1/\sqrt{L_1 C_1} \tag{2.34}$$

$$\omega_{r2} = 1/\sqrt{L_2 C_2} \tag{2.35}$$

则

$$\frac{(\omega/\omega_{r1})^2 - 1}{\omega C_1} = \frac{\omega L_2}{(\omega/\omega_{r2})^2 - 1} \tag{2.36}$$

由式(2.36)可推出 ω_1 和 ω_2 应满足的条件为

$$\omega_1 \omega_2 = \omega_{r1} \omega_{r2} \tag{2.37}$$

若取 $\omega_{r1} = \omega_{r2} = \omega_r$,则双调谐滤波器的中心频率可表示为

$$\omega_r = \sqrt{\omega_1 \omega_2} \tag{2.38}$$

通过以上分析,在双调谐滤波器所需提供的无功补偿量 $Q_{S(1)}$、滤波器装设处母线电压 V、基波角频率 ω_1 已知的条件下,感应滤波全调谐装置串联部分的电容器 C_1 和电抗器 L_1 基本参数值可分别由式(2.39)和式(2.40)求得:

$$C_1 = \frac{Q_{S(1)}}{V^2 \omega_1 h_r^2 / (h_r^2 - 1)} \tag{2.39}$$

$$L_1 = \frac{1}{\omega_r^2 C_1} \tag{2.40}$$

感应滤波全调谐装置并联部分的电抗器 L_2 和电容器 C_2 基本参数值可由式(2.41)和式(2.42)求得:

$$L_2 = \frac{\left[(\omega_1/\omega_r)^2 - 1\right]^2}{\omega_1^2 C_1} \tag{2.41}$$

$$C_2 = \frac{1}{\omega_r^2 L_2} \tag{2.42}$$

值得说明的是,通过对感应滤波的机理分析可知,对于感应滤波全调谐装置,应力求在特定次谐波频率下达到谐振状态,谐波电压与电流由于受到相关耦合绕组的电磁制约而不能自由发展产生过电压与涌流,故上述基本参数的计算可满足设计要求。

为了校核所设计全调谐装置的调谐特性,可采用以下所推导的校验公式。根据式(2.33)可得,对于谐振频率 ω_{h1},满足如下等式:

$$\omega_{h1}\left(L_1 + \frac{L_2}{1 - \omega_{h1}^2 L_2 C_2}\right) = \frac{1}{\omega_{h1} C_1} \tag{2.43}$$

同样地,对于谐振频率 ω_{h2},满足如下等式:

$$\omega_{h2}\left(L_1 + \frac{L_2}{1 - \omega_{h2}^2 L_2 C_2}\right) = \frac{1}{\omega_{h2} C_1} \tag{2.44}$$

对式(2.43)和式(2.44)进行整理可得

$$\omega_{h1}^4 C_1 L_1 L_2 C_2 - (C_1 L_1 + L_2 C_2 + L_2 C_1)\omega_{h1}^2 + 1 = 0 \tag{2.45}$$

$$\omega_{h2}^4 C_1 L_1 L_2 C_2 - (C_1 L_1 + L_2 C_2 + L_2 C_1)\omega_{h2}^2 + 1 = 0 \tag{2.46}$$

式(2.45)和式(2.46)可等效为一元二次方程组标准形式,解得

$$\omega_{h1} = \sqrt{\frac{(C_1 L_1 + L_2 C_2 + L_2 C_1) - 4 C_1 L_1 L_2 C_2}{2 C_1 L_1 L_2 C_2}} \tag{2.47}$$

$$\omega_{h2} = \sqrt{\frac{(C_1 L_1 + L_2 C_2 + L_2 C_1) + 4 C_1 L_1 L_2 C_2}{2 C_1 L_1 L_2 C_2}} \tag{2.48}$$

式中,ω_{h1}、ω_{h2} 分别表示 h_1、h_2 次谐波频率下的角频率,其值分别为 $\omega_{h1} = 2\pi f h_1$、$\omega_{h2} = 2\pi f h_2$。

基于新型直流输电动模试验系统,本节按照上述计算方法设计了与新型换流变压器配套的、采用双调谐结构型式的感应滤波全调谐装置,其基本参数如表 2.2 所示,综合阻抗频率特性如图 2.9 所示。

表 2.2　采用双调谐结构型式的感应滤波全调谐装置基本参数

滤波器形式	串联部分		并联部分	
	电容器/μF	电抗器/mH	电容器/μF	电抗器/mH
DT5/11	1029.8	0.17888	1573.4	0.11709
DT7/13	1037.4	0.10733	2622.3	0.04246

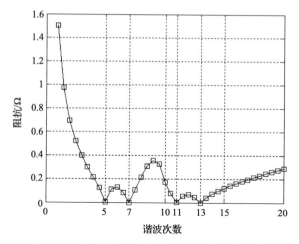

图 2.9　感应滤波全调谐装置的阻抗频率特性

2.4.3　场路耦合模型

图 2.10 为基于 ANSOFT 公司的电磁场有限元分析软件 Maxwell3D 所建立的感应滤波装置场路耦合模型。图中,谐波与基波电流源部分用于模拟直流输电换流器交流阀侧的 5、7、11、13 次特征谐波电流以及基波电流,具体值的计算将在第 4 章谐波传递特性部分予以阐述;感应滤波全调谐装置部分为滤波绕组外接电路,其值如表 2.2 所示;感应滤波换流变压器采用双柱并联结构型式,其绕组布置见 2.4.1 节,具体的有限元模型如图 2.11 所示。

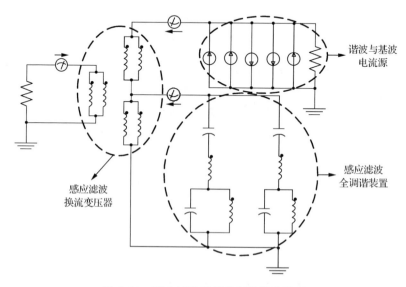

图 2.10　感应滤波装置的场路耦合模型

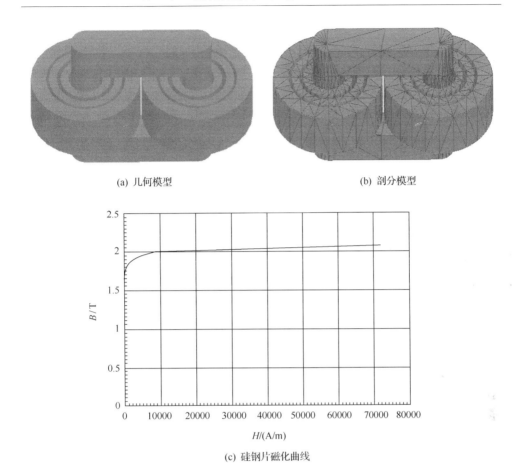

(a) 几何模型   (b) 剖分模型

(c) 硅钢片磁化曲线

图 2.11 感应滤波换流变压器有限元模型

值得说明的是,感应滤波换流变压器原理样机是由型号为 ZZDS-18/0.38 的单相变压器通过特有的绕组联结方式组成的。图 2.11 为用于瞬态电磁场分析的新型换流变压器三维有限元模型,由图可知,新型换流变压器(单相)垫块尺寸采用双柱并联,绕组采用多层圆筒式,从距芯柱最远的绕组到靠近芯柱,依次为网侧绕组、滤波绕组和阀侧绕组。其中,滤波绕组和阀侧绕组间为自耦联结。

为验证所建立的场路耦合模型的正确性与有效性,本节根据感应滤波换流变压器的额定铭牌参数以及所选用硅钢片的磁滞特性,基于 Matlab/Simulink 中的电力系统工具箱(power system blockset),建立了与场路耦合模型相对应的考虑变压器磁滞效应的仿真模型,如图 2.12 所示。

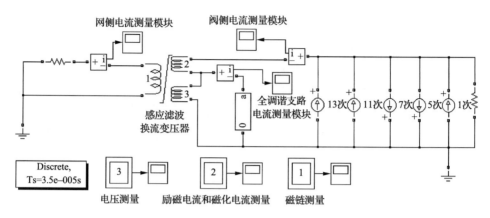

图 2.12　感应滤波装置的 Matlab/PSB 仿真模型

2.5　感应滤波装置电磁特性分析

2.5.1　电场特性

　　图 2.13、图 2.14 分别给出了采用场路耦合法和采用 Matlab/PSB 仿真所得到的感应滤波换流变压器绕组和全调谐支路的电流波形。对比可见,两种方法所得到的电流波形十分吻合,这充分验证了本章所建立的场路耦合模型的正确性。并且,由图 2.13(a)和图 2.14(a)可知,在未实施感应滤波时,也就是滤波绕组未引出抽头接全调谐装置时,由于变压器电磁作用,阀侧谐波电流在换流变压器阀侧绕组、滤波绕组以及网侧绕组中自由流通而得不到任何抑制;由图 2.13(b)和图 2.14(b)可知,在实施感应滤波时,阀侧谐波电流在很大程度上被屏蔽于全调谐支路和

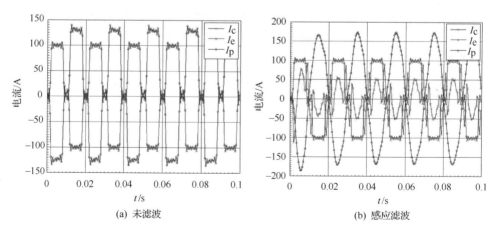

(a) 未滤波　　　　　　　　　　　　　　(b) 感应滤波

图 2.13　绕组与支路电流波形(场路耦合法)

滤波绕组所构成的闭合回路中,因此,全调谐装置所流经的电流主要是谐波电流,而网侧绕组电流畸变率很小,基本上呈正弦性。

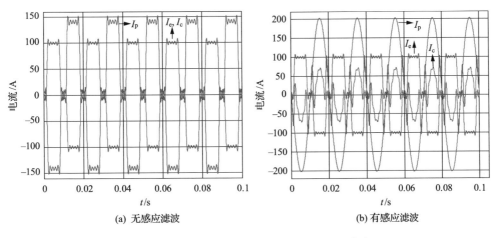

(a) 无感应滤波　　　　　　　　　(b) 有感应滤波

图 2.14　绕组与支路电流波形(Matlab/PSB 仿真)

图 2.15、图 2.16 分别给出了采用场路耦合法和采用 Matlab/PSB 仿真所得到的感应滤波换流变压器和全调谐支路的电压波形。对比可见,采用两种方法所得到的电压波形基本吻合,这进一步验证了本章场路耦合模型的正确性。由图 2.15(a)和图 2.16(a)可知,在未实施感应滤波时,阀侧谐波电流流经换流变压器时,作用在绕组上产生的电压畸变非常严重,特别是阀侧绕组和滤波绕组,存在非常高的尖波;由图 2.15(b)和图 2.16(b)可知,在实施感应滤波时,阀侧谐波电流作用在绕组上所产生的电压畸变在一定程度上得到了抑制,并且没有出现非常高的尖波分量,这在一定程度上表明了感应滤波的实施能有效抑制谐波电流,并且由于电磁耦

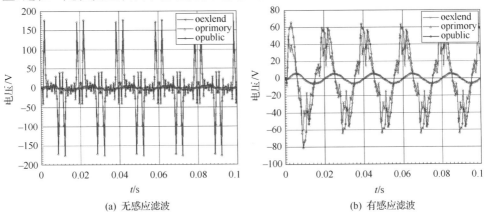

(a) 无感应滤波　　　　　　　　　(b) 有感应滤波

图 2.15　绕组与支路电压波形(场路耦合法)

合作用的存在,作用于绕组所产生的谐波电压很难发展为过电压与涌流,这对改善变压器的运行环境以及绝缘环境是十分有利的。

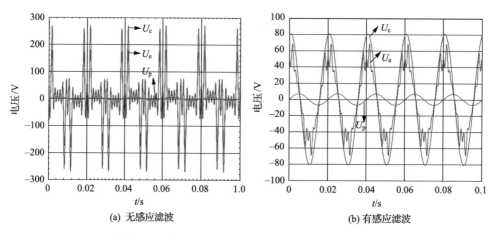

图 2.16　绕组与支路电压波形(Matlab/PSB 仿真)

2.5.2　磁场特性

图 2.17 为采用场路耦合法计算所得的在采用和未采用感应滤波时绕组磁链的动态特性曲线。对比可知,感应滤波的实施使得穿越变压器各绕组的磁链更接近正弦性,这意味着,对于变压器绕组及铁心周围的漏磁,其中的谐波磁势在采用感应滤波后得到了有效抑制,这对降低谐波漏磁阻抗及其所引起的附加损耗是十分有利的。特别是,铁心材料在置于交变磁场中时,会被反复地交变磁化,与此同时,磁畴相互间不停地摩擦、消耗能量,造成损耗,也就是磁滞损耗。而采用感应滤波后,由于谐波磁势得到了有效抑制,高频交变磁场产生的磁滞损耗将会显著降

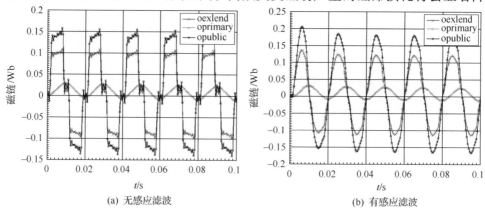

图 2.17　感应滤波对绕组磁链的影响

低。而且,由于谐波磁链得到了有效抑制,由此产生的绕组感应谐波电动势的分量也会大为降低,不至于使得绕组电动势波形发生畸变从而产生如图 2.15(a)、图 2.16(a)所示的尖顶波。并且,保持磁链的正弦性对改善绕组的绝缘环境、降低相关的绝缘水平也是十分有利的。

图 2.18 为采用场路耦合法计算所得的在采用和未采用感应滤波时绕组电磁力的动态响应曲线。值得说明的是,由于采用感应滤波后,全调谐装置在基波频率下呈容性,对基波电流进行了一定的补偿,因此,绕组基波电流相对来说会有所增加,而反映到绕组电磁力上,也会相应地有所增加。但是,若从谐波频率角度来看,采用感应滤波后,由绕组谐波磁链所产生的谐波电流引起的绕组电磁力得到了有效抑制,高频振动的分量大为减少。

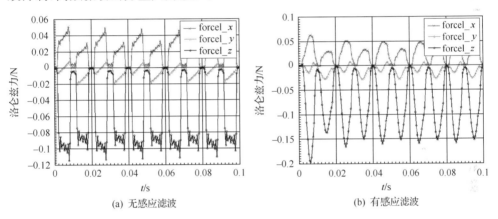

(a) 无感应滤波　　　　　　　　　　(b) 有感应滤波

图 2.18　感应滤波对绕组电磁力的影响

2.5.3　励磁特性

图 2.19、图 2.20 分别为采用和未采用感应滤波时换流变压器励磁电流和磁化电流的波形,以及铁心损耗的动态特性曲线。由图 2.19(a)可知,在未采用感应滤波时,励磁电流以及磁化电流波形畸变严重,这意味着铁心主磁通中含有相当部分的高频交变分量。众所周知,铁心损耗是由磁滞损耗和涡流损耗组成的。对于磁滞损耗,由以上分析已经知道,在采用感应滤波时,磁滞损耗会大为降低;对于涡流损耗,若交变频率越高,磁通密度越大,感应电动势就越大,涡流损耗亦越大。在采用感应滤波时,由于高频交变分量得到了有效抑制,并且,励磁电流波形中的谐波分量很小,因此,涡流损耗也会显著降低,这可从图 2.20 所示的换流变压器铁心损耗动态响应曲线中明显看出。

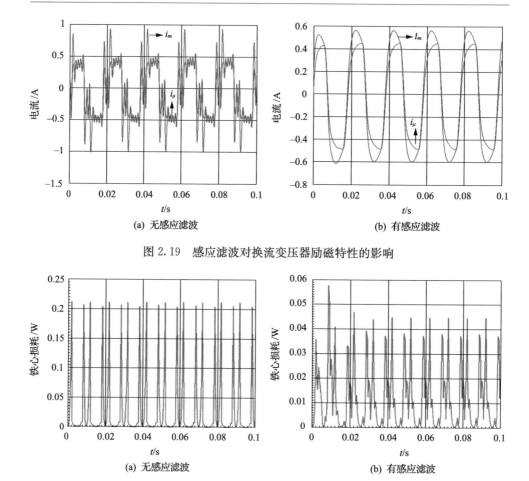

(a) 无感应滤波　　　　　　　　　　　　　(b) 有感应滤波

图 2.19　感应滤波对换流变压器励磁特性的影响

(a) 无感应滤波　　　　　　　　　　　　　(b) 有感应滤波

图 2.20　感应滤波对换流变压器铁心损耗的影响

2.5.4　试验研究

图 2.21、图 2.22 分别给出了传统换流变压器未滤波及实施无源滤波、新型换流变压器未滤波及实施感应滤波时,换流变压器自身的振动特性录波。该种录波方式是通过采集振动测试仪的输出模拟信号而实现的,图中的每一个格所代表的振幅已经在各图的下部加以注释。

对于无源滤波,由图 2.21 可知,交流网侧无源滤波器的投入对换流变压器振动的影响并不明显,这可以从谐波对换流变压器振动影响的角度加以分析。在采用无源滤波技术时,交流无源滤波器一般是并联在换流变压器的网侧,降低谐波对交流电网的污染,在这种情况下,换流阀所产生的交流谐波将完全经换流变压器馈入至网侧而得不到任何抑制,因此,无论换流变压器的网侧交流母线是否并入无源滤波装置,谐波总是在换流变压器的一二次侧绕组自由流通而得不到抑制,换流变压器的振动不会因为其网侧母线是否并入无源滤波装置而发生改变。不仅如此,若直流输电系统在实际运行中,当换流器越前触发角增大时,所产生的谐波会进一步加大,由此所引起的换流变压器的振动会进一步加剧。

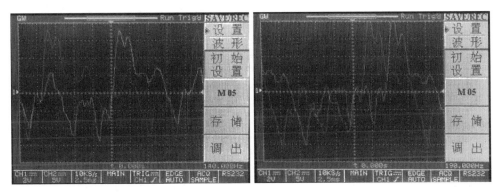

(a) 未滤波   (b) 无源滤波

图 2.21 传统换流变压器铁心振动速度测试录波(无源滤波)

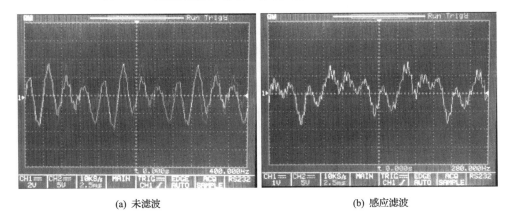

(a) 未滤波   (b) 感应滤波

图 2.22 新型感应滤波换流变压器铁心振动速度测试录波(感应滤波)

对于感应滤波,由图 2.22 可知,感应滤波的实施在一定程度上降低了换流变压器在实际运行中的振动,这同样可以从谐波对换流变压器振动影响方面加以分析。由上述感应滤波装置电磁特性分析可知,在实施感应滤波时,感应滤波换流变压器网侧绕组电流中谐波分量大为降低,且新型换流变压器内部的谐波磁势得到有效抑制,由谐波所引起的换流变压器振动得到了有效的抑制,因此,新型换流变压器的振动也大大降了下来。由此也可很明显地得出,由谐波所引起的换流变压器的噪声也会降至一定的水平以内,这对降低换流变压器的振动与噪声是很有益处的。

　　值得说明的是,由于振动录波图采集的是瞬时值,所表征出的振动特性还不是很明显,表 2.3 给出了由振动测试仪所测得的振动速度具体值,可见,在采用无源滤波时,传统换流变压器振动平均速度为 0.37mm/s,而采用感应滤波时,感应滤波换流变压器的振动平均速度为 0.085mm/s,这充分表明了感应滤波能有效地抑制换流变压器的振动,进一步验证了感应滤波对换流变压器而言具有一定的减振降噪功能。

表 2.3　新型感应滤波换流变压器与传统换流变压器振动测试结果

振动测试的对象	最大速度/(mm/s)	最小速度/(mm/s)	平均速度/(mm/s)
新型感应滤波换流变压器(未滤波)	0.24	0.22	0.23
新型感应滤波换流变压器(感应滤波)	0.1	0.07	0.085
传统换流变压器(未滤波)	0.4	0.24	0.32
传统换流变压器(无源滤波)	0.48	0.26	0.37

2.6　本 章 小 结

　　本章首先基于变压器磁势平衡原理和超导闭合回路磁链守恒原理,对谐波频率下变压器的电磁感应特性进行了理论推导,根据三绕组变压器谐波与基波频率下的等值电路模型,分别从场路两方面得出了感应滤波在具体实施时所需要满足的特定次谐频率下的超导闭合回路条件。然后,根据感应滤波的实现条件,提出了应用于直流输电换流站的新型感应滤波换流变压器及其配套感应滤波全调谐装置的接线方案。提出了感应滤波的场路耦合电磁分析法,并根据感应滤波变压器的绕组布置和全调谐装置的参数配置,建立了感应滤波装置的场路耦合模型。基于所建立的分析模型,对感应滤波装置的电磁特性进行了比较全面的分析,由此得出以下结论。

　　(1) 感应滤波从本质上讲充分利用了变压器固有的安匝平衡特性,通过构造特定次谐波频率下的超导闭合回路线圈,实现对特定次谐波电流和一次绕组的隔离屏蔽。就表现形式而言,感应滤波的实施改变了特定次谐波频率下变压器的磁路关系,抑制了变压器铁心中的谐波磁通,改善了变压器的绝缘环境,对延长变压器的使用寿命非常有益。

　　(2) 通过对感应滤波换流变压器及其配套全调谐装置的电磁特性分析可知,感应滤波的实施使得换流变压器网侧绕组电流波形呈正弦性,这意味着谐波磁势已经在阀侧绕组和滤波绕组间得到了平衡;谐波电流作用于绕组所产生的谐波感应电动势也得到了有效抑制,由于受到平衡绕组间电磁耦合作用的约束,很难发展为尖波分量;并且,换流变压器绕组磁链中的高频谐波分量也大为降低,使得绕组磁链接近正弦性,这对于改善换流变压器内部绝缘是十分有利的。不仅如此,由于感应滤波的实施使得外部谐波电流源作用换流变压器铁心所产生的励磁分量大为降低,主铁心的附加磁滞损耗和涡流损耗也随之大幅下降;同时,由于网侧绕组中谐波电流含量很少,由此所产生的绕组铜耗也明显降低。综合而言,感应滤波的实施在一定程度上提高了换流变压器的运行效率,起到了节能降耗的目的。

(3)通过对感应滤波换流变压器和传统换流变压器的振动测试,进一步验证了采用感应滤波技术的新型换流变压器具有良好的减振降噪性能。事实上,这种良好的减振降噪效果的内在作用机制是由感应滤波所决定的。

第3章 非理想参数下感应滤波性能的灵敏度分析

感应滤波作为一种全新的谐波抑制技术,其滤波机理与无源滤波和有源滤波有本质的区别。和常规的滤波方式一样,感应滤波在应用于实际的电力系统谐波抑制时,其滤波性能在一定程度上必然会受到谐波源扰动、电网波动以及滤波装置非理想工作状态下参数摄动的影响。那么,这些影响因素对实际感应滤波性能的作用程度如何? 和常规滤波技术相比又有什么不同? 特别是,如何从众多的影响因素中找到从本质上决定感应滤波性能的主导因素,以求在感应滤波装置设计中加以考虑与控制? 该方面的研究对于感应滤波的工程实践具有重要的参考价值和理论指导意义。

本章将根据感应滤波换流变压器的一般结构型式,建立感应滤波换流变压器及其配套调谐装置的谐波模型及其等值解耦电路模型,并从理论上推导考虑电磁耦合特性的数学模型。在此基础上,将提出应用灵敏度函数理论分析感应滤波技术的实际滤波性能,据此研究各种外部扰动与波动因素,以及内部摄动因素与感应滤波灵敏度的关联性,并定义绝对灵敏度函数和相对/半相对灵敏度函数的一般表达式,推导各种因素对感应滤波性能影响的灵敏度函数。

3.1 感应滤波换流变压器的一般结构型式

3.1.1 传统换流变压器的结构型式

现代高压直流输电系统广泛采用每极一组 12 脉动换流器的结构型式,换流变压器除了配合换流阀组一起实现交直流之间的相互变换外,还需要为两个串联的 6 脉动换流器提供 30° 的相角差,从而形成 12 脉动换流器结构。图 3.1 给出了传统换流变压器常见的 4 种结构型式示意图[19]。由图可知,传统换流变压器的结构型式可以是三相三绕组式、三相双绕组式、单相双绕组式和单相三绕组式四种。采用何种结构型式的换流变压器,应根据换流变压器交流侧及直流侧的系统电压要求、变压器的容量、运输条件以及换流站布置等因素进行全面考虑确定。对于中等额定容量和电压的换流变压器,可选用图 3.1(a)、(b) 所示的三相变压器型式,其阀侧绕组为 Y/△ 接线,以确保输出电压彼此保持 30° 的相角差;对于容量较大的换流变压器,可采用图 3.1(c)、(d) 所示的单相变压器组型式。

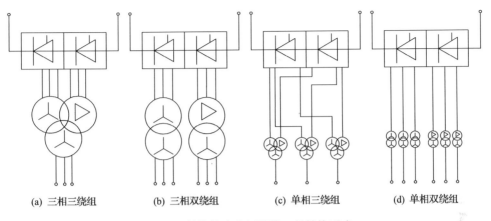

(a) 三相三绕组　　　(b) 三相双绕组　　　(c) 单相三绕组　　　(d) 单相双绕组

图 3.1 传统换流变压器的一般结构型式

由于受换流变压器运输重量的限制,目前高压大容量直流输电系统普遍采用图 3.1(d)所示的单相双绕组变压器组型式,如我国的葛南、天广及三常直流输电工程均采用了该种结构型式。

3.1.2 感应滤波换流变压器的结构型式及技术特点

新型换流变压器网侧绕组采用普通的 Y 接,阀侧绕组采用延边三角形接线方式。为适应不同容量与电压等级的直流输电系统,图 3.2 给出了用于 12 脉动直流输电系统的四种新型换流变压器的结构型式。与传统换流变压器类似,对于中等额定容量和电压的换流变压器,可选用图 3.2(a)、(b)所示的三相变压器型式;对于容量较大的换流变压器,可选用图 3.2(c)、(d)所示的单相变压器型式。

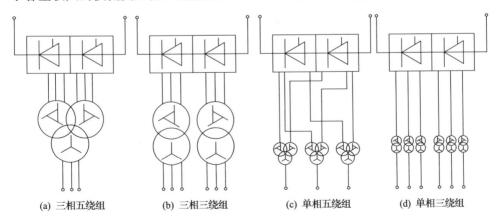

(a) 三相五绕组　　　(b) 三相三绕组　　　(c) 单相五绕组　　　(d) 单相三绕组

图 3.2 新型换流变压器的结构型式

值得说明的是,图 3.2 所示的感应滤波换流变压器,其阀侧绕组与滤波绕组采用自耦联结,这只是新型换流变压器的一种具有特色的结构型式。这种结构型式的优点在于,耦合滤波绕组在进行谐波屏蔽兼无功补偿时,能够部分地进行电能传输。实际上,新型换流变压器的滤波绕组可以独立为第三绕组。采用这种结构型式时,滤波绕组主要用于谐波屏蔽兼无功补偿。

3.1.3　结构型式与技术特点对比分析

在实际的直流输电工程中,考虑到换流变压器容量大且绝缘水平高,其重量与体积必然很大,因此,受运输条件的限制,一般采用单相结构型式。新型换流变压器在应用于实际工程时也可采用单相结构,对比图 3.1(d)与图 3.2(d)可知,在采用单相型式时,新型换流变压器为单相三绕组型式,且二次侧绕组采用自耦联结方式,虽然多增加了一个耦合滤波绕组,但其设计容量并未增加,因为其输出容量是由负载端换流桥所决定的,并且,由于采用感应滤波方式后,新型换流变压器内部的谐波磁势得到极大削弱,其绝缘设计的难度相比传统换流变压器有所降低。从运行状况来说,由于新型换流变压器的附加损耗、噪声、振动等不良影响得到有效抑制,其运行损耗大为降低,换流变压器的使用寿命得以延长。并且,采用新型换流变压器及相应感应滤波方式开发了变压器固有的利用谐波安匝平衡进行谐波屏蔽的新型滤波方式,传统换流变压器网侧特征谐波滤波器从结构上由高压侧移到靠近阀侧的耦合绕组抽头处,即中压侧,能显著降低无源滤波装置的工程造价,降低滤波装置在运行时的基波损耗。从综合效益来说,采用新型换流变压器及其感应滤波方式相比传统换流变压器与无源滤波方式有着明显的优越性。

3.2　考虑换流变压器电磁约束关系的谐波模型及其解耦电路

3.2.1　传统换流变压器及其网侧无源滤波器

传统换流变压器及网侧无源滤波的谐波模型与阻抗解耦电路如图 3.3 所示。图中,I_{Lh} 表示换流阀所产生的 h 次谐波电流;N_1、N_2 分别表示换流变压器的网侧绕组和阀侧绕组的匝数;Z_{fh}、I_{fh} 分别表示网侧无源滤波器的 h 次谐波阻抗以及流经此谐波阻抗的 h 次谐波电流;Z_{Sh}、I_{Sh} 分别表示 h 次谐波频率下的交流电网侧系统谐波阻抗以及流经此谐波阻抗的 h 次谐波电流;U_{Sh} 表示电网侧的谐波电压源;Z_{1h}、I_{1h} 分别表示网侧绕组的 h 次等值谐波阻抗以及流经此谐波阻抗的 h 次谐波电流;Z_{2h}、I_{2h} 分别表示阀侧绕组的 h 次谐波阻抗以及流经此谐波阻抗的 h 次谐波电流。

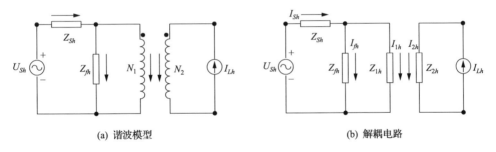

(a) 谐波模型   (b) 解耦电路

图 3.3 传统换流变压器及无源滤波的谐波模型与解耦电路

由图 3.3(b)所示的 h 次谐波电流的流通路径,根据基尔霍夫电流定律 (KCL),设节点处流入电流为正、流出为负,则可得 h 次谐波电流满足如下方程:

$$\begin{cases} I_{2h} = I_{Lh} \\ I_{Sh} - I_{fh} - I_{1h} = 0 \end{cases} \tag{3.1}$$

同时,可得到 h 次谐波电压满足如下方程:

$$\begin{cases} U_{1h} = U_{fh} \\ U_{fh} = Z_{fh} I_{fh} \\ U_{fh} = U_{Sh} - Z_{Sh} I_{Sh} \end{cases} \tag{3.2}$$

式中,U_{1h} 表示网侧绕组的 h 次谐波电压;U_{fh} 表示网侧滤波器上的 h 次谐波电压。

由变压器磁动势平衡原理,可得到 h 次谐波电流所满足的谐波磁动势平衡方程,即

$$I_{2h} + \frac{N_1}{N_2} I_{1h} = 0 \tag{3.3}$$

同时,由多绕组变压器电压方程的一般形式,也可以得到双绕组换流变压器的 h 次谐波电压传递方程如下:

$$U_{2h} - U_{1h} = -I_{1h} Z_{h12} \tag{3.4}$$

式中,Z_{h12} 表示 h 次谐波频率下网侧绕组和阀侧绕组的谐波短路阻抗。

式(3.1)~式(3.4)共同构成了描述双绕组换流变压器及其网侧无源滤波器谐波电压、谐波电流和谐波阻抗之间关系的数学模型。现推导网侧谐波电流 I_{Sh} 与阀侧谐波电流源 I_{Lh}、网侧谐波电压源 U_{Sh} 之间的关系模型。

由式(3.1)和式(3.3)可得

$$I_{1h} = -\frac{N_2}{N_1} I_{Lh} \tag{3.5}$$

由式(3.2)可知

$$I_{fh} = \frac{U_{Sh} - Z_{Sh}I_{Sh}}{Z_{fh}} \tag{3.6}$$

由式(3.1)、式(3.5)和式(3.6)可得

$$I_{Sh} - \frac{U_{Sh} - Z_{Sh}I_{Sh}}{Z_{fh}} + \frac{N_2}{N_1}I_{Lh} = 0 \tag{3.7}$$

由式(3.7)即可得到网侧谐波电流 I_{Sh} 与阀侧谐波电流源 I_{Lh}、网侧谐波电压源 U_{Sh} 之间的关系表达式：

$$I_{Sh} = -\frac{Z_{fh}}{Z_{fh} + Z_{Sh}} \frac{N_2}{N_1}I_{Lh} + \frac{U_{Sh}}{Z_{fh} + Z_{Sh}} \tag{3.8}$$

由此可知,对于传统换流变压器所采用的无源滤波方式,其对 h 次谐波的滤波效果主要与 h 次系统谐波阻抗以及滤波器的 h 次谐波阻抗有直接关系。电网频率的波动、系统阻抗的变化、滤波器元器件的参数摄动等因素均会对无源滤波效果产生影响。若滤波器参数设计不当或者电网参数发生变化,还有引起网侧谐波电流放大的可能性,这将在滤波性能的灵敏度函数分析中与感应滤波方式进行对比研究。

3.2.2　含独立滤波绕组的感应滤波换流变压器

含独立滤波绕组的感应滤波变压器谐波模型与阻抗解耦电路如图 3.4 所示。图中,I_{Lh} 表示换流阀所产生的 h 次谐波电流;N_1、N_2、N_3 分别表示感应滤波换流变压器的网侧绕组、阀侧绕组和独立滤波绕组的匝数;Z_{fh}、I_{fh} 分别表示感应滤波调谐装置的 h 次谐波阻抗以及流经此谐波阻抗的 h 次谐波电流;Z_{Sh}、I_{Sh} 分别表示

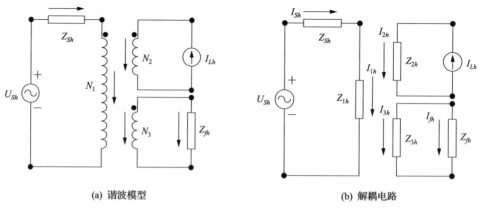

(a) 谐波模型　　　　　　　　　　(b) 解耦电路

图 3.4　含独立滤波绕组的感应滤波变压器谐波模型与解耦电路

h 次谐波频率下的系统谐波阻抗以及流经此谐波阻抗的 h 次谐波电流;U_{Sh} 表示电网侧的谐波电压源;Z_{1h}、I_{1h} 分别表示网侧绕组的 h 次等值谐波阻抗以及流经此谐波阻抗的 h 次谐波电流;Z_{2h}、I_{2h} 分别表示阀侧绕组的 h 次谐波阻抗以及流经此谐波阻抗的 h 次谐波电流;Z_{3h}、I_{3h} 分别表示独立滤波绕组的 h 次谐波阻抗以及流经此谐波阻抗的 h 次谐波电流。

图 3.4(b)中,感应滤波换流变压器网侧绕组、阀侧绕组以及独立滤波绕组的等值谐波阻抗可用式(3.9)表示:

$$\begin{cases} Z_{1h} = \dfrac{1}{2}(Z_{h12} + Z_{h13} - Z'_{h23}) \\[2mm] Z_{2h} = \dfrac{1}{2}(Z_{h21} + Z_{h23} - Z'_{h13}) \\[2mm] Z_{3h} = \dfrac{1}{2}(Z_{h31} + Z_{h32} - Z'_{h12}) \end{cases} \tag{3.9}$$

式中,Z_{h12}、Z_{h13} 和 Z_{h23} 分别表示网侧绕组与阀侧绕组、网侧绕组与独立滤波绕组绕组、独立滤波绕组与阀侧绕组之间的 h 次谐波短路阻抗。对于 3.2.3 节的含自耦滤波绕组的感应滤波换流变压器,独立滤波绕组即是阀侧公共绕组。

由图 3.4(b)所示的 h 次谐波电流的流通路径,可得 h 次谐波电流满足如下方程:

$$\begin{cases} I_{Sh} = I_{1h} \\ I_{2h} = I_{Lh} \\ I_{3h} = -I_{fh} \end{cases} \tag{3.10}$$

同时,可得到 h 次谐波电压满足如下方程:

$$\begin{cases} U_{1h} = U_{Sh} - Z_{Sh}I_{Sh} \\ U_{3h} = U_{fh} \\ U_{fh} = Z_{fh}I_{fh} \end{cases} \tag{3.11}$$

式中,U_{1h}、U_{3h} 分别表示网侧绕组和独立滤波绕组的 h 次谐波电压;U_{fh} 表示感应滤波调谐装置上的 h 次谐波电压。

由变压器磁动势平衡原理,可得到 h 次谐波电流所满足的谐波磁动势平衡方程,即

$$I_{2h} + \frac{N_1}{N_2}I_{1h} + \frac{N_3}{N_2}I_{3h} = 0 \tag{3.12}$$

同时,由多绕组变压器电压方程的一般形式,可以得到含独立滤波绕组的感应滤波换流变压器的 h 次谐波电压传递方程如下:

$$\begin{cases} U_{2h} - \dfrac{N_2}{N_1}U_{1h} = -Z_{h21}\dfrac{N_1}{N_2}I_{1h} - Z_{2h}\dfrac{N_3}{N_2}I_{3h} \\[3mm] U_{2h} - \dfrac{N_2}{N_3}U_{3h} = -Z_{h23}\dfrac{N_3}{N_2}I_{3h} - Z_{2h}\dfrac{N_1}{N_2}I_{1h} \end{cases} \tag{3.13}$$

式中, Z_{h12}、Z_{h23}分别表示 h 次谐波频率下网侧绕组和阀侧延伸绕组、阀侧延伸绕组和阀侧公共绕组间的谐波短路阻抗。

式(3.9)～式(3.13)共同构成了描述含独立滤波绕组的感应滤波换流变压器谐波电压、谐波电流和谐波阻抗之间关系的数学模型。现推导该类型换流变压器网侧谐波电流 I_{Sh} 与阀侧谐波电流源 I_{Lh}、网侧谐波电压源 U_{Sh} 之间的关系模型。

由式(3.11)中的第 1 个方程和式(3.13)中的第 1 个方程可得

$$U_{2h} = -Z_{h21}\frac{N_1}{N_2}I_{1h} - Z_{2h}\frac{N_3}{N_2}I_{3h} + \frac{N_2}{N_1}(U_{Sh} - Z_{Sh}I_{Sh}) \tag{3.14}$$

同理,由式(3.10)中的第 2、3 个方程和式(3.13)中的第 2 个方程可得

$$U_{2h} = -Z_{h23}\frac{N_3}{N_2}I_{3h} - Z_{2h}\frac{N_1}{N_2}I_{1h} + Z_{fh}\frac{N_2}{N_3}I_{fh} \tag{3.15}$$

式(3.15)和式(3.14)的左右项分别相减,可得

$$Z_{fh}\frac{N_2}{N_3}I_{fh} - \frac{N_2}{N_1}(U_{Sh} - Z_{Sh}I_{Sh}) + (Z_{h21} - Z_{2h})\frac{N_1}{N_2}I_{1h} + (Z_{2h} - Z_{h23})\frac{N_3}{N_2}I_{3h} = 0 \tag{3.16}$$

将式(3.10)中的第 3 个方程代入式(3.16),整理可得

$$\left[-\frac{N_2}{N_3}Z_{fh} + (Z_{2h} - Z_{h23})\frac{N_3}{N_2}\right]I_{3h} = (Z_{2h} - Z_{h21})\frac{N_1}{N_2}I_{1h} + \frac{N_2}{N_1}(U_{Sh} - Z_{Sh}I_{Sh}) \tag{3.17}$$

由式(3.17)可进一步得到

$$I_{3h} = \frac{(Z_{2h} - Z_{h21})\dfrac{N_1}{N_2}}{-\dfrac{N_2}{N_3}Z_{fh} + (Z_{2h} - Z_{h23})\dfrac{N_3}{N_2}}I_{1h} + \frac{\dfrac{N_2}{N_1}(U_{Sh} - Z_{Sh}I_{Sh})}{-\dfrac{N_2}{N_3}Z_{fh} + (Z_{2h} - Z_{h23})\dfrac{N_3}{N_2}} \tag{3.18}$$

将式(3.9)代入式(3.18)可得

$$I_{3h} = \frac{Z_{1h}}{Z_{3h} + Z_{fh}}\frac{N_3}{N_1}I_{1h} + \frac{N_3}{N_1}\frac{U_{Sh} - Z_{Sh}I_{Sh}}{Z_{3h} + Z_{fh}} \tag{3.19}$$

将式(3.19)代入谐波磁动势平衡方程式(3.12),结合式(3.10),经过进一步整理可得

$$I_{Lh} + \frac{N_1}{N_2}I_{Sh} + \frac{Z_{1h}}{Z_{3h}+Z_{fh}}\frac{N_3}{N_2}\frac{N_3}{N_1}I_{Sh} + \frac{N_3}{N_2}\frac{N_3}{N_1}\frac{U_{Sh}-Z_{Sh}I_{Sh}}{Z_{3h}+Z_{fh}} = 0 \quad (3.20)$$

由式(3.20)即可得到网侧谐波电流 I_{Sh} 与阀侧谐波电流源 I_{Lh}、网侧谐波电压源 U_{Sh} 之间的关系表达式:

$$I_{Sh} = -\frac{(Z_{3h}+Z_{fh})N_2N_1}{(Z_{3h}+Z_{fh})N_1^2+(Z_{1h}-Z_{Sh})N_3^2}I_{Lh} - \frac{N_3^2U_{Sh}}{(Z_{3h}+Z_{fh})N_1^2+(Z_{1h}-Z_{Sh})N_3^2}$$

$$(3.21)$$

3.2.3 含自耦滤波绕组的感应滤波换流变压器

含自耦滤波绕组的感应滤波变压器谐波模型与阻抗解耦电路如图 3.5 所示。图中,I_{Lh} 表示换流阀所产生的 h 次谐波电流;N_1、N_2、N_3 分别表示感应滤波换流变压器的网侧绕组、阀侧延伸绕组和阀侧公共绕组的匝数;Z_{fh}、I_{fh} 分别表示感应滤波调谐装置的 h 次谐波阻抗以及流经此谐波阻抗的 h 次谐波电流;Z_{Sh}、I_{Sh} 分别表示 h 次谐波频率下的系统谐波阻抗以及流经此谐波阻抗的 h 次谐波电流;U_{Sh} 表示电网侧的谐波电压源;Z_{1h}、I_{1h} 分别表示网侧绕组的 h 次等值谐波阻抗以及流经此谐波阻抗的 h 次谐波电流;Z_{2h}、I_{2h} 分别表示阀侧延伸绕组的 h 次谐波阻抗以及流经此谐波阻抗的 h 次谐波电流;Z_{3h}、I_{2h} 分别表示阀侧公共绕组的 h 次谐波阻抗以及流经此谐波阻抗的 h 次谐波电流。

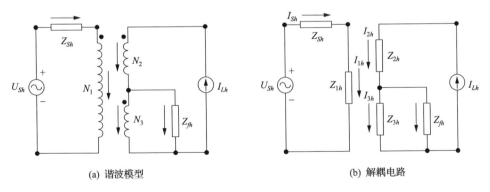

(a) 谐波模型   (b) 解耦电路

图 3.5 含自耦滤波绕组的感应滤波变压器谐波模型与解耦电路

由图 3.5(b)所示的 h 次谐波电流的流通路径,根据基尔霍夫电流定律(KCL),设节点处流入电流为正、流出为负,则可得 h 次谐波电流满足如下方程:

$$\begin{cases} I_{Sh} = I_{1h} \\ I_{2h} = I_{Lh} \\ I_{2h} - I_{3h} - I_{fh} = 0 \end{cases} \tag{3.22}$$

同时,可得到 h 次谐波电压满足如下方程:

$$\begin{cases} U_{1h} = U_{Sh} - Z_{Sh}I_{Sh} \\ U_{3h} = U_{fh} \\ U_{fh} = Z_{fh}I_{fh} \end{cases} \tag{3.23}$$

式中,U_{1h}、U_{3h} 分别表示网侧绕组和阀侧公共绕组的 h 次谐波电压;U_{fh} 表示感应滤波调谐装置上的 h 次谐波电压。

由变压器磁动势平衡原理,可得到 h 次谐波电流所满足的谐波磁动势平衡方程,即

$$I_{2h} + \frac{N_1}{N_2}I_{1h} + \frac{N_3}{N_2}I_{3h} = 0 \tag{3.24}$$

同时,由多绕组变压器电压方程的一般形式,可以得到含自耦滤波绕组的感应滤波换流变压器的 h 次谐波电压传递方程如下:

$$\begin{cases} U_{2h} - \dfrac{N_2}{N_1}U_{1h} = -Z_{h21}\dfrac{N_1}{N_2}I_{1h} - Z_{2h}\dfrac{N_3}{N_2}I_{3h} \\ U_{2h} - \dfrac{N_2}{N_3}U_{3h} = -Z_{h23}\dfrac{N_3}{N_2}I_{3h} - Z_{2h}\dfrac{N_1}{N_2}I_{1h} \end{cases} \tag{3.25}$$

式中,Z_{h12}、Z_{h23} 分别表示 h 次谐波频率下网侧绕组和阀侧延伸绕组、阀侧延伸绕组和阀侧公共绕组间的谐波短路阻抗。

式(3.22)~式(3.25)共同构成了描述含自耦滤波绕组的感应滤波换流变压器谐波电压、谐波电流和谐波阻抗之间关系的数学模型。现推导网侧谐波电流 I_{Sh} 与阀侧谐波电流源 I_{Lh}、网侧谐波电压源 U_{Sh} 之间的关系模型。

由式(3.23)中的第 1 个方程和式(3.25)中的第 1 个方程可得

$$U_{2h} = -Z_{h21}\frac{N_1}{N_2}I_{1h} - Z_{2h}\frac{N_3}{N_2}I_{3h} + \frac{N_2}{N_1}(U_{Sh} - Z_{Sh}I_{Sh}) \tag{3.26}$$

同理,由式(3.23)中的第 2、3 个方程和式(3.25)中的第 2 个方程可得

$$U_{2h} = -Z_{h23}\frac{N_3}{N_2}I_{3h} - Z_{2h}\frac{N_1}{N_2}I_{1h} + Z_{fh}\frac{N_2}{N_3}I_{fh} \tag{3.27}$$

式(3.27)和式(3.26)的左右项分别相减,可得

$$Z_{fh}\frac{N_2}{N_3}I_{fh} - \frac{N_2}{N_1}(U_{Sh} - Z_{Sh}I_{Sh}) + (Z_{h21} - Z_{2h})\frac{N_1}{N_2}I_{1h} + (Z_{2h} - Z_{h23})\frac{N_3}{N_2}I_{3h} = 0$$

$$(3.28)$$

将式(3.22)中的第 3 个方程代入式(3.28),整理可得

$$\left[-\frac{N_2}{N_3}Z_{fh} + (Z_{2h} - Z_{h23})\frac{N_3}{N_2}\right]I_{3h}$$

$$= (Z_{2h} - Z_{h21})\frac{N_1}{N_2}I_{1h} - Z_{fh}\frac{N_2}{N_3}I_{2h} + \frac{N_2}{N_1}(U_{Sh} - Z_{Sh}I_{Sh}) \qquad (3.29)$$

由式(3.29)可进一步得到

$$I_{3h} = \frac{(Z_{2h} - Z_{h21})\dfrac{N_1}{N_2}}{-\dfrac{N_2}{N_3}Z_{fh} + (Z_{2h} - Z_{h23})\dfrac{N_3}{N_2}}I_{1h} - \frac{Z_{fh}\dfrac{N_2}{N_3}}{-\dfrac{N_2}{N_3}Z_{fh} + (Z_{2h} - Z_{h23})\dfrac{N_3}{N_2}}I_{2h}$$

$$+ \frac{\dfrac{N_2}{N_1}(U_{Sh} - Z_{Sh}I_{Sh})}{-\dfrac{N_2}{N_3}Z_{fh} + (Z_{2h} - Z_{h23})\dfrac{N_3}{N_2}} \qquad (3.30)$$

将式(3.9)代入式(3.30)可得

$$I_{3h} = \frac{Z_{1h}}{Z_{3h} + Z_{fh}}\frac{N_3}{N_1}I_{1h} + \frac{Z_{fh}}{Z_{3h} + Z_{fh}}I_{2h} + \frac{N_3}{N_1}\frac{U_{Sh} - Z_{Sh}I_{Sh}}{Z_{3h} + Z_{fh}} \qquad (3.31)$$

将式(3.31)代入谐波磁动势平衡方程式(3.24),结合式(3.22),经过进一步整理可得

$$I_{Lh} + \frac{N_1}{N_2}I_{Sh} + \frac{Z_{1h}}{Z_{3h} + Z_{fh}}\frac{N_3}{N_2}\frac{N_3}{N_1}I_{Sh} + \frac{Z_{fh}}{Z_{3h} + Z_{fh}}\frac{N_3}{N_2}I_{Lh} + \frac{N_3}{N_2}\frac{N_3}{N_1}\frac{U_{Sh} - Z_{Sh}I_{Sh}}{Z_{3h} + Z_{fh}} = 0$$

$$(3.32)$$

由式(3.32)即可得到网侧谐波电流 I_{Sh} 与阀侧谐波电流源 I_{Lh}、网侧谐波电压源 U_{Sh} 之间的关系表达式：

$$I_{Sh} = -\frac{(Z_{3h} + Z_{fh})N_2N_1 + Z_{fh}N_1N_3}{(Z_{3h} + Z_{fh})N_1^2 + (Z_{1h} - Z_{Sh})N_3^2}I_{Lh} - \frac{N_3^2 U_{Sh}}{(Z_{3h} + Z_{fh})N_1^2 + (Z_{1h} - Z_{Sh})N_3^2}$$

$$(3.33)$$

由式(3.21)和式(3.33)可知,对于感应滤波,从换流阀馈入至网侧绕组及交流母线的谐波电流与换流变压器的阻抗参数、交流侧的系统阻抗参数和感应滤波调

谐装置的阻抗参数均具有密切的关系。在实施感应滤波技术时,如何实现有效的阻抗匹配设计,从而保证良好的感应滤波性能,这将在 3.3 节各类阻抗对滤波性能的灵敏度分析中予以阐述。

3.3　关键参数摄动的灵敏度函数分析法

3.3.1　摄动作用与灵敏度的关联性

在现实的科学技术问题中,存在着大量的灵敏度问题。从工程控制论的观点看,这都是由系统本身的参数摄动及作用于系统上的外干扰信号的不确定性引起的[91,92]。随着科学技术的发展,人们对这种不确定性因素的影响必然会给予更多的关注,这也就是人们对自适应技术及灵敏度与稳健性理论日益重视的原因。

本节将应用灵敏度理论对参数摄动情形下的感应滤波性能进行分析。从 3.2 节所建立的谐波模型及解耦电路模型可知,对于网侧谐波电流 I_{Sh},其含量的多少主要与三类参数有关联:第一类是谐波源参数,主要包括负载侧谐波电流源 I_{Sh} 和电网侧谐波电压源 U_{Sh};第二类是电网参数,主要包括特征谐波频次下电网谐波阻抗参数 Z_{Sh} 和电网频率摄动参数 f_h;第三类是内部参数,主要包括感应滤波调谐装置在特征谐波频次下的谐波阻抗参数 Z_{fh}、感应滤波换流变压器的网侧绕组在各谐波频次下的等值谐波阻抗参数 Z_{1h} 以及滤波绕组在各谐波频次下的等值谐波阻抗参数 Z_{3h}。

图 3.6 给出了上述三类参数对感应滤波性能的灵敏度分析示意图。对于这三类参数,其中的谐波源参数和电网参数属于对感应滤波性能具有干扰能力的外部作用参数范畴。这些参数在一定程度上的波动必然会对感应滤波性能产生影响,而这种波动对电力网络以及电力负荷而言是客观存在的,是无法通过感应滤波技术来抑制的,因此,研究感应滤波技术对外部作用参数的抗干扰能力,将是本节灵敏度函数分析的一个重要方面。内部阻抗参数属于从根本上决定感应滤波性能的内部作用参数范畴。通过上面的分析已经知道,主要是两个谐波阻抗参数 Z_{1h} 和 Z_{fh},那么,如何协调控制这两个阻抗参数以达到最优的感应滤波控制性能,提升感

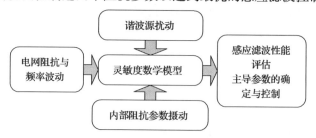

图 3.6　三类参数的灵敏度分析示意图

应滤波性能在主导参数一定范围内波动的自适应能力,确保感应滤波能力的稳健性,这将是本节灵敏度函数分析的另一个重要方面。为此,下面将定义三种不同的灵敏度函数表达法。

3.3.2 灵敏度函数的定义

为了便于分析与计算关键参数摄动对感应滤波性能影响的灵敏度问题,定义了以下三种不同的灵敏度函数:绝对灵敏度函数、相对灵敏度函数和半相对灵敏度函数[91]。

定义 3.1 考虑依赖于变量 $a_1, a_2, \cdots, a_n$ 的函数 $f(a_1, a_2, \cdots, a_n)$,当 a_i 发生变化时,若函数 $f(a_1, a_2, \cdots, a_n)$ 的变化为

$$\eta_i = \lim_{\Delta a_i} \frac{\Delta f(a_1, a_2, \cdots, a_n)}{\Delta a_i} \bigg|_{a_{i0}} \tag{3.34}$$

式中,a_{i0} 表示变量 a_i 的额定值。

即灵敏度函数为

$$\eta_i = \frac{\partial f(a_1, a_2, \cdots, a_n)}{\partial a_i} \bigg|_{a_{i0}} \tag{3.35}$$

此种情况下所得到的灵敏度 η_i 为绝对灵敏度函数。

定义 3.2 考虑依赖于变量 $a_1, a_2, \cdots, a_n$ 的函数 $f(a_1, a_2, \cdots, a_n)$,当 a_i 发生变化时,若函数 $f(a_1, a_2, \cdots, a_n)$ 的变化为

$$\eta_i = \lim_{\Delta a_i} \frac{\Delta f(a_1, a_2, \cdots, a_n)/f(a_1, a_2, \cdots, a_n)}{\Delta a_i/a_i} \bigg|_{a_{i0}} \tag{3.36}$$

即灵敏度函数为

$$\eta_i = \frac{\partial f(a_1, a_2, \cdots, a_n)/f(a_1, a_2, \cdots, a_n)}{\partial a_i/a_i} \bigg|_{a_{i0}} \tag{3.37}$$

此种情况下所得到的灵敏度 η_i 为相对灵敏度函数。

定义 3.3 考虑依赖于变量 $a_1, a_2, \cdots, a_n$ 的函数 $f(a_1, a_2, \cdots, a_n)$,当 a_i 发生变化时,若函数 $f(a_1, a_2, \cdots, a_n)$ 的变化为

$$\eta_{i1} = \lim_{\Delta a_i} \frac{\Delta f(a_1, a_2, \cdots, a_n)/f(a_1, a_2, \cdots, a_n)}{\Delta a_i} \bigg|_{a_{i0}} \tag{3.38}$$

即灵敏度函数为

$$\eta_{i1} = \frac{\partial f(a_1, a_2, \cdots, a_n)/f(a_1, a_2, \cdots, a_n)}{\partial a_i} \bigg|_{a_{i0}} \tag{3.39}$$

若函数 $f(a_1, a_2, \cdots, a_n)$ 的变化为

$$\eta_{i2} = \lim_{\Delta a_i} \frac{\Delta f(a_1, a_2, \cdots, a_n)}{\Delta a_i / a_i}\bigg|_{a_{i0}} \qquad (3.40)$$

即灵敏度函数为

$$\eta_{i2} = \frac{\partial f(a_1, a_2, \cdots, a_n)}{\partial a_i / a_i}\bigg|_{a_{i0}} \qquad (3.41)$$

此种情况下所得到的灵敏度 η_{i1} 和 η_{i2} 为半相对灵敏度函数。

　　值得说明的是,绝对灵敏度函数常用于理论研究,宜于分析外部扰动或者波动情形下的灵敏度。相对灵敏度函数和半相对灵敏度函数在进行参数变异效应的比较分析时非常实用,宜于分析内部参数摄动情形下的灵敏度。因此,本节将应用绝对灵敏度函数分析外部主要参数的波动或者扰动对感应滤波性能的灵敏度,应用相对灵敏度函数分析内部参数摄动对感应滤波性能的灵敏度。

3.3.3　动模试验系统关键参数

　　为了对比研究传统无源滤波和新型感应滤波在遭受相同参数扰动时所表征出的滤波效能,揭示出主导两种滤波方式滤波性能的关键因素以及滤波技术的抗干扰能力,现根据动模试验系统的相关参数,展开更为具体的研究。

　　该动模试验系统中新型换流变压器网侧绕组、阀侧绕组以及滤波绕组的基波等值阻抗分别为(0.03158 + j0.4378) Ω、(0.03153 + j0.0954) Ω、(0.005665 − j0.000023) Ω；Y 型接线的传统换流变压器网侧绕组和阀侧绕组的基波等值阻抗分别为(0.03067+j0.4876)Ω、(0.01533+j0.4876) Ω。

　　与感应滤波换流变压器配套的全调谐装置有两种类型:采用单调谐结构型式的全调谐支路和采用双调谐结构型式的全调谐支路。现以单调谐结构型式为研究对象,这种型式的元器件设计参数如表 3.1 所示。

表 3.1　感应滤波调谐装置的设计参数

参数	5 次全调谐支路	7 次全调谐支路	11 次全调谐支路	13 次全调谐支路
电容器/μF	209.78	209.78	209.78	209.78
电抗器/ mH	1.9319	0.98567	0.39916	0.28579

　　对特征谐波加以滤波的交流无源滤波器同样包括单调谐和双调谐两种结构型式。与感应滤波全调谐装置的设计思想不同,为了避免并联滤波器和系统阻抗间所可能发生的串并联谐振,从而导致电网侧谐波放大,无源滤波器在确保滤波性能的前提下进行了一定程度的偏调谐设计,并且配置了相应的滤波电阻器,以确保滤波器具有一定范围的调谐锐度,不至于由于频偏而影响滤波效果。单调谐无源滤

波器组的设计参数如表 3.2 所示。在此需要指出的是,对于传统无源滤波方式,动模试验系统只是配置了专门针对 11、13 次特征谐波的滤波器。为了对比感应滤波和无源滤波对 5、7、11、13 次特征谐波的滤波性能,本章重新设计了如表 3.2 所示的无源滤波器。

表 3.2　传统交流无源滤波器的设计参数

参数	5 次无源滤波器	7 次无源滤波器	11 次无源滤波器	13 次无源滤波器
电容器/μF	223.61	223.61	223.61	223.61
电抗器/mH	1.84874	0.943229	0.38197	0.27348
电阻器/Ω	0.0575	0.041076	0.0261	0.0221

值得说明的是,动模试验系统本身配有发电机组,通过馈电系统实现外部交流电网与所研究的整流逆变系统相隔离,其目的是尽可能地模拟无穷大电网,消除外网对研究对象的干扰。为了分析电网阻抗参数对感应滤波性能的影响,先假定电网阻抗为 $R_S = 0.2\Omega$,$L_S = 0.2\mathrm{mH}$。在 3.4 节感应滤波性能的灵敏度分析中,将以此为基准,实现 $R_S = 0 \sim 0.5\Omega$、$L_S = 0 \sim 0.735\mathrm{mH}$ 的系统谐波阻抗扫描,从而获取感应滤波性能受系统阻抗影响的灵敏度。

3.4　谐波源扰动对感应滤波性能的影响

3.4.1　负载侧谐波电流源扰动

对于传统换流变压器及网侧无源滤波方式,由式(3.8)可得到如下无源滤波性能受负载谐波电流波动的灵敏度函数:

$$\eta_1 = \frac{\partial I_{Sh}}{\partial I_{Lh}} = -\frac{Z_{fh}}{Z_{fh} + Z_{Sh}}\frac{N_2}{N_1} \tag{3.42}$$

式中,Z_{fh} 表示 5、7、11、13 次无源滤波器在 h 次谐波频率下的合成谐波阻抗,可由基波角频率 ω 以及 n 次无源滤波器的电阻器 R_n、电容器 C_n 和电抗器 L_n 表示,即

$$Z_{fh} = \frac{1}{\displaystyle\sum_{n=5,7,11,13} \frac{1}{R_n + \dfrac{1}{\mathrm{j}\omega h c_n} + \mathrm{j}\omega h L_n}} \tag{3.43}$$

Z_{Sh} 表示 h 次谐波频率下电网侧的谐波等值阻抗,可由式(3.44)表示:

$$Z_{Sh} = R_S + \mathrm{j}\omega h L_S \tag{3.44}$$

对于含独立滤波绕组的感应滤波换流变压器,式(3.21)可得到如下感应滤

波性能受负载谐波电流波动的灵敏度函数：

$$\eta_2 = \frac{\partial I_{Sh}}{\partial I_{Lh}} = -\frac{(Z_{3h} + Z_{fh})N_2 N_1}{(Z_{3h} + Z_{fh})N_1^2 + (Z_{1h} - Z_{Sh})N_3^2} \tag{3.45}$$

对于含自耦滤波绕组的感应滤波换流变压器，由式（3.33）可得到如下感应滤波性能受负载谐波电流波动的灵敏度函数：

$$\eta_3 = \frac{\partial I_{Sh}}{\partial I_{Lh}} = -\frac{(Z_{3h} + Z_{fh})N_2 N_1 + Z_{fh}N_1 N_3}{(Z_{3h} + Z_{fh})N_1^2 + (Z_{1h} - Z_{Sh})N_3^2} \tag{3.46}$$

图 3.7 给出了无源滤波和感应滤波这两种滤波方式受负载谐波电流扰动的灵敏度曲线。通过对 h 次谐波频率下系统谐波等值阻抗的扫描可知，对于无源滤波，系统阻抗越小，无源滤波性能受该阻抗的影响越灵敏，这意味着无源滤波的性能在很大程度上依赖于系统阻抗，即使滤波器已经达到了理想的偏调谐效果，但是，若滤波器的某次谐波阻抗与该次的系统谐波阻抗达到了并联谐振状态，则会在电网侧引起该次谐波电流的放大，并且，这种谐波电流的放大在系统阻抗越小时，其可能性越大。而对于感应滤波，通过与传统无源滤波性能的灵敏度三维曲面比较可知，在抑制 11 次特征谐波电流时，体现感应滤波性能受系统阻抗影响的灵敏度值均小于无源滤波，这表明相比于传统的无源滤波方式，感应滤波的滤波性能受系统阻抗的影响很小。

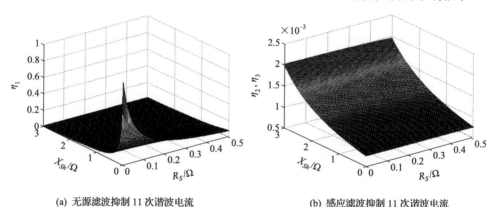

(a) 无源滤波抑制 11 次谐波电流   (b) 感应滤波抑制 11 次谐波电流

图 3.7　负载谐波电流波动对无源滤波和感应滤波性能影响的灵敏度

3.4.2　电网侧谐波电压源扰动

对于传统换流变压器及网侧无源滤波方式，由式（3.8）可得到如下无源滤波性能受电网谐波电压波动的灵敏度函数：

$$\eta_4 = \frac{\partial I_{Sh}}{\partial U_{Sh}} = \frac{1}{Z_{fh} + Z_{Sh}} \tag{3.47}$$

对于含独立滤波绕组的感应滤波换流变压器，由式（3.21）可得到如下感应滤波性能受电网谐波电压波动的灵敏度函数：

$$\eta_5 = \frac{\partial I_{Sh}}{\partial U_{Sh}} = -\frac{N_3^2}{(Z_{3h} + Z_{fh})N_1^2 + (Z_{1h} - Z_{Sh})N_3^2} \tag{3.48}$$

对于含自耦滤波绕组的感应滤波换流变压器，由式（3.33）可得到如下感应滤波性能受电网谐波电压波动的灵敏度函数：

$$\eta_6 = \frac{\partial I_{Sh}}{\partial U_{Sh}} = -\frac{N_3^2}{(Z_{3h} + Z_{fh})N_1^2 + (Z_{1h} - Z_{Sh})N_3^2} \tag{3.49}$$

图 3.8 给出了无源滤波和感应滤波各自的滤波性能受电网谐波电压影响的灵敏度曲面。由图可知，对于无源滤波，在电网谐波电压源发生扰动时，若无源滤波器在某次谐波频率下的谐波阻抗与该次谐波频率下的系统谐波阻抗发生串联谐振，那么即使电网该次谐波频率的谐波电压含量较少，由于这种串联谐振，将同样引起电网侧该次谐波电流的含量加大。并且，这种谐波电流放大的现象在系统阻抗比较小时容易出现。而对于感应滤波，虽然也存在这种类型的谐波电流放大的潜在可能性，但由灵敏度曲面可见，在发生电网谐波电压扰动时，系统阻抗越小，与系统阻抗发生串联谐振的概率越低，这也从一个层面上表明了感应滤波的性能与系统阻抗的关联性不大。

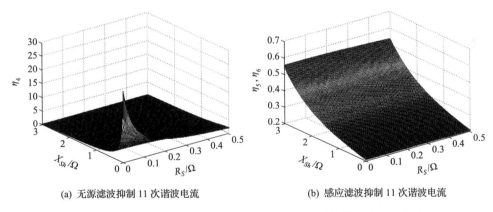

(a) 无源滤波抑制 11 次谐波电流　　　　　　　(b) 感应滤波抑制 11 次谐波电流

图 3.8　电网谐波电压波动对无源滤波和感应滤波性能影响的灵敏度

3.5　电网参数波动对感应滤波性能的影响

3.5.1　电网阻抗波动

电网阻抗的波动不仅会影响到从负载侧馈入至电网中的谐波电流的大小，同时也会影响到电网谐波电压在电网侧综合阻抗上产生的谐波电流的大小。对于传统无源滤波方式,当分析由负载侧谐波电流受电网阻抗波动影响时,对无源滤波性能的灵敏度,由式(3.8)可得到如下灵敏度函数:

$$\eta_7 = \frac{\partial^2 I_{Sh}}{\partial I_{Lh} \partial Z_{Sh}} = \frac{Z_{fh}}{(Z_{fh} + Z_{Sh})^2} \frac{N_2}{N_1} \tag{3.50}$$

若考虑受电网阻抗波动的影响,由电网电压产生的谐波对无源滤波性能的灵敏度,由式(3.8)可得到如下灵敏度函数:

$$\eta_{10} = \frac{\partial^2 I_{Sh}}{\partial U_{Sh} \partial Z_{Sh}} = -\frac{1}{(Z_{fh} + Z_{Sh})^2} \tag{3.51}$$

在校核感应滤波性能受电网阻抗波动影响时,同样包括两种情形:一种是对负载侧谐波电流的抑制效果;另一种是对电网侧谐波电压的抑制效果。对于抑制负载侧谐波电流,由式(3.21)可得到如下灵敏度函数:

$$\eta_8 = \frac{\partial^2 I_{Sh}}{\partial I_{Lh} \partial Z_{Sh}} = -\frac{-(Z_{3h} + Z_{fh})N_2 N_1 N_3^2}{[(Z_{3h} + Z_{fh})N_1^2 + (Z_{1h} - Z_{Sh})N_3^2]^2} \tag{3.52}$$

对于抑制电网侧谐波电压,式(3.21)可得到如下灵敏度函数:

$$\eta_{11} = \frac{\partial^2 I_{Sh}}{\partial U_{Sh} \partial Z_{Sh}} = -\frac{-N_3^4}{[(Z_{3h} + Z_{fh})N_1^2 + (Z_{1h} - Z_{Sh})N_3^2]^2} \tag{3.53}$$

同理,对于含自耦滤波绕组的感应滤波换流变压器,其对负载侧谐波电流的抑制效果受电网阻抗波动影响的灵敏度函数,可根据式(3.33)进一步得到

$$\eta_9 = \frac{\partial^2 I_{Sh}}{\partial I_{Lh} \partial Z_{Sh}} = -\frac{[-(Z_{3h} + Z_{fh})N_2 N_1 - Z_{fh}N_1 N_3]N_3^2}{[(Z_{3h} + Z_{fh})N_1^2 + (Z_{1h} - Z_{Sh})N_3^2]^2} \tag{3.54}$$

对于抑制电网侧谐波电压,由式(3.33)可得到如下灵敏度函数:

$$\eta_{12} = \frac{\partial^2 I_{Sh}}{\partial U_{Sh} \partial Z_{Sh}} = -\frac{-N_3^4}{[(Z_{3h} + Z_{fh})N_1^2 + (Z_{1h} - Z_{Sh})N_3^2]^2} \tag{3.55}$$

图 3.9 给出了在抑制负载侧谐波电流时,无源滤波和感应滤波受电网阻抗波动影响的灵敏度曲面。由图可见,对于抑制负载侧的 11 次谐波电流,无源滤波的抑制灵敏度会随着系统谐波阻抗的降低而增大,而感应滤波的抑制灵敏度则随之而降低。由于本章采用的是绝对灵敏度分析法,虽然纵坐标灵敏度值很小,但滤波性能受系统阻抗波动影响的趋势已经体现了出来。这进一步表明,电网阻抗的波动,包括背景谐波下的谐波阻抗,均会对无源滤波的抑制效果产生影响,特别是在系统阻抗较小的情形下,这种影响很明显。而对于感应滤波则恰恰相反,受系统阻抗波动的影响很小,在系统阻抗较小的情形下,阻抗波动基本上不会对感应滤波性能产生影响。

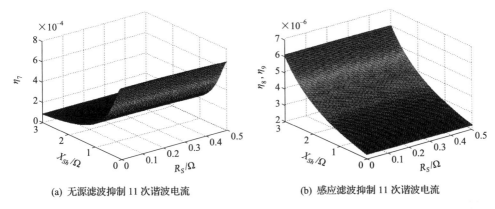

(a) 无源滤波抑制 11 次谐波电流　　　　　　　(b) 感应滤波抑制 11 次谐波电流

图 3.9　考虑负载侧谐波电流时电网阻抗波动对无源滤波和感应滤波性能影响的灵敏度

　　图 3.10 给出了无源滤波和感应滤波对电网侧各次谐波电压的抑制效果受电网阻抗波动影响的灵敏度曲面。由图可见,无源滤波对电网侧谐波的抑制灵敏度受电网阻抗波动的影响更大,若电网阻抗的基值很小,则在此基值下的电网阻抗波动会对无源滤波的抑制性能产生很大的影响。而对于感应滤波,电网阻抗的基值越小,则在此基值范围内的阻抗波动基本上不会对感应滤波抑制电网谐波的性能产生影响。实际上,这种受系统阻抗影响很小的感应滤波特性是由感应滤波换流变压器和调谐装置的阻抗所保证的,这将在内部参数摄动灵敏度分析中予以阐释。

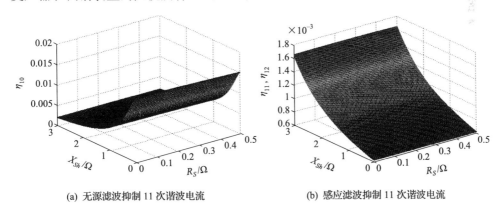

(a) 无源滤波抑制 11 次谐波电流　　　　　　　(b) 感应滤波抑制 11 次谐波电流

图 3.10　考虑电网谐波电压时电网阻抗波动对无源滤波和感应滤波性能影响的灵敏度

3.5.2　电网频率波动

　　电网频率的波动在一定程度上导致了系统阻抗、滤波器阻抗以及换流变压器阻抗的波动,从而对负载侧谐波电流以及电网侧谐波电压的抑制效果产生影响。对于无源滤波,由式(3.8)可得如下反映电网频率波动对抑制负载侧谐波电流的灵敏度函数：

$$\eta_{13a} = \frac{\partial^2 I_{Sh}}{\partial I_{Lh} \partial f} = \left[\frac{Z_{fh}^2}{Z_{fh} + Z_{Sh}} - \frac{Z_{fh}^3}{(Z_{fh} + Z_{Sh})^2} \right] \frac{N_2}{N_1} A \tag{3.56}$$

式中，$A = \sum_{n=5,7,11,13} - \dfrac{1}{\left(R_n - \dfrac{1}{\mathrm{j}\omega h c_n} + \mathrm{j}\omega h L_n \right)^2 \left(-\dfrac{1}{\mathrm{j}\omega f h c_n} + \mathrm{j}\dfrac{\omega}{f} h L_n \right)}$ 。

同时，由式(3.8)可得到如下反映电网频率波动对抑制电网侧谐波电压的灵敏度函数：

$$\eta_{13b} = \frac{\partial^2 I_{Sh}}{\partial U_{Sh} \partial f} = \frac{(Z_{fh} + Z_{Sh})^2}{Z_{fh}^2 A} \tag{3.57}$$

对于感应滤波，由式(3.21)可得到如下考虑电网频率波动对抑制负载侧谐波电流效果的灵敏度函数：

$$
\begin{aligned}
\eta_{14a} = \frac{\partial^2 I_{Sh}}{\partial I_{Lh} \partial f} &= \frac{\left(-\mathrm{j} \dfrac{X_{3h}}{f} + Z_{fh} \right)^2 A N_2 N_1}{(Z_{3h} + Z_{fh}) N_1^2 + (Z_{1h} - Z_{Sh}) N_3^2} \\
&+ \frac{(Z_{3h} + Z_{fh}) N_2 N_1 \left[\left(\mathrm{j} \dfrac{X_{3h}}{f} - Z_{fh}^2 A \right) N_1^2 + \left(\mathrm{j} \dfrac{X_{1h}}{f} - \mathrm{j} \dfrac{X_{Sh}}{f} \right) N_3^2 \right]}{\left[(Z_{3h} + Z_{fh}) N_1^2 + (Z_{1h} - Z_{Sh}) N_3^2 \right]^2}
\end{aligned}
\tag{3.58}
$$

同理，根据式(3.21)可得到如下考虑电网频率波动对抑制电网侧谐波电压效果的灵敏度函数：

$$\eta_{14b} = \frac{\partial^2 I_{Sh}}{\partial U_{Sh} \partial f} = \frac{N_3^2 \left[\left(\mathrm{j} \dfrac{X_{3h}}{f} - Z_{fh}^2 A \right) N_1^2 + \left(\mathrm{j} \dfrac{X_{1h}}{f} - \mathrm{j} \dfrac{X_{Sh}}{f} \right) N_3^2 \right]}{(Z_{3h} + Z_{fh}) N_1^2 + (Z_{1h} - Z_{Sh}) N_3^2} \tag{3.59}$$

由式(3.33)可得到采用自耦滤波绕组的新型换流变压器时，反映电网频率波动对抑制负载侧谐波电流效果的灵敏度函数：

$$
\begin{aligned}
\eta_{15a} = \frac{\partial^2 I_{Sh}}{\partial I_{Lh} \partial f} &= \frac{\left(-\mathrm{j} \dfrac{X_{3h}}{f} + Z_{fh}^2 A \right) N_2 N_1 + Z_{fh}^2 N_1 N_3 A}{(Z_{3h} + Z_{fh}) N_1^2 + (Z_{1h} - Z_{Sh}) N_3^2} \\
&+ \frac{\left[(Z_{3h} + Z_{fh}) N_2 N_1 + Z_{fh} N_1 N_3 \right] \left[\left(\mathrm{j} \dfrac{X_{3h}}{f} - Z_{fh}^2 A \right) N_1^2 + \left(\mathrm{j} \dfrac{X_{1h}}{f} - \mathrm{j} \dfrac{X_{Sh}}{f} \right) N_3^2 \right]}{\left[(Z_{3h} + Z_{fh}) N_1^2 + (Z_{1h} - Z_{Sh}) N_3^2 \right]^2}
\end{aligned}
\tag{3.60}
$$

同理，根据式(3.33)可得到反映电网频率波动对抑制电网侧谐波电压效果的灵敏度函数：

$$\eta_{15b} = \frac{\partial^2 I_{Sh}}{\partial U_{Sh} \partial f} = \frac{N_3^2 \left[\left(\mathrm{j}\dfrac{X_{3h}}{f} - Z_{fh}^2 A \right) N_1^2 + \left(\mathrm{j}\dfrac{X_{1h}}{f} - \mathrm{j}\dfrac{X_{Sh}}{f} \right) N_3^2 \right]}{(Z_{3h} + Z_{fh}) N_1^2 + (Z_{1h} - Z_{Sh}) N_3^2} \tag{3.61}$$

图 3.11～图 3.13 分别给出了无源滤波和感应滤波受电网频率波动影响的灵敏度函数三维曲面。由图可知,无源滤波对负载侧低次谐波电流的抑制受电网频率波动的影响较大,而对电网侧谐波电压的抑制则恰好相反,谐波次数越高,灵敏度越高,受电网频率波动的影响越大。对于感应滤波,在采用含自耦滤波绕组的感应滤波换流变压器时,在抑制 5 次负载谐波电流附近,灵敏度最低,受电网频率波动影响也最低。总体而言,对于感应滤波,无论是抑制负载侧谐波电流,还是抑制电网侧谐波电压,其受电网频率波动的影响程度随着谐波次数的递增呈逐步下降的趋势。

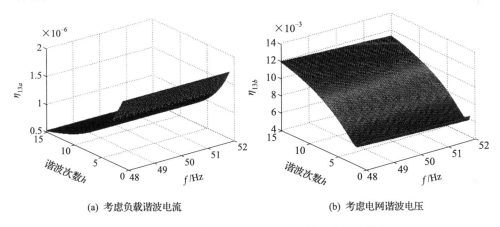

(a) 考虑负载谐波电流　　　　　　　　(b) 考虑电网谐波电压

图 3.11　电网频率波动对无源滤波性能影响的灵敏度

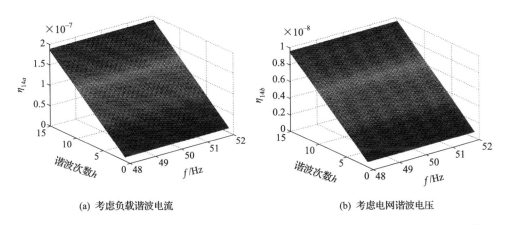

(a) 考虑负载谐波电流　　　　　　　　(b) 考虑电网谐波电压

图 3.12　电网频率波动对感应滤波性能影响的灵敏度(含独立滤波绕组的感应滤波变压器)

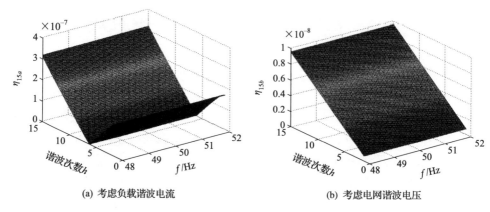

(a) 考虑负载谐波电流　　　　　　　　　(b) 考虑电网谐波电压

图 3.13　电网频率波动对感应滤波性能影响的灵敏度(含自耦滤波绕组的感应滤波变压器)

3.6　调谐装置参数摄动对感应滤波性能的影响

本节所涉及的调谐装置,对于无源滤波,实际上是对特定次谐波电流具有一定偏调谐特性的无源滤波器;对于感应滤波,实际上是感应滤波换流变压器配套的全调谐支路。两者都是通过配置电容器与电抗器,达到对特定次谐波调谐的作用。不同之处在于,无源滤波通过调谐实现对特定次谐波电流的抑制,而感应滤波通过对特定次谐波电流的引流,为利用变压器谐波安匝平衡原理实施感应滤波提供必要前提。

由于调谐装置主要是由电容器和电抗器所组成的,在实际制造过程中,电容值和电抗值不可避免地存在一定的误差;并且,调谐装置在实际运行中,容易受到谐波污染程度、温度漂移、滤波电容老化以及非线性负荷变化的影响,这种影响均有可能造成调谐装置参数摄动,影响实际的调谐效果。

对于无源滤波,由式(3.8)可得到反映无源滤波器参数摄动对抑制负载侧谐波电流效果的灵敏度函数:

$$\eta_{16} = \frac{\partial^2 I_{Sh}}{\partial I_{Lh} \partial Z_{fh}} = -\frac{1}{Z_{fh} + Z_{Sh}} \frac{N_2}{N_1} + \frac{Z_{fh}}{(Z_{fh} + Z_{Sh})^2} \frac{N_2}{N_1} \tag{3.62}$$

对于含独立滤波绕组和自耦滤波绕组的感应滤波换流变压器,由式(3.21)和式(3.33)可分别得到反映感应滤波调谐装置参数摄动对抑制负载侧谐波电流效果的灵敏度函数:

$$\eta_{17} = \frac{\partial^2 I_{Sh}}{\partial I_{Lh} \partial Z_{fh}}$$

$$= -\frac{N_2 N_1}{(Z_{3h} + Z_{fh})N_1^2 + (Z_{1h} - Z_{Sh})N_3^2} + \frac{(Z_{3h} + Z_{fh})N_2 N_1^3}{[(Z_{3h} + Z_{fh})N_1^2 + (Z_{1h} - Z_{Sh})N_3^2]^2}$$

$$\tag{3.63}$$

$$\eta_{18} = \frac{\partial^2 I_{Sh}}{\partial I_{Lh} \partial Z_{fh}}$$

$$= - \frac{N_2 N_1 + N_1 N_3}{(Z_{3h} + Z_{fh}) N_1^2 + (Z_{1h} - Z_{Sh}) N_3^2} + \frac{[(Z_{3h} + Z_{fh}) N_2 N_1 + Z_{fh} N_1 N_3] N_1^2}{[(Z_{3h} + Z_{fh}) N_1^2 + (Z_{1h} - Z_{Sh}) N_3^2]^2}$$

$$(3.64)$$

图 3.14~图 3.16 给出了考虑对负载侧谐波电流抑制效果时,调谐装置参数摄动对实际滤波性能的灵敏度三维曲面。从总体上看,采用无源滤波方式时,受滤波器参数摄动的灵敏度均高于感应滤波。特别是,在进行灵敏度分析时,所选取的滤波器参数在设计参数附近波动,例如,对于图 3.14(a)所示的无源滤波对 5 次谐波的抑制效果,在 5 次谐波频率下,所设计的 5 次滤波器容抗值为 -2.8470Ω,感抗值为 2.9040Ω。若 5 次滤波器参数在此范围内摄动,则灵敏度值为 $2.3\sim2.4$;而对于图 3.15(a)所示的感应滤波对 5 次谐波的抑制效果,在 5 次谐波频率下,所设计的 5 次调谐支路的容抗值为 -3.0347Ω,感抗值为 3.0346Ω。若 5 次调谐支路参数在此范围内摄动,则灵敏度值为 $0.69\sim0.7$。由此可见,在调谐装置参数摄动时,与感应滤波相比,无源滤波性能受此摄动的影响较大,这意味着无源滤波性能从根本上是由无源滤波器的参数所决定的,若参数发生变化,则滤波效果容易受到影响,而对于感应滤波,调谐装置主要是为感应滤波的实施提供必备的前提条件,实际的滤波性能是由感应滤波变压器的绕组阻抗参数所决定的。

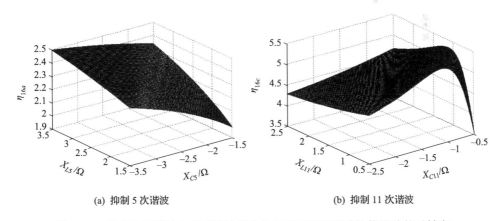

(a) 抑制 5 次谐波　　　　　　　(b) 抑制 11 次谐波

图 3.14　考虑负载谐波电流时滤波器参数摄动对无源滤波性能影响的灵敏度

在考虑无源滤波器参数摄动对抑制电网侧谐波电压效果的影响时,由式(3.8)可得到如下灵敏度函数:

$$\eta_{19} = \frac{\partial^2 I_{Sh}}{\partial U_{Sh} \partial Z_{fh}} = - \frac{1}{(Z_{fh} + Z_{Sh})^2} \qquad (3.65)$$

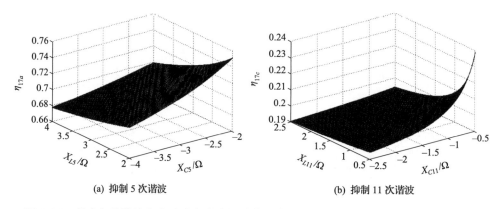

(a) 抑制 5 次谐波　　　　　　　　　　(b) 抑制 11 次谐波

图 3.15　考虑负载谐波电流时感应滤波调谐装置参数摄动对感应滤波性能影响的灵敏度
（含独立滤波绕组的感应滤波变压器）

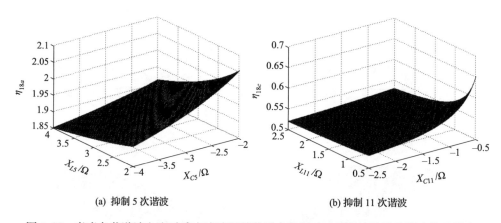

(a) 抑制 5 次谐波　　　　　　　　　　(b) 抑制 11 次谐波

图 3.16　考虑负载谐波电流时感应滤波调谐装置参数摄动对感应滤波性能影响的灵敏度
（含自耦滤波绕组的感应滤波变压器）

对于分别含独立滤波绕组和自耦滤波绕组的感应滤波换流变压器，由式
（3.21）和式（3.33）可分别得到相应的灵敏度函数：

$$\eta_{20} = \frac{\partial^2 I_{Sh}}{\partial U_{Sh} \partial Z_{fh}} = \frac{N_3^2 N_1^2}{[(Z_{3h} + Z_{fh}) N_1^2 + (Z_{1h} - Z_{Sh}) N_3^2]^2} \tag{3.66}$$

$$\eta_{21} = \frac{\partial^2 I_{Sh}}{\partial U_{Sh} \partial Z_{fh}} = \frac{N_3^2 N_1^2}{[(Z_{3h} + Z_{fh}) N_1^2 + (Z_{1h} - Z_{Sh}) N_3^2]^2} \tag{3.67}$$

图 3.17 和图 3.18 给出了考虑对电网侧谐波电压抑制效果时，滤波性能受调
谐装置参数摄动影响的灵敏度三维曲面图。同样，从总体而言，在抑制电网谐波
时，感应滤波受调谐装置参数摄动影响的灵敏度均小于无源滤波，并且，在抑制 11
次这样更高次的谐波时，基本上不受阻抗参数摄动的影响，这可以从感应滤波的机

理加以研究,由于感应滤波换流变压器阻抗,特别是一次侧绕组等值阻抗的存在,使得在特定次谐波频率下,采用感应滤波技术的电力网络综合谐波阻抗比网侧采用无源滤波的电力网络的综合谐波阻抗大,网侧谐波电压作用于该综合谐波阻抗上所产生的谐波电流相应地就会降低,则由此所引起的电网侧谐波电流含量就会降下来。

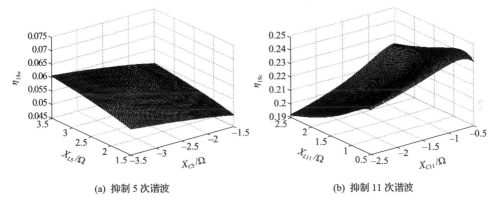

(a) 抑制 5 次谐波　　　　　　　　　　(b) 抑制 11 次谐波

图 3.17　考虑电网谐波电压时滤波器参数摄动对无源滤波性能影响的灵敏度

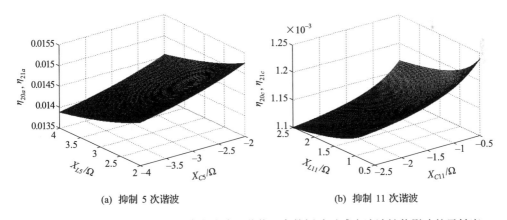

(a) 抑制 5 次谐波　　　　　　　　　　(b) 抑制 11 次谐波

图 3.18　考虑电网谐波电压时感应滤波调谐装置参数摄动对感应滤波性能影响的灵敏度

3.7　换流变压器阻抗参数摄动对感应滤波性能的影响

3.7.1　网侧绕组阻抗摄动

感应滤波技术的实施关键在于新型换流变压器绕组间的阻抗关系,由式(2.38)和式(2.49)可知,在外部电网阻抗与频率参数,以及调谐装置参数确定的条件下,网侧绕组谐波电流的含量主要与新型换流变压器网侧绕组与滤波绕组的阻抗关系有关。现通过内部绕组阻抗摄动对滤波性能的相对灵敏度分析,进一步阐释感应滤波的实施对新型换流变压器阻抗的要求。

对于含独立滤波绕组或含自耦滤波绕组的感应滤波换流变压器,分别根据式(3.21)和式(3.33),可以得到考虑对负载侧谐波电流抑制效果时,感应滤波性能受网侧绕组阻抗参数摄动的相对灵敏度函数:

$$\eta_{22} = \frac{\partial^2 I_{Sh}}{\partial I_{Lh} \partial Z_{fh}} \frac{Z_{fh}}{I_{Sh}} = -\frac{Z_{1h} N_3^2}{(Z_{3h} + Z_{fh}) N_1^2 + (Z_{1h} - Z_{Sh}) N_3^2} \tag{3.68}$$

$$\eta_{23} = \frac{\partial^2 I_{Sh}}{\partial I_{Lh} \partial Z_{fh}} \frac{Z_{fh}}{I_{Sh}} = -\frac{Z_{1h} N_3^2}{(Z_{3h} + Z_{fh}) N_1^2 + (Z_{1h} - Z_{Sh}) N_3^2} \tag{3.69}$$

同样,根据式(3.21)和式(3.33),可以得到考虑对电网侧谐波电压抑制效果时,感应滤波性能受网侧绕组阻抗参数摄动的相对灵敏度函数:

$$\eta_{24} = \frac{\partial^2 I_{Sh}}{\partial U_{Sh} \partial Z_{fh}} \frac{Z_{fh}}{I_{Sh}} = -\frac{Z_{1h} N_3^2}{(Z_{3h} + Z_{fh}) N_1^2 + (Z_{1h} - Z_{Sh}) N_3^2} \tag{3.70}$$

$$\eta_{25} = \frac{\partial^2 I_{Sh}}{\partial U_{Sh} \partial Z_{fh}} \frac{Z_{fh}}{I_{Sh}} = -\frac{Z_{1h} N_3^2}{(Z_{3h} + Z_{fh}) N_1^2 + (Z_{1h} - Z_{Sh}) N_3^2} \tag{3.71}$$

由式(3.68)~式(3.71)可知,$\eta_{22} = \eta_{23} = \eta_{24} = \eta_{25}$,这表明,无论抑制特定次的负载侧谐波电流还是电网谐波电压,含独立或自耦滤波绕组的感应滤波换流变压器受网侧绕组阻抗参数摄动的影响时,具有相同的灵敏度特性。

根据上面的4个灵敏度函数,可得到相应的灵敏度三维曲面,如图3.19所示。由图可见,若网侧绕组的阻抗参数在极小值附近摄动,感应滤波性能受此类摄动的影响非常大,滤波效能难以得到保证。例如,图3.19(a)所示,若$R_1 = 0.1\,\Omega$,$X_1 = X_{1h}/5 = 0.06\,\Omega$,则此处的灵敏度值高达28。因此,可以肯定的是,在进行感应滤波换流变压器阻抗设计时,为了确保良好的感应滤波性能,在工程允许的范围内,网侧绕组的等值阻抗选取宜大不宜小。

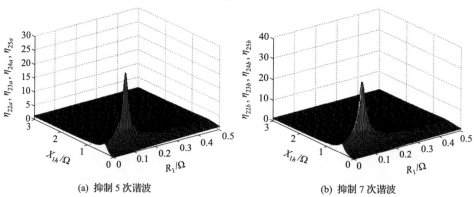

(a) 抑制5次谐波　　　　　　　　　　(b) 抑制7次谐波

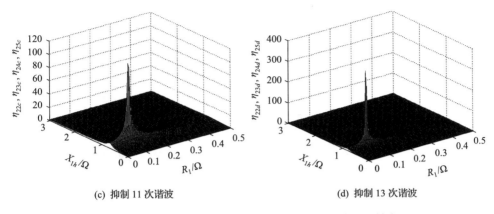

(c) 抑制 11 次谐波　　　　　　　　　　　(d) 抑制 13 次谐波

图 3.19　网侧绕组阻抗波动对感应滤波性能影响的灵敏度

3.7.2　滤波绕组阻抗摄动

对于含独立或自耦滤波绕组的感应滤波换流变压器,在分析滤波绕组阻抗摄动对感应滤波性能的影响时,若考虑感应滤波对负载侧谐波电流的抑制效果,则由式(3.21)和式(3.33)可分别得到如下灵敏度函数:

$$\eta_{26} = \frac{\partial^2 I_{Sh}}{\partial I_{Lh} \partial Z_{3h}} \frac{Z_{3h}}{I_{Sh}} = \frac{(Z_{1h} - Z_{Sh}) Z_{3h} N_3^2}{\left[(Z_{3h} + Z_{fh}) N_1^2 + (Z_{1h} - Z_{Sh}) N_3^2\right](Z_{3h} + Z_{fh})}$$

(3.72)

$$\eta_{27} = \frac{\partial^2 I_{Sh}}{\partial I_{Lh} \partial Z_{3h}} \frac{Z_{3h}}{I_{Sh}} = \frac{(Z_{1h} - Z_{Sh}) Z_{3h} N_3^2}{\left[(Z_{3h} + Z_{fh}) N_1^2 + (Z_{1h} - Z_{Sh}) N_3^2\right](Z_{3h} + Z_{fh})}$$

(3.73)

类似地,若考虑感应滤波对电网侧谐波电压的抑制效果,则由式(3.21)和式(3.33)可分别得到如下灵敏度函数:

$$\eta_{28} = \frac{\partial^2 I_{Sh}}{\partial I_{Lh} \partial Z_{3h}} \frac{Z_{3h}}{I_{Sh}} = -\frac{Z_{3h} N_1^2}{(Z_{3h} + Z_{fh}) N_1^2 + (Z_{1h} - Z_{Sh}) N_3^2}$$

(3.74)

$$\eta_{29} = \frac{\partial^2 I_{Sh}}{\partial U_{Sh} \partial Z_{3h}} \frac{Z_{3h}}{I_{Sh}} = \frac{Z_{3h} N_1^2}{(Z_{3h} + Z_{fh}) N_1^2 + (Z_{1h} - Z_{Sh}) N_3^2}$$

(3.75)

由此可见,在抑制负载侧谐波电流时,含独立或自耦滤波绕组的感应滤波换流变压器所具有的滤波性能对滤波绕组阻抗具有相同的灵敏度特性,相应的灵敏度三维立体图如图 3.20 所示。由图可知,若滤波绕组的等值阻抗,特别是等值电抗,在大值附近摄动,则灵敏度曲面基本为 0;若在极小值附近摄动,则灵敏度非常高。从第 2 章的机理分析可知,对于特定次谐波,在滤波绕组等值阻抗接近于 0,同时配套调谐装置的谐波阻抗接近于 0 时,构成了特定次谐波频率下形成超导体闭合回路的条件,在这种条件下,感应滤波效能最优。而图 3.20 所示的灵敏度曲面进一步验证了这种感应滤波实施条件的正确性。

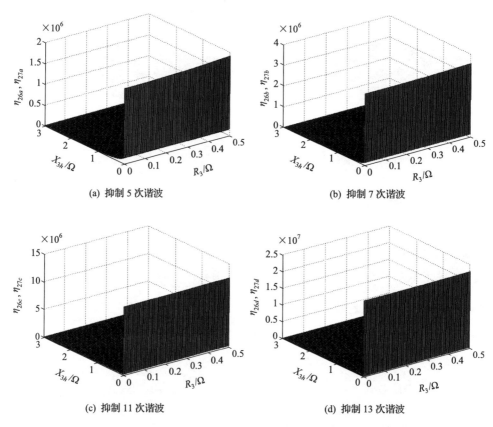

图 3.20　考虑负载谐波电流时滤波绕组阻抗波动对感应滤波性能影响的灵敏度

　　由式(2.78)和式(2.79)可见,在抑制电网侧谐波电压时,对于含独立滤波绕组与含自耦滤波绕组的感应滤波换变压器,两者所具有的滤波效能受滤波绕组阻抗波动的灵敏度特性是一样的。图 3.21 给出了相应的灵敏度三维立体图,分析可知,对于抑制电网侧谐波电压,其抑制效果可以用电网含有该类谐波电流的多少来衡量,在谐波电压作用下,电网侧与负载侧的综合谐波阻抗越小,则电网中该类谐波电流越大。因此,在滤波绕组等值阻抗在极小值附近摄动时,对抑制电网侧谐波电压的效能会变得有些不灵敏,但并不明显,这在分析谐波源摄动和电网参数波动对感应滤波抑制电网侧谐波电压的灵敏度分析中可以得出。

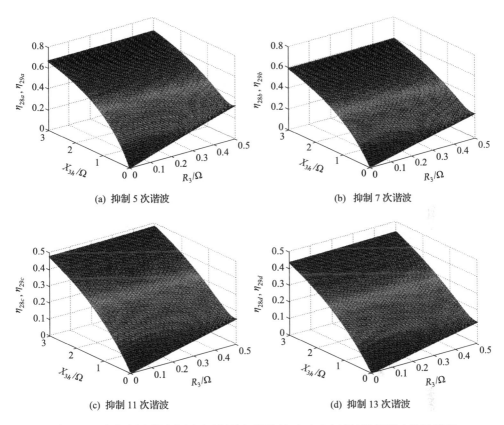

(a) 抑制 5 次谐波　　　　　　　　　　(b) 抑制 7 次谐波

(c) 抑制 11 次谐波　　　　　　　　　　(d) 抑制 13 次谐波

图 3.21　考虑电网谐波电压时滤波绕组阻抗波动对感应滤波性能影响的灵敏度

3.8　本 章 小 结

　　本章首先介绍了感应滤波换流变压器的一般结构型式,提出了分别含独立滤波绕组和含自耦滤波绕组的两种类型的感应滤波换流变压器。根据一般结构型式的谐波模型,通过多绕组变压器理论和电路基本原理,推导并建立了含电磁约束关系的感应滤波换流变压器解耦电路模型及相应的数学模型。所建立的模型充分考虑了变压器阻抗因素对感应滤波性能的影响。根据所建立的数学模型,应用系统灵敏度理论研究了谐波源扰动、电网参数波动以及内部阻抗参数摄动对感应滤波性能的灵敏度特性。通过与无源滤波进行对比分析得出以下结论。

　　(1)感应滤波对谐波电流的抑制效果主要受新型换流变压器阻抗的制约,与系统阻抗的关联性不大,这与无源滤波有本质的不同。对于无源滤波,若电网系统阻抗发生波动,或者滤波器参数在实际运行中发生摄动,则对电网侧谐波电压而言,滤波器与系统阻抗间易于发生串联谐振,对负载侧谐波电流而言,两者间又容易发生并联谐振。这两种特定次谐波频率下的谐振现象均会导致网侧谐波电流的放大。而对于感应滤波,其实际的滤波性能不受系统阻抗的制约,因而,能在实施谐波抑制时完全避免这两种串并联谐振而导致的谐波电流放大现象。

(2) 对于抑制负载侧谐波电流和电网侧谐波电压,电网阻抗的基值越小,则无源滤波受电网阻抗波动影响的灵敏度越大,滤波性能越难以保证。而感应滤波恰恰相反,从整体上来说,电网阻抗波动对感应滤波性能的影响程度是有限的。特别是,电网阻抗基值越小,感应滤波受电网阻抗波动影响的灵敏度越小,滤波性能会更加优良,在电网阻抗基值极小时,也意味着该电网满足无穷大理想电网的条件,在其他条件不变的情形下,感应滤波的性能达到最优。

(3) 对于感应滤波,从灵敏度分析可清晰地看到,决定感应滤波性能的主导参数是网侧绕组等值阻抗、滤波绕组等值阻抗以及调谐装置等值阻抗。其中,网侧绕组等值阻抗按常规换流变压器阻抗设计即可,滤波绕组等值阻抗应满足零等值阻抗设计的条件,调谐装置在特定次谐波频率下应最大程度上达到全调谐状态。通过对这三类主导参数的合理配置,能较好地促进基波频率与谐波频率条件下各阻抗间的和谐作用关系,从根本上保证感应滤波的实际滤波性能。

第4章　感应滤波对直流输电谐波传递特性的影响

由于大功率电力电子变换装置强烈的非线性作用,导致直流输电系统在运行过程中存在大量的谐波与无功功率,这不仅严重地影响系统的电能质量,还危及用户设备及周围的通信系统,甚至引起系统振荡。因此,精确地分析与计算系统在运行过程中所表征出来的谐波特性,并以此为依据设计完备的谐波抑制与无功补偿装置一直以来都在直流输电工程建设中占据重要的地位。

对于目前常见的 12 脉动直流输电系统,换流阀组在换相过程中会在交流系统产生 $6n\pm1(n=1,2,3,\cdots)$ 次特征谐波,这些谐波电流在经换流变压器阀侧绕组馈入至网侧绕组时,受绕组接线方式的影响,在网侧绕组出线端经汇流作用,特征谐波次数变为 $12n\pm1(n=1,2,3,\cdots)$,当然,由于换流阀组非理想换相过程的影响以及换流变压器在实际制造过程中短路阻抗存在着一定程度的偏差,间接导致网侧存在一定的非特征谐波分量,通过在网侧母线上并联具有一定无功补偿容量的特征谐波滤波器及二阶高通滤波器,基本上能满足直流输电谐波抑制的要求,这是目前直流输电系统基本的谐波传递特性[50,51]。事实上,通过前两章的深入研究不难发现,谐波与无功在馈入至交流电网时,换流变压器承受了全部的谐波分量与无功分量,并且还有相当部分的直流分量,而传统的谐波抑制与无功补偿方式只是被动地解决了交流电网的电能质量问题,对于换流变压器这个直流输电重大电气设备所遭受的谐波污染,并未起到任何的抑制作用,目前的做法只能是在换流变压器的设计时计及谐波容量而留出相应的裕度,并通过各种磁屏蔽技术、降噪技术以及冷却装置被动地降低谐波在换流变压器中所产生的消极影响[49,93-95]。

新型直流输电系统采用了新型换流变压器及其感应滤波技术,力求在靠近谐波源(换流阀组)的阀侧自耦绕组抽头处对含量较重的主要次特征谐波加以就近抑制,使其不经过换流变压器的电磁变换作用而馈入至网侧绕组与交流母线,试图从根本上解决谐波给换流变压器所带来的消极影响[45,90,96-98]。由于新系统中换流变压器的绕组联结方式发生了改变,并且采用了混合滤波方式,即针对特征谐波在阀侧绕组实施感应滤波以及针对高次谐波在交流母线实施无源滤波,则新系统在运行过程中所表征出来的谐波特性与传统直流输电有很大的不同,本章将通过与传统直流输电进行比较研究,揭示新型直流输电系统所具有的独特的谐波特性以及产生这种谐波特性的内在机理。

4.1　采用感应滤波的新型直流输电系统

4.1.1　主电路拓扑

图 4.1 给出了采用感应滤波技术的新型直流输电系统主电路拓扑结构。由图可见,送端采用了新型换流变压器及其感应滤波系统,新型换流变压器阀侧绕组采用延边三角形接线,并于角接处引出抽头接入对特定次谐波进行引流的调谐装置,通过阀侧延边三角形绕组的零阻抗设计与调谐装置的全调谐设计,两者协调作用从而达到感应滤波的目的,而网侧并入了对高次谐波加以调谐的二阶高通滤波器 HP2,值得说明的是,考虑到阀侧 5、7 次特征谐波含量较重,对变压器的影响也较大,因此布置了对 5、7 次谐波加以引流的双调谐滤波器 DT5/7,在考虑新型换流变压器的接线而在网侧汇合掉这两次谐波时,可以不计及 DT5/7;受端采用的是传统换流变压器及无源滤波系统,交流侧所有的滤波装置、无功补偿装置均并接在网侧母线上。

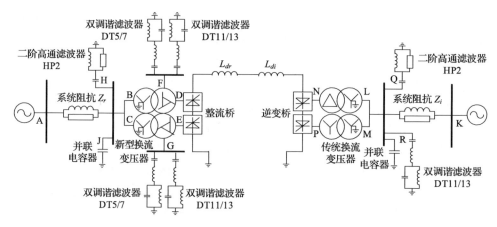

图 4.1　采用感应滤波的新型直流输电系统主电路拓扑

事实上,图 4.1 所示的新型直流输电系统,其送端与受端是可逆的,也就是说,在潮流反转时,采用新型换流变压器及其感应滤波系统的换流站可作为逆变站运行,而采用传统换流变压器及无源滤波系统的换流站可作为整流站运行。该种新型直流输电系统的提出,可方便地用于对比研究传统换流站和采用感应滤波的新型换流站的各种暂稳态运行特性,尤其是本章所要阐述的谐波传递特性,以及后续章节所要阐述的动态无功特性、动态换相特性、控制与保护特性等。

4.1.2　等值电路模型

根据图 4.1 所示的新型直流输电系统主电路拓扑,建立了用于研究新型直流输电谐波传递特性的等值电路模型,如图 4.2 和图 4.3 所示。其中,图 4.2 为换流站采用新型换流变压器及其感应滤波系统时的等值电路模型,图 4.3 为换流站采用传统换流变压器及网侧无源滤波系统时的等值电路模型,这分别与图 4.1 所示的送端与受端换流站相对应。该等值电路模型实现了换流变压器电磁间的解耦,详细反映了换流变压器及滤波兼功补装置的阻抗(包括各次谐波阻抗)与电流(包括各次谐波电流)之间的约束关系,能用于详细表征谐波电流在 HVDC 换流站主要电气设备中的分布特性。

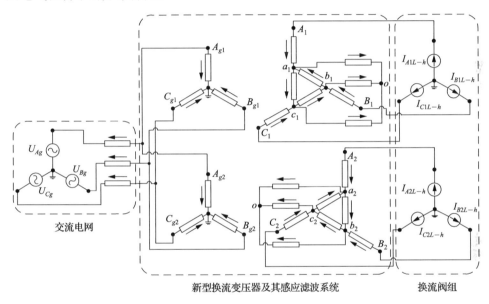

图 4.2 采用感应滤波的新型换流站等值电路模型

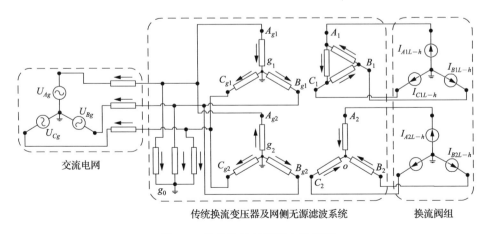

图 4.3 传统换流站等值电路模型

　　由图可见,对于 HVDC 交流系统,换流器被看成主要的谐波电流源,其所产生的谐波电流将通过换流变压器的一二次侧绕组及交流滤波与无功补偿装置向电网侧传递。而由于感应滤波的应用,将从根本上改变主要次谐波在换流变压器绕组及电网侧的分布特性,这正是本章谐波传递特性所要予以重点研究的。值得说明的是,所建立的等值电路模型主要反映了谐波电流穿越 HVDC 交流系统主要电气设备向交流电网传递的特性,事实上,对于 HVDC 直流系统,换流器作为主要的谐波电压源,其产生的谐波电压将直接传递到直流系统,这将在换流器谐波源分析中予以分析。

4.2　上桥新型换流变压器及其感应滤波系统谐波传递数学模型

4.2.1　等值电路模型

　　图 4.4 为上桥新型换流变压器及其感应滤波系统的等值电路模型,其中,用实箭头标注了基波与谐波电流在新型换流变压器及配套全调谐装置中的流通路径。

4.2.2　基本数学模型

　　根据多绕组变压器理论[87,88],并结合图 4.4 所示的上桥新型换流变压器的接线方案,可得到如下在基波与谐波频率下绕组电压传递方程组:

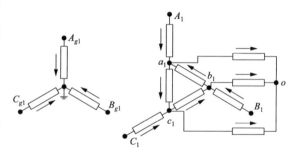

图 4.4　上桥新型换流变压器及其感应滤波系统等值电路

$$\begin{cases} U_{A1-a1-h} - \dfrac{N_2}{N_1}U_{Ag1-h} = -\dfrac{N_1}{N_2}I_{Ag1-h}Z_{h21} - \dfrac{N_3}{N_2}I_{a1-c1-h}Z_{2h} \\[2mm] U_{A1-a1-h} - \dfrac{N_2}{N_3}U_{a1-c1-h} = -\dfrac{N_3}{N_2}I_{a1-c1-h}Z_{h23} - \dfrac{N_1}{N_2}I_{Ag1-h}Z_{2h} \\[2mm] U_{B1-b1-h} - \dfrac{N_2}{N_1}U_{Bg1-h} = -\dfrac{N_1}{N_2}I_{Bg1-h}Z_{h21} - \dfrac{N_3}{N_2}I_{b1-a1-h}Z_{2h} \\[2mm] U_{B1-b1-h} - \dfrac{N_2}{N_3}U_{b1-a1-h} = -\dfrac{N_3}{N_2}I_{b1-a1-h}Z_{h23} - \dfrac{N_1}{N_2}I_{Bg1-h}Z_{2h} \\[2mm] U_{C1-c1-h} - \dfrac{N_2}{N_1}U_{Cg1-h} = -\dfrac{N_1}{N_2}I_{Cg1-h}Z_{h21} - \dfrac{N_3}{N_2}I_{c1-b1-h}Z_{2h} \\[2mm] U_{C1-c1-h} - \dfrac{N_2}{N_3}U_{c1-b1-h} = -\dfrac{N_3}{N_2}I_{c1-b1-h}Z_{h23} - \dfrac{N_1}{N_2}I_{Cg1-h}Z_{2h} \end{cases} \tag{4.1}$$

式中,各阻抗参数均为基波或谐波频率下归算至阀侧绕组的实际值,可分为两大类:一类为阀侧绕组与网侧绕组,以及阀侧绕组与滤波绕组间的短路阻抗 Z_{h21}、Z_{h23};另一类为具有漏抗性质的阻抗参数 Z_{2h},可以由短路阻抗间接计算得出,即

$$Z_{2h} = \frac{1}{2}(Z_{h21} + Z_{h23} - Z'_{h13}) \tag{4.2}$$

忽略励磁电流,根据基波与谐波频率下的绕组磁势平衡原理,可得到如下在基波与谐波频率下绕组电流方程组:

$$\begin{cases} I_{A1-a1-h} + \dfrac{N_1}{N_2} I_{Ag1-h} + \dfrac{N_3}{N_2} I_{a1-c1-h} = 0 \\[2mm] I_{B1-b1-h} + \dfrac{N_1}{N_2} I_{Bg1-h} + \dfrac{N_3}{N_2} I_{b1-a1-h} = 0 \\[2mm] I_{C1-c1-h} + \dfrac{N_1}{N_2} I_{Cg1-h} + \dfrac{N_3}{N_2} I_{c1-b1-h} = 0 \end{cases} \tag{4.3}$$

根据基尔霍夫电流定律(KCL),可得到如下在基波与谐波频率下表征负载电流与阀侧绕组电流、绕组电流与配套感应滤波全调谐装置上所通过电流间关系的电流方程组:

$$\begin{cases} I_{A1-a1-h} = I_{A1L-h} \\ I_{A1-a1-h} = I_{a1-c1-h} + I_{a1-o-h} - I_{b1-a1-h} \\ I_{B1-b1-h} = I_{B1L-h} \\ I_{B1-b1-h} = I_{b1-a1-h} + I_{b1-o-h} - I_{c1-b1-h} \\ I_{C1-c1-h} = I_{C1L-h} \\ I_{C1-c1-h} = I_{c1-b1-h} + I_{c1-o-h} - I_{a1-c1-h} \\ I_{a1-c1-h} + I_{c1-b1-h} + I_{b1-a1-h} = 0 \\ I_{A1-a1-h} + I_{B1-b1-h} + I_{C1-c1-h} = 0 \end{cases} \tag{4.4}$$

式中,I_{A1L-h}、I_{B1L-h}、I_{C1L-h} 分别表示上桥换流器每相的负载电流,在谐波频率下,可用来表征换流器在作为谐波电流产生源时的谐波特性。

根据基尔霍夫电压定律(KVL),可得到如下在基波与谐波频率下表征滤波绕组电压与配套感应滤波全调谐装置上所承受的电压、绕组电压间关系的电压方程组:

$$\begin{cases} U_{b1-a1-h} = -U_{a1-o-h} + U_{b1-o-h} \\ U_{a1-c1-h} = -U_{c1-o-h} + U_{a1-o-h} \\ U_{c1-b1-h} = -U_{b1-o-h} + U_{c1-o-h} \\ U_{a1-o-h} = I_{a1-o-h} Z_{fah} \\ U_{b1-o-h} = I_{b1-o-h} Z_{fbh} \\ U_{c1-o-h} = I_{c1-o-h} Z_{fch} \end{cases} \tag{4.5}$$

式中，Z_{fah}、Z_{fbh}、Z_{fch} 分别表示 h 次谐波频率下 A 相、B 相、C 相的配套感应滤波全调谐装置的综合谐波阻抗。

式(4.1)～式(4.5)共同构建了用于表述基波与谐波频率下上桥新型换流变压器及其感应滤波系统的基本数学模型，据此可方便地用于研究谐波电流在新型换流变压器及其配套滤波装置中的分布特性，以及后续新型换流器的稳态运行特性。

4.2.3 谐波传递数学模型

将式(4.5)中的相关项代入式(4.1)可得

$$
\begin{cases}
U_{A1-a1-h} = -\dfrac{N_1}{N_2} I_{Ag1-h} Z_{h21} - \dfrac{N_3}{N_2} I_{a1-c1-h} Z_{2h} \\[2mm]
U_{A1-a1-h} = -\dfrac{N_3}{N_2} I_{a1-c1-h} Z_{h23} - \dfrac{N_1}{N_2} I_{Ag1-h} Z_{2h} + \dfrac{N_2}{N_3}(-I_{c1-o-h} Z_{fch} + I_{a1-o-h} Z_{fah}) \\[2mm]
U_{B1-b1-h} = -\dfrac{N_1}{N_2} I_{Bg1-h} Z_{h21} - \dfrac{N_3}{N_2} I_{b1-a1-h} Z_{2h} \\[2mm]
U_{B1-b1-h} = -\dfrac{N_3}{N_2} I_{b1-a1-h} Z_{h23} - \dfrac{N_1}{N_2} I_{Bg1-h} Z_{2h} + \dfrac{N_2}{N_3}(-I_{a1-o-h} Z_{fah} + I_{b1-o-h} Z_{fbh}) \\[2mm]
U_{C1-c1-h} = -\dfrac{N_1}{N_2} I_{Cg1-h} Z_{h21} - \dfrac{N_3}{N_2} I_{c1-b1-h} Z_{2h} \\[2mm]
U_{C1-c1-h} = -\dfrac{N_3}{N_2} I_{c1-b1-h} Z_{h23} - \dfrac{N_1}{N_2} I_{Cg1-h} Z_{2h} + \dfrac{N_2}{N_3}(-I_{b1-o-h} Z_{fbh} + I_{c1-o-h} Z_{fch})
\end{cases}
\tag{4.6}
$$

对式(4.6)进行整理，可得

$$
\begin{cases}
\dfrac{N_2}{N_3}(-I_{c1-o-h} Z_{fch} + I_{a1-o-h} Z_{fah}) + \dfrac{N_1}{N_2} I_{Ag1-h}(Z_{h21} - Z_{2h}) + \dfrac{N_3}{N_2} I_{a1-c1-h}(Z_{2h} - Z_{h23}) = 0 \\[2mm]
\dfrac{N_2}{N_3}(-I_{a1-o-h} Z_{fah} + I_{b1-o-h} Z_{fbh}) + \dfrac{N_1}{N_2} I_{Bg1-h}(Z_{h21} - Z_{2h}) + \dfrac{N_3}{N_2} I_{b1-a1-h}(Z_{2h} - Z_{h23}) = 0 \\[2mm]
\dfrac{N_2}{N_3}(-I_{b1-o-h} Z_{fbh} + I_{c1-o-h} Z_{fch}) + \dfrac{N_1}{N_2} I_{Cg1-h}(Z_{h21} - Z_{2h}) + \dfrac{N_3}{N_2} I_{c1-b1-h}(Z_{2h} - Z_{h23}) = 0
\end{cases}
\tag{4.7}
$$

同时，由式(4.4)可进一步得到

$$
\begin{cases}
I_{c1-o-h} - I_{a1-o-h} = 3I_{a1-c1-h} + I_{C1-c1-h} - I_{A1-a1-h} \\[2mm]
I_{a1-o-h} - I_{b1-o-h} = 3I_{b1-a1-h} + I_{A1-a1-h} - I_{B1-b1-h} \\[2mm]
I_{b1-o-h} - I_{c1-o-h} = 3I_{c1-b1-h} + I_{B1-b1-h} - I_{C1-c1-h}
\end{cases}
\tag{4.8}
$$

一般地，配套感应滤波全调谐装置每相的 h 次综合谐波阻抗是相等的，即 $Z_{fah} =$

$Z_{fbh}=Z_{fch}=Z_{fh}$，在此情况下，结合式(4.7)和式(4.8)可得

$$
\begin{cases}
-\dfrac{N_2}{N_3}Z_{fh}(3I_{a1-c1-h}+I_{C1-c1-h}-I_{A1-a1-h})+\dfrac{N_1}{N_2}I_{Ag1-h}(Z_{h21}-Z_{2h}) \\
\quad +\dfrac{N_3}{N_2}I_{a1-c1-h}(Z_{2h}-Z_{h23})=0 \\
-\dfrac{N_2}{N_3}Z_{fh}(3I_{b1-a1-h}+I_{A1-a1-h}-I_{B1-b1-h})+\dfrac{N_1}{N_2}I_{Bg1-h}(Z_{h21}-Z_{2h}) \\
\quad +\dfrac{N_3}{N_2}I_{b1-a1-h}(Z_{2h}-Z_{h23})=0 \\
-\dfrac{N_2}{N_3}Z_{fh}(3I_{c1-b1-h}+I_{B1-b1-h}-I_{C1-c1-h}) \\
\quad +\dfrac{N_1}{N_2}I_{Cg1-h}(Z_{h21}-Z_{2h})+\dfrac{N_3}{N_2}I_{c1-b1-h}(Z_{2h}-Z_{h23})=0
\end{cases}
\tag{4.9}
$$

式(4.9)经进一步地整理，可得

$$
\begin{cases}
\left[-3\dfrac{N_2}{N_3}Z_{fh}+\dfrac{N_3}{N_2}(Z_{2h}-Z_{h23})\right]I_{a1-c1-h}=\dfrac{N_1}{N_2}(Z_{h21}-Z_{2h})I_{Ag1-h} \\
\quad +\dfrac{N_2}{N_3}Z_{fh}(I_{C1-c1-h}-I_{A1-a1-h}) \\
\left[-3\dfrac{N_2}{N_3}Z_{fh}+\dfrac{N_3}{N_2}(Z_{2h}-Z_{h23})\right]I_{b1-a1-h}=\dfrac{N_1}{N_2}(Z_{h21}-Z_{2h})I_{Bg1-h} \\
\quad +\dfrac{N_2}{N_3}Z_{fh}(I_{A1-a1-h}-I_{B1-b1-h}) \\
\left[-3\dfrac{N_2}{N_3}Z_{fh}+\dfrac{N_3}{N_2}(Z_{2h}-Z_{h23})\right]I_{c1-b1-h}=\dfrac{N_1}{N_2}(Z_{h21}-Z_{2h})I_{Cg1-h} \\
\quad +\dfrac{N_2}{N_3}Z_{fh}(I_{B1-b1-h}-I_{C1-c1-h})
\end{cases}
\tag{4.10}
$$

由此可得

$$
\begin{cases}
I_{a1-c1-h}=\dfrac{\dfrac{N_2}{N_1}Z_{1h}}{\dfrac{N_2}{N_3}(Z_{3h}+3Z_{fh})}I_{Ag1-h}-\dfrac{\dfrac{N_2}{N_3}Z_{fh}}{\dfrac{N_2}{N_3}(Z_{3h}+3Z_{fh})}(I_{C1-c1-h}-I_{A1-a1-h}) \\[4ex]
I_{b1-a1-h}=\dfrac{\dfrac{N_2}{N_1}Z_{1h}}{\dfrac{N_2}{N_3}(Z_{3h}+3Z_{fh})}I_{Bg1-h}-\dfrac{\dfrac{N_2}{N_3}Z_{fh}}{\dfrac{N_2}{N_3}(Z_{3h}+3Z_{fh})}(I_{A1-a1-h}-I_{B1-b1-h}) \\[4ex]
I_{c1-b1-h}=\dfrac{\dfrac{N_2}{N_1}Z_{1h}}{\dfrac{N_2}{N_3}(Z_{3h}+3Z_{fh})}I_{Cg1-h}-\dfrac{\dfrac{N_2}{N_3}Z_{fh}}{\dfrac{N_2}{N_3}(Z_{3h}+3Z_{fh})}(I_{B1-b1-h}-I_{C1-c1-h})
\end{cases}
$$

$$\tag{4.11}$$

将式(4.11)代入式(4.3),可得

$$
\begin{cases}
I_{A1-a1-h} + \dfrac{N_1}{N_2}I_{Ag1-h} + \dfrac{N_3}{N_2}\left[\dfrac{\dfrac{N_2}{N_1}Z_{1h}}{\dfrac{N_2}{N_3}(Z_{3h}+3Z_{fh})}I_{Ag1-h} - \dfrac{\dfrac{N_2}{N_3}Z_{fh}}{\dfrac{N_2}{N_3}(Z_{3h}+3Z_{fh})}(I_{C1-c1-h}-I_{A1-a1-h})\right] = 0 \\[4em]
I_{B1-b1-h} + \dfrac{N_1}{N_2}I_{Bg1-h} + \dfrac{N_3}{N_2}\left[\dfrac{\dfrac{N_2}{N_1}Z_{1h}}{\dfrac{N_2}{N_3}(Z_{3h}+3Z_{fh})}I_{Bg1-h} - \dfrac{\dfrac{N_2}{N_3}Z_{fh}}{\dfrac{N_2}{N_3}(Z_{3h}+3Z_{fh})}(I_{A1-a1-h}-I_{B1-b1-h})\right] = 0 \\[4em]
I_{C1-c1-h} + \dfrac{N_1}{N_2}I_{Cg1-h} + \dfrac{N_3}{N_2}\left[\dfrac{\dfrac{N_2}{N_1}Z_{1h}}{\dfrac{N_2}{N_3}(Z_{3h}+3Z_{fh})}I_{Cg1-h} - \dfrac{\dfrac{N_2}{N_3}Z_{fh}}{\dfrac{N_2}{N_3}(Z_{3h}+3Z_{fh})}(I_{B1-b1-h}-I_{C1-c1-h})\right] = 0
\end{cases}
$$

$$(4.12)$$

对式(4.12)进行整理,可得到考虑感应滤波全调谐装置时,由负载电流特性所描述的从负载侧谐波电流产生源传递至新型换流变压器网侧的谐波电流传递函数表达式:

$$
\begin{cases}
I_{Ag1-h} = -\dfrac{N_1N_2(Z_{3h}+3Z_{fh})+N_1N_3Z_{fh}}{N_1^2(Z_{3h}+3Z_{fh})+N_3^2Z_{1h}}I_{A1L-h} + \dfrac{N_1N_3Z_{fh}}{N_1^2(Z_{3h}+3Z_{fh})+N_3^2Z_{1h}}I_{C1L-h} \\[2em]
I_{Bg1-h} = -\dfrac{N_1N_2(Z_{3h}+3Z_{fh})+N_1N_3Z_{fh}}{N_1^2(Z_{3h}+3Z_{fh})+N_3^2Z_{1h}}I_{B1L-h} + \dfrac{N_1N_3Z_{fh}}{N_1^2(Z_{3h}+3Z_{fh})+N_3^2Z_{1h}}I_{A1L-h} \\[2em]
I_{Cg1-h} = -\dfrac{N_1N_2(Z_{3h}+3Z_{fh})+N_1N_3Z_{fh}}{N_1^2(Z_{3h}+3Z_{fh})+N_3^2Z_{1h}}I_{C1L-h} + \dfrac{N_1N_3Z_{fh}}{N_1^2(Z_{3h}+3Z_{fh})+N_3^2Z_{1h}}I_{B1L-h}
\end{cases}
$$

$$(4.13)$$

将式(4.13)代入式(4.11),经进一步整理,可得到如下所示的考虑感应滤波全调谐装置时,由负载电流特性所描述的从负载侧谐波电流产生源传递至新型换流变压器滤波绕组的传递函数表达式:

$$
\begin{cases}
I_{a1-c1-h} = -\dfrac{N_2N_3Z_{1h}-N_1^2Z_{fh}}{N_1^2(Z_{3h}+3Z_{fh})+Z_{1h}N_3^2}I_{A1L-h} - \dfrac{N_1^2Z_{fh}}{N_1^2(Z_{3h}+3Z_{fh})+Z_{1h}N_3^2}I_{C1L-h} \\[2em]
I_{b1-a1-h} = -\dfrac{N_2N_3Z_{1h}-N_1^2Z_{fh}}{N_1^2(Z_{3h}+3Z_{fh})+Z_{1h}N_3^2}I_{B1L-h} - \dfrac{N_1^2Z_{fh}}{N_1^2(Z_{3h}+3Z_{fh})+Z_{1h}N_3^2}I_{A1L-h} \\[2em]
I_{c1-b1-h} = -\dfrac{N_2N_3Z_{1h}-N_1^2Z_{fh}}{N_1^2(Z_{3h}+3Z_{fh})+Z_{1h}N_3^2}I_{C1L-h} - \dfrac{N_1^2Z_{fh}}{N_1^2(Z_{3h}+3Z_{fh})+Z_{1h}N_3^2}I_{B1L-h}
\end{cases}
$$

$$(4.14)$$

4.2.4 模型正确性分析

下面根据感应滤波的实施与否,分两种情形对上述所推导的谐波传递模型进行正确性验证,并以此从理论上分析感应滤波对新型直流输电系统谐波传递特性的影响。

情形 1:不投入上桥新型换流变压器滤波绕组处的配套感应滤波全调谐装置。在此种情形下,滤波绕组相对于全调谐装置而言相当于开路,这意味着式(4.13)、式(4.14)中的 $Z_{fh} = \infty$,则式(4.14)所表示的传递至新型换流变压器滤波绕组的基波与谐波电流表达式退化为

$$
\begin{cases}
I_{a1-c1-h} = \dfrac{1}{3} I_{A1L-h} - \dfrac{1}{3} I_{C1L-h} \\[2mm]
I_{b1-a1-h} = \dfrac{1}{3} I_{B1L-h} - \dfrac{1}{3} I_{A1L-h} \\[2mm]
I_{c1-b1-h} = \dfrac{1}{3} I_{C1L-h} - \dfrac{1}{3} I_{B1L-h}
\end{cases}
\tag{4.15}
$$

同时,式(4.13)所表示的传递至新型换流变压器网侧绕组的基波与谐波电流表达式退化为

$$
\begin{cases}
I_{Ag1-h} = -\dfrac{3N_2 + N_3}{3N_1} I_{A1L-h} + \dfrac{N_3}{3N_1} I_{C1L-h} \\[2mm]
I_{Bg1-h} = -\dfrac{3N_2 + N_3}{3N_1} I_{B1L-h} + \dfrac{N_3}{3N_1} I_{A1L-h} \\[2mm]
I_{Cg1-h} = -\dfrac{3N_2 + N_3}{3N_1} I_{C1L-h} + \dfrac{N_3}{3N_1} I_{B1L-h}
\end{cases}
\tag{4.16}
$$

事实上,在未投入感应滤波全调谐装置时,图 4.4 所示的上桥新型换流变压器及其感应滤波系统的等值电路退化为图 4.5 所示的只包括新型换流变压器部分的等值电路模型。

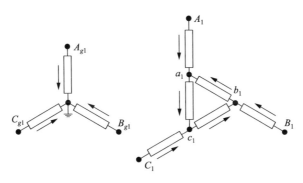

图 4.5 上桥新型换流变压器等值电路

同时,式(4.4)所表征的基波与谐波频率下负载电流与阀侧绕组电流、阀侧滤波绕组电流与滤波绕组电流间关系的电流方程组可改写成

$$\begin{cases} I_{A1-a1-h} = I_{A1L-h} \\ I_{A1-a1-h} = I_{a1-c1-h} - I_{b1-a1-h} \\ I_{B1-b1-h} = I_{B1L-h} \\ I_{B1-b1-h} = I_{b1-a1-h} - I_{c1-b1-h} \\ I_{C1-c1-h} = I_{C1L-h} \\ I_{C1-c1-h} = I_{c1-b1-h} - I_{a1-c1-h} \\ I_{a1-c1-h} + I_{c1-b1-h} + I_{b1-a1-h} = 0 \\ I_{A1-a1-h} + I_{B1-b1-h} + I_{C1-c1-h} = 0 \end{cases} \quad (4.17)$$

根据式(4.17)同样可得到式(4.15)所表示的传递至新型换流变压器滤波绕组的基波与谐波电流表达式;并且,结合式(4.3)同样可得到式(4.16)所表示的传递至新型换流变压器网侧绕组的基波与谐波电流表达式,这在一定程度上验证了所建立的谐波传递模型的正确性。

情形 2:考虑感应滤波对 $h(h=5、7、11、13)$ 次谐波电流的抑制效果。根据第 3 章可知,在理想情况下,滤波绕组的谐波等值阻抗 $Z_{3h}=0$ $(h=5、7、11、13)$。在这种情形下,则式(4.14)所表示的传递至新型换流变压器滤波绕组的基波与谐波电流表达式可改写为

$$\begin{cases} I_{a1-c1-h} = -\dfrac{N_2}{N_3} I_{A1L-h} \\[2mm] I_{b1-a1-h} = -\dfrac{N_2}{N_3} I_{B1L-h} \\[2mm] I_{c1-b1-h} = -\dfrac{N_2}{N_3} I_{C1L-h} \end{cases} \quad (4.18)$$

同时,式(4.13)所表示的传递至新型换流变压器网侧绕组的基波与谐波电流表达式退化为

$$\begin{cases} I_{Ag1-h} = 0 \\ I_{Bg1-h} = 0 \\ I_{Cg1-h} = 0 \end{cases} \quad (4.19)$$

式(4.18)和式(4.19)表明,在 h 次谐波频率下,新型换流变压器阀侧绕组中的 h 次谐波电流与滤波绕组中的 h 次谐波电流维持绕组磁势平衡状态,网侧绕组中无感生 h 次谐波电流,这意味着实施感应滤波后, h 次谐波电流不会传递至网侧绕组。这与第 2 章和第 3 章所揭示出的感应滤波机理是完全一致的,由此也进一步验证了所建立谐波传递模型的正确性。

4.3　下桥新型换流变压器及其感应滤波系统谐波传递数学模型

4.3.1　等值电路模型

图 4.6 为下桥新型换流变压器及其感应滤波系统的等值电路模型,其中,用实箭头标注了基波与谐波电流在新型换流变压器及配套全调谐装置中的流通路径。

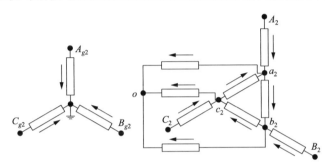

图 4.6　下桥新型换流变压器及其感应滤波系统等值电路

4.3.2　基本数学模型

根据多绕组变压器理论,并结合图 4.6 所示的下桥新型换流变压器的接线方案,可得到如下在基波与谐波频率下绕组电压传递方程组:

$$
\begin{cases}
U_{A2-a2-h} - \dfrac{N_2}{N_1}U_{Ag2-h} = -\dfrac{N_1}{N_2}I_{Ag2-h}Z_{h21} - \dfrac{N_3}{N_2}I_{a2-b2-h}Z_{2h} \\[3mm]
U_{A2-a2-h} - \dfrac{N_2}{N_3}U_{a2-b2-h} = -\dfrac{N_3}{N_2}I_{a2-b2-h}Z_{h23} - \dfrac{N_1}{N_2}I_{Ag2-h}Z_{2h} \\[3mm]
U_{B2-b2-h} - \dfrac{N_2}{N_1}U_{Bg2-h} = -\dfrac{N_1}{N_2}I_{Bg2-h}Z_{h21} - \dfrac{N_3}{N_2}I_{b2-c2-h}Z_{2h} \\[3mm]
U_{B2-b2-h} - \dfrac{N_2}{N_3}U_{b2-c2-h} = -\dfrac{N_3}{N_2}I_{b2-c2-h}Z_{h23} - \dfrac{N_1}{N_2}I_{Bg2-h}Z_{2h} \\[3mm]
U_{C2-c2-h} - \dfrac{N_2}{N_1}U_{Cg2-h} = -\dfrac{N_1}{N_2}I_{Cg2-h}Z_{h21} - \dfrac{N_3}{N_2}I_{c2-a2-h}Z_{2h} \\[3mm]
U_{C2-c2-h} - \dfrac{N_2}{N_3}U_{c2-a2-h} = -\dfrac{N_3}{N_2}I_{c2-a2-h}Z_{h23} - \dfrac{N_1}{N_2}I_{Cg2-h}Z_{2h}
\end{cases}
\tag{4.20}
$$

式中,各阻抗参数均为基波或谐波频率下归算至阀侧绕组的实际值,可分为两大类:一类为阀侧绕组与网侧绕组,以及阀侧绕组与滤波绕组间的短路阻抗 Z_{h21}、

Z_{h23}；另一类为具有漏抗性质的阻抗参数 Z_{2h}，可以由短路阻抗间接计算得出，即

$$Z_{2h} = \frac{1}{2}(Z_{h21} + Z_{h23} - Z'_{h13}) \tag{4.21}$$

忽略励磁电流，根据基波与谐波频率下的绕组磁势平衡原理，可得到如下在基波与谐波频率下绕组电流方程组：

$$\begin{cases} I_{A2-a2-h} + \dfrac{N_1}{N_2} I_{Ag2-h} + \dfrac{N_3}{N_2} I_{a2-b2-h} = 0 \\[2mm] I_{B2-b2-h} + \dfrac{N_1}{N_2} I_{Bg2-h} + \dfrac{N_3}{N_2} I_{b2-c2-h} = 0 \\[2mm] I_{C2-c2-h} + \dfrac{N_1}{N_2} I_{Cg2-h} + \dfrac{N_3}{N_2} I_{c2-a2-h} = 0 \end{cases} \tag{4.22}$$

根据基尔霍夫电流定律（KCL），可得到如下在基波与谐波频率下表征负载电流与阀侧绕组电流、绕组电流与配套感应滤波全调谐装置上所通过电流间关系的电流方程组：

$$\begin{cases} I_{A2-a2-h} = I_{A2L-h} \\ I_{A2-a2-h} = I_{a2-b2-h} + I_{a2-o-h} - I_{c2-a2-h} \\ I_{B2-b2-h} = I_{B2L-h} \\ I_{B2-b2-h} = I_{b2-c2-h} + I_{b2-o-h} - I_{a2-b2-h} \\ I_{C2-c2-h} = I_{C2L-h} \\ I_{C2-c2-h} = I_{c2-a2-h} + I_{c2-o-h} - I_{b2-c2-h} \\ I_{a2-b2-h} + I_{b2-c2-h} + I_{c2-a2-h} = 0 \\ I_{A2-a2-h} + I_{B2-b2-h} + I_{C2-c2-h} = 0 \end{cases} \tag{4.23}$$

式中，I_{A2L-h}、I_{B2L-h}、I_{C2L-h} 分别表示下桥换流器每相的负载电流，在谐波频率下，可用来表征换流器在作为谐波电流产生源时的谐波特性。

根据基尔霍夫电压定律（KVL），可得到如下在基波与谐波频率下表征滤波绕组电压与配套感应滤波全调谐装置上所承受的电压、绕组电压间关系的电压方程组：

$$\begin{cases} U_{a2-b2-h} = -U_{b2-o-h} + U_{a2-o-h} \\ U_{b2-c2-h} = -U_{c2-o-h} + U_{b2-o-h} \\ U_{c2-a2-h} = -U_{a2-o-h} + U_{c2-o-h} \\ U_{a2-o-h} = I_{a2-o-h} Z_{fah} \\ U_{b2-o-h} = I_{b2-o-h} Z_{fbh} \\ U_{c2-o-h} = I_{c2-o-h} Z_{fch} \end{cases} \tag{4.24}$$

式中，Z_{fah}、Z_{fbh}、Z_{fch} 分别表示 h 次谐波频率下 A 相、B 相、C 相的配套感应滤波全调谐装置的综合谐波阻抗。

式(4.20)~式(4.24)共同构建了用于表述基波与谐波频率下下桥新型换流变压器及其感应滤波系统的基本数学模型，据此可方便地用于研究谐波电流在新型换流变压器及其配套滤波装置中的分布特性，以及后续新型换流器的稳态运行特性。

4.3.3　谐波传递数学模型

将式(4.24)中的相关项代入式(4.20)可得

$$
\begin{cases}
U_{A2-a2-h} = -\dfrac{N_1}{N_2} I_{Ag2-h} Z_{h21} - \dfrac{N_3}{N_2} I_{a2-b2-h} Z_{2h} \\[2mm]
U_{A2-a2-h} = -\dfrac{N_3}{N_2} I_{a2-b2-h} Z_{h23} - \dfrac{N_1}{N_2} I_{Ag2-h} Z_{2h} + \dfrac{N_2}{N_3}(-I_{b2-o-h} Z_{fbh} + I_{a2-o-h} Z_{fah}) \\[2mm]
U_{B2-b2-h} = -\dfrac{N_1}{N_2} I_{Bg2-h} Z_{h21} - \dfrac{N_3}{N_2} I_{b2-c2-h} Z_{2h} \\[2mm]
U_{B2-b2-h} = -\dfrac{N_3}{N_2} I_{b2-c2-h} Z_{h23} - \dfrac{N_1}{N_2} I_{Bg2-h} Z_{2h} + \dfrac{N_2}{N_3}(-I_{c2-o-h} Z_{fch} + I_{b2-o-h} Z_{fbh}) \\[2mm]
U_{C2-c2-h} = -\dfrac{N_1}{N_2} I_{Cg2-h} Z_{h21} - \dfrac{N_3}{N_2} I_{c2-a2-h} Z_{2h} \\[2mm]
U_{C2-c2-h} = -\dfrac{N_3}{N_2} I_{c2-a2-h} Z_{h23} - \dfrac{N_1}{N_2} I_{Cg2-h} Z_{2h} + \dfrac{N_2}{N_3}(-I_{a2-o-h} Z_{fah} + I_{c2-o-h} Z_{fch})
\end{cases}
$$

$$(4.25)$$

对式(4.25)进行整理，可得

$$
\begin{cases}
\dfrac{N_2}{N_3}(-I_{b2-o-h} Z_{fch} + I_{a2-o-h} Z_{fah}) + \dfrac{N_1}{N_2} I_{Ag2-h}(Z_{h21} - Z_{2h}) + \dfrac{N_3}{N_2} I_{a2-b2-h}(Z_{2h} - Z_{h23}) = 0 \\[2mm]
\dfrac{N_2}{N_3}(-I_{c2-o-h} Z_{fah} + I_{b2-o-h} Z_{fbh}) + \dfrac{N_1}{N_2} I_{Bg2-h}(Z_{h21} - Z_{2h}) + \dfrac{N_3}{N_2} I_{b2-c2-h}(Z_{2h} - Z_{h23}) = 0 \\[2mm]
\dfrac{N_2}{N_3}(-I_{a2-o-h} Z_{fbh} + I_{c2-o-h} Z_{fch}) + \dfrac{N_1}{N_2} I_{Cg2-h}(Z_{h21} - Z_{2h}) + \dfrac{N_3}{N_2} I_{c2-a2-h}(Z_{2h} - Z_{h23}) = 0
\end{cases}
$$

$$(4.26)$$

同时，由式(4.23)可进一步得到

$$
\begin{cases}
I_{b2-o-h} - I_{a2-o-h} = 3I_{a2-b2-h} + I_{B2-b2-h} - I_{A2-a2-h} \\[1mm]
I_{c2-o-h} - I_{b2-o-h} = 3I_{b2-c2-h} + I_{C2-c2-h} - I_{B2-b2-h} \\[1mm]
I_{a2-o-h} - I_{c2-o-h} = 3I_{c2-a2-h} + I_{A2-a2-h} - I_{C2-c2-h}
\end{cases}
$$

$$(4.27)$$

一般地，配套感应滤波全调谐装置每相的 h 次综合谐波阻抗是相等的，即 $Z_{fah} =$

$Z_{fah}=Z_{fch}=Z_{fh}$，在此情况下，结合式(4.26)和式(4.27)可得

$$\begin{cases} -\dfrac{N_2}{N_3}Z_{fh}(3I_{a2-b2-h}+I_{B2-b2-h}-I_{A2-a2-h})+\dfrac{N_1}{N_2}I_{Ag2-h}(Z_{h21}-Z_{2h}) \\ \quad +\dfrac{N_3}{N_2}I_{a2-b2-h}(Z_{2h}-Z_{h23})=0 \\ -\dfrac{N_2}{N_3}Z_{fh}(3I_{b2-c2-h}+I_{C2-c2-h}-I_{B2-b2-h})+\dfrac{N_1}{N_2}I_{Bg2-h}(Z_{h21}-Z_{2h}) \\ \quad +\dfrac{N_3}{N_2}I_{b2-c2-h}(Z_{2h}-Z_{h23})=0 \\ -\dfrac{N_2}{N_3}Z_{fh}(3I_{c2-a2-h}+I_{A2-a2-h}-I_{C2-c2-h})+\dfrac{N_1}{N_2}I_{Cg2-h}(Z_{h21}-Z_{2h}) \\ \quad +\dfrac{N_3}{N_2}I_{c2-a2-h}(Z_{2h}-Z_{h23})=0 \end{cases} \quad (4.28)$$

式(4.28)经进一步地整理，可得

$$\begin{cases} \left[-3\dfrac{N_2}{N_3}Z_{fh}+\dfrac{N_3}{N_2}(Z_{2h}-Z_{h23})\right]I_{a2-b2-h}=\dfrac{N_1}{N_2}(Z_{h21}-Z_{2h})I_{Ag2-h} \\ \quad +\dfrac{N_2}{N_3}Z_{fh}(I_{B2-b2-h}-I_{A2-a2-h}) \\ \left[-3\dfrac{N_2}{N_3}Z_{fh}+\dfrac{N_3}{N_2}(Z_{2h}-Z_{h23})\right]I_{b2-c2-h}=\dfrac{N_1}{N_2}(Z_{h21}-Z_{2h})I_{Bg2-h} \\ \quad +\dfrac{N_2}{N_3}Z_{fh}(I_{C2-c2-h}-I_{B2-b2-h}) \\ \left[-3\dfrac{N_2}{N_3}Z_{fh}+\dfrac{N_3}{N_2}(Z_{2h}-Z_{h23})\right]I_{c2-a2-h}=\dfrac{N_1}{N_2}(Z_{h21}-Z_{2h})I_{Cg2-h} \\ \quad +\dfrac{N_2}{N_3}Z_{fh}(I_{A2-a2-h}-I_{C2-c2-h}) \end{cases} \quad (4.29)$$

由此可得

$$\begin{cases} I_{a2-b2-h}=\dfrac{\dfrac{N_2}{N_1}Z_{1h}}{\dfrac{N_2}{N_3}(Z_{3h}+3Z_{fh})}I_{Ag2-h}-\dfrac{\dfrac{N_2}{N_3}Z_{fh}}{\dfrac{N_2}{N_3}(Z_{3h}+3Z_{fh})}(I_{B2-b2-h}-I_{A2-a2-h}) \\ I_{b2-c2-h}=\dfrac{\dfrac{N_2}{N_1}Z_{1h}}{\dfrac{N_2}{N_3}(Z_{3h}+3Z_{fh})}I_{Bg2-h}-\dfrac{\dfrac{N_2}{N_3}Z_{fh}}{\dfrac{N_2}{N_3}(Z_{3h}+3Z_{fh})}(I_{C2-c2-h}-I_{B2-b2-h}) \quad (4.30) \\ I_{c2-a2-h}=\dfrac{\dfrac{N_2}{N_1}Z_{1h}}{\dfrac{N_2}{N_3}(Z_{3h}+3Z_{fh})}I_{Cg2-h}-\dfrac{\dfrac{N_2}{N_3}Z_{fh}}{\dfrac{N_2}{N_3}(Z_{3h}+3Z_{fh})}(I_{A2-a2-h}-I_{C2-c2-h}) \end{cases}$$

将式(4.30)代入式(4.22),可得

$$
\begin{cases}
I_{A2-a2-h} + \dfrac{N_1}{N_2}I_{Ag2-h} + \dfrac{N_3}{N_2}\left[\dfrac{\dfrac{N_2}{N_1}Z_{1h}}{\dfrac{N_2}{N_3}(Z_{3h}+3Z_{fh})}I_{Ag2-h} - \dfrac{\dfrac{N_2}{N_3}Z_{fh}}{\dfrac{N_2}{N_3}(Z_{3h}+3Z_{fh})}(I_{B2-b2-h}-I_{A2-a2-h})\right] = 0 \\[4mm]
I_{B2-b2-h} + \dfrac{N_1}{N_2}I_{Bg2-h} + \dfrac{N_3}{N_2}\left[\dfrac{\dfrac{N_2}{N_1}Z_{1h}}{\dfrac{N_2}{N_3}(Z_{3h}+3Z_{fh})}I_{Bg2-h} - \dfrac{\dfrac{N_2}{N_3}Z_{fh}}{\dfrac{N_2}{N_3}(Z_{3h}+3Z_{fh})}(I_{C2-c2-h}-I_{B2-b2-h})\right] = 0 \\[4mm]
I_{C2-c2-h} + \dfrac{N_1}{N_2}I_{Cg2-h} + \dfrac{N_3}{N_2}\left[\dfrac{\dfrac{N_2}{N_1}Z_{1h}}{\dfrac{N_2}{N_3}(Z_{3h}+3Z_{fh})}I_{Cg2-h} - \dfrac{\dfrac{N_2}{N_3}Z_{fh}}{\dfrac{N_2}{N_3}(Z_{3h}+3Z_{fh})}(I_{A2-a2-h}-I_{C2-c2-h})\right] = 0
\end{cases}
$$

$$(4.31)$$

对式(4.31)进行整理,可得到考虑感应滤波全调谐装置时,由负载电流特性所描述的从负载侧谐波电流产生源传递至新型换流变压器网侧的谐波电流传递函数表达式:

$$
\begin{cases}
I_{Ag2-h} = -\dfrac{N_1N_2(Z_{3h}+3Z_{fh})+N_1N_3Z_{fh}}{N_1^2(Z_{3h}+3Z_{fh})+N_3^2Z_{1h}}I_{A2L-h} + \dfrac{N_1N_3Z_{fh}}{N_1^2(Z_{3h}+3Z_{fh})+N_3^2Z_{1h}}I_{B2L-h} \\[4mm]
I_{Bg2-h} = -\dfrac{N_1N_2(Z_{3h}+3Z_{fh})+N_1N_3Z_{fh}}{N_1^2(Z_{3h}+3Z_{fh})+N_3^2Z_{1h}}I_{B2L-h} + \dfrac{N_1N_3Z_{fh}}{N_1^2(Z_{3h}+3Z_{fh})+N_3^2Z_{1h}}I_{C2L-h} \\[4mm]
I_{Cg2-h} = -\dfrac{N_1N_2(Z_{3h}+3Z_{fh})+N_1N_3Z_{fh}}{N_1^2(Z_{3h}+3Z_{fh})+N_3^2Z_{1h}}I_{C2L-h} + \dfrac{N_1N_3Z_{fh}}{N_1^2(Z_{3h}+3Z_{fh})+N_3^2Z_{1h}}I_{A2L-h}
\end{cases}
$$

$$(4.32)$$

将式(4.32)代入式(4.30),经进一步整理,可得到如下所示的考虑感应滤波全调谐装置时,由负载电流特性所描述的从负载侧谐波电流产生源传递至新型换流变压器滤波绕组的传递函数表达式:

$$
\begin{cases}
I_{a2-b2-h} = -\dfrac{N_2N_3Z_{1h}-N_1^2Z_{fh}}{N_1^2(Z_{3h}+3Z_{fh})+Z_{1h}N_3^2}I_{A2L-h} - \dfrac{N_1^2Z_{fh}}{N_1^2(Z_{3h}+3Z_{fh})+Z_{1h}N_3^2}I_{B2L-h} \\[4mm]
I_{b2-c2-h} = -\dfrac{N_2N_3Z_{1h}-N_1^2Z_{fh}}{N_1^2(Z_{3h}+3Z_{fh})+Z_{1h}N_3^2}I_{B2L-h} - \dfrac{N_1^2Z_{fh}}{N_1^2(Z_{3h}+3Z_{fh})+Z_{1h}N_3^2}I_{C2L-h} \\[4mm]
I_{c2-a2-h} = -\dfrac{N_2N_3Z_{1h}-N_1^2Z_{fh}}{N_1^2(Z_{3h}+3Z_{fh})+Z_{1h}N_3^2}I_{C2L-h} - \dfrac{N_1^2Z_{fh}}{N_1^2(Z_{3h}+3Z_{fh})+Z_{1h}N_3^2}I_{A2L-h}
\end{cases}
$$

$$(4.33)$$

4.3.4 模型正确性分析

下面根据感应滤波的实施与否,分两种情形对上述所推导的谐波传递模型进

行正确性验证,并以此从理论上分析感应滤波对新型直流输电系统谐波传递特性的影响。

情形 1:不投入下桥新型换流变压器滤波绕组处的配套感应滤波全调谐装置。在此种情形下,滤波绕组相对于全调谐装置而言相当于开路,这意味着式(4.32)、式(4.33)中的 $Z_{fh} = \infty$,则式(4.33)所表示的传递至新型换流变压器滤波绕组的基波与谐波电流表达式退化为

$$\begin{cases} I_{a2-b2-h} = \dfrac{1}{3} I_{A2L-h} - \dfrac{1}{3} I_{B2L-h} \\[2mm] I_{b2-c2-h} = \dfrac{1}{3} I_{B2L-h} - \dfrac{1}{3} I_{C2L-h} \\[2mm] I_{c2-a2-h} = \dfrac{1}{3} I_{C2L-h} - \dfrac{1}{3} I_{A2L-h} \end{cases} \qquad (4.34)$$

同时,式(4.32)所表示的传递至新型换流变压器网侧绕组的基波与谐波电流表达式退化为

$$\begin{cases} I_{Ag2-h} = -\dfrac{3N_2 + N_3}{3N_1} I_{A2L-h} + \dfrac{N_3}{3N_1} I_{B2L-h} \\[2mm] I_{Bg2-h} = -\dfrac{3N_2 + N_3}{3N_1} I_{B2L-h} + \dfrac{N_3}{3N_1} I_{C2L-h} \\[2mm] I_{Cg2-h} = -\dfrac{3N_2 + N_3}{3N_1} I_{C2L-h} + \dfrac{N_3}{3N_1} I_{A2L-h} \end{cases} \qquad (4.35)$$

事实上,在未投入感应滤波全调谐装置时,图 4.6 所示的下桥新型换流变压器及其感应滤波系统的等值电路退化为图 4.7 所示的只包括新型换流变压器部分的等值电路模型。

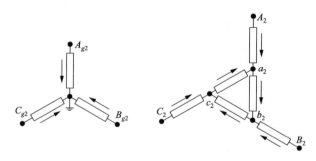

图 4.7　下桥新型换流变压器等值电路

同时,式(4.23)所表征的基波与谐波频率下负载电流与阀侧绕组电流、阀侧滤波绕组电流与滤波绕组电流间关系的电流方程组可改写成

$$
\begin{cases}
I_{A2-a2-h} = I_{A2L-h} \\
I_{A2-a2-h} = I_{a2-b2-h} - I_{c2-a2-h} \\
I_{B2-b2-h} = I_{B2L-h} \\
I_{B2-b2-h} = I_{b2-c2-h} - I_{a2-b2-h} \\
I_{C2-c2-h} = I_{C2L-h} \\
I_{C2-c2-h} = I_{c2-a2-h} - I_{b2-c2-h} \\
I_{a2-b2-h} + I_{b2-c2-h} + I_{c2-a2-h} = 0 \\
I_{A2-a2-h} + I_{B2-b2-h} + I_{C2-c2-h} = 0
\end{cases}
\tag{4.36}
$$

根据式(4.36)同样可得到式(4.34)所表示的传递至新型换流变压器滤波绕组的基波与谐波电流表达式;并且,结合式(4.22)同样可得到式(4.35)所表示的传递至新型换流变压器网侧绕组的基波与谐波电流表达式,这在一定程度上验证了所建立的谐波传递模型的正确性。

情形 2:考虑感应滤波对 $h(h=5、7、11、13)$ 次谐波电流的抑制效果。在此种情形下,$Z_{fh}=0$ ($h=5、7、11、13$),则式(4.33)所表示的传递至新型换流变压器滤波绕组的基波与谐波电流表达式可改写为

$$
\begin{cases}
I_{a2-b2-h} = -\dfrac{N_2}{N_3} I_{A2L-h} \\[2mm]
I_{b2-c2-h} = -\dfrac{N_2}{N_3} I_{B2L-h} \\[2mm]
I_{c2-a2-h} = -\dfrac{N_2}{N_3} I_{C2L-h}
\end{cases}
\tag{4.37}
$$

同时,式(4.32)所表示的传递至新型换流变压器网侧绕组的基波与谐波电流表达式退化为

$$
\begin{cases}
I_{Ag2-h} = 0 \\
I_{Bg2-h} = 0 \\
I_{Cg2-h} = 0
\end{cases}
\tag{4.38}
$$

式(4.37)和式(4.38)表明,在 h 次谐波频率下,新型换流变压器阀侧绕组中的 h 次谐波电流与滤波绕组中的 h 次谐波电流维持绕组磁势平衡状态,网侧绕组中无感生 h 次谐波电流,这意味着实施感应滤波后,h 次谐波电流不会传递至网侧绕组。这与第 2 章和第 3 章所揭示出的感应滤波机理式完全一致的,由此也进一步验证了所建立谐波传递模型的正确性。

4.4 换流器谐波特性

4.4.1 未计及换相过程

由图 4.2 和图 4.3 所示的新型和传统换流站等值电路模型可知,谐波在向交流系统传递过程中,由于换流变压器联结组别以及交流滤波方式的不同,将会从根本上影响谐波电流在直流输电交流系统主电气设备中的分布特性。

同时也不难发现,作为主要的谐波发生源,换流器在直流输电交直流侧的变换特性也是影响谐波在直流输电交直流系统中传递的一个决定性因素之一。特别是,换流器的谐波特性在直流输电运行中不是一成不变的,在一定程度上会受到交流系统短路阻抗、直流系统等值阻抗、直流输电控制模式以及直流输电实际运行工况的影响。因此,如何精确地计算考虑各种影响因素下换流器的谐波特性,这对于感应滤波对直流输电谐波传递特性的影响,以及精确计算谐波在新型直流输电主要电气设备中的分布特性,均是十分重要的。

一般地,对于周期为 $T = 2\pi/\omega_0$ 的非正弦波形 $f(\omega_0 t)$,满足狄里赫利条件,可分解为如下形式的傅里叶级数[16,17]:

$$f(\omega t) = A_0 + \sum_{h=1}^{\infty} \left[A_h \cos(h\omega_0 t) + B_h \sin(h\omega_0 t) \right] \tag{4.39}$$

式中

$$A_0 = \frac{1}{2\pi} \int_0^{2\pi} f(\omega_0 t) \, \mathrm{d}(\omega_0 t)$$

$$A_h = \frac{1}{\pi} \int_0^{2\pi} f(\omega_0 t) \cos(h\omega_0 t) \, \mathrm{d}(\omega_0 t)$$

$$B_h = \frac{1}{\pi} \int_0^{2\pi} f(\omega_0 t) \sin(h\omega_0 t) \, \mathrm{d}(\omega_0 t) \quad (h = 1, 2, 3, \cdots)$$

下面分别分析忽略与未忽略换相过程时换流器交流阀侧的谐波特性。对于图 4.8 所示的忽略换相过程时换流器交流侧相电流的理论波形,由图可知,若以相电流负、正半波之间的中点(即虚线标志处)作为坐标原点,则该波形关于坐标原点对称。此时,式(4.39)中的直流分量 A_0 和余弦项系数 A_h 均为 0,只含正弦项 B_n。

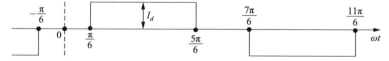

图 4.8　忽略换相过程时的换流器交流阀侧相电流理论波形

在此种情况下,正弦项 B_h 的计算可简化为

$$B_h = \frac{2}{\pi} \int_{\frac{\pi}{6}}^{\frac{5\pi}{6}} I_d \sin(h\omega t) \mathrm{d}(\omega t) = \frac{2}{h\pi} I_d \left(\cos \frac{h\pi}{6} - \cos \frac{5h\pi}{6} \right) \qquad (4.40)$$

式中, I_d 表示忽略直流侧电流脉动时的直流电流平均值。

由此可得到在忽略换相过程时,换流器交流阀侧相电流的傅里叶分解表达式:

$$i_p = \frac{2\sqrt{3}}{\pi} I_d \sin\omega t + \sum_{\substack{h=6k\pm1 \\ k=1,2,3,\cdots}}^{\infty} (-1)^k \frac{2\sqrt{3}}{h\pi} I_d \sin\omega t \qquad (4.41)$$

同时,直流电流有效值可表示为

$$I_p = \sqrt{\frac{1}{T} \int_0^T i_p^2 \mathrm{d}t} = \sqrt{\frac{1}{2\pi} \left[I_d^2 \times \frac{2}{3}\pi + (-I_d)^2 \times \frac{2}{3}\pi \right]} = \sqrt{\frac{2}{3}} I_d \qquad (4.42)$$

4.4.2　计及换相过程

在考虑换相过程时,如图 4.9 所示,由于换相电感 L_γ 的存在,在换相期间,阀 V_1 和 V_5 同时导通,在此过程中, a、c 相通过各自相联的换相电抗构成一个闭环短路回路,设短路电流为 i_μ,其瞬时值可由图 4.9(b)所示的换相电路求得,即

$$\begin{cases} L_\mu \dfrac{\mathrm{d}i_1}{\mathrm{d}t} - L_\mu \dfrac{\mathrm{d}i_5}{\mathrm{d}t} = U_a - U_c \\ i_1 = i_\mu \\ I_d = i_1 + i_5 \\ U_a - U_c = U_{ac} \end{cases} \qquad (4.43)$$

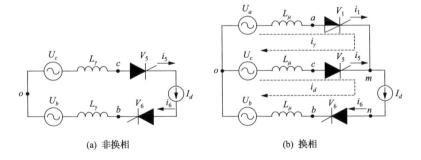

(a) 非换相　　　　　　　　　　　　(b) 换相

图 4.9　非换相和换相时换流器的等值电路

通常情况下,线电压 U_{ac} 可表示为 $\sqrt{2}U\sin\omega t$,当触发角为 α 时,阀 V_5 开始对阀 V_1 换相,在此瞬间换相电流 $i_\mu = 0$,将其作为广义积分的边界条件代入式(4.43)相关项,整理并积分可得

$$i_\mu = \frac{\sqrt{2}U}{2\omega L_\mu} \left[\cos\alpha - \cos(\omega t + \alpha) \right] \qquad (4.44)$$

　　若将上述广义积分的边界条件作为时间坐标的零点,如图 4.10 所示,则从坐标零点至阀 V_1 换相过程结束所经历的时间为 $\omega t = \mu$,在此时换相电流 $i_\mu = I_d$,代入式(4.44)可得换相结束后流经阀 V_1 和 V_6 的相电流:

$$I_d = \frac{\sqrt{2}U}{2X_\mu}[\cos\alpha - \cos(\alpha + \mu)] \qquad (4.45)$$

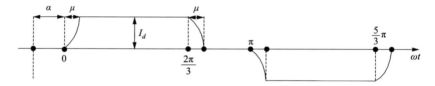

图 4.10　计及换相过程时换流器交流阀侧相电流理论波形

　　由此可得换相角与系统运行参数 U_L、I_d 以及换流变压器换相电抗 X_μ 的关系表达式:

$$\mu = -\alpha + \arccos\left(\cos\alpha - \frac{2X_\mu I_d}{\sqrt{2}U_L}\right) \qquad (4.46)$$

　　同时,根据所推得的换相电流瞬态表达式(4.44)以及图 4.10 所定义的时间坐标系统,并联立式(4.45),可求得在计及换相过程时,一个周期内交流阀侧相电流的表达式:

$$i_p = \begin{cases} \dfrac{I_d[\cos\alpha - \cos(\omega t + \alpha)]}{\cos\alpha - \cos(\alpha + \mu)} & (0 \leqslant \omega t < \mu) \\[3mm] I_d & \left(\mu \leqslant \omega t < \dfrac{2\pi}{3}\right) \\[3mm] \dfrac{I_d\left[\cos\left(\omega t + \alpha - \dfrac{2\pi}{3}\right) - \cos(\alpha + \mu)\right]}{\cos\alpha - \cos(\alpha + \mu)} & \left(\dfrac{2\pi}{3} \leqslant \omega t < \dfrac{2\pi}{3} + \mu\right) \\[3mm] 0 & \left(\dfrac{2\pi}{3} + \mu \leqslant \omega t < \pi\right) \\[3mm] -\dfrac{I_d[\cos\alpha - \cos(\omega t + \alpha - \pi)]}{\cos\alpha - \cos(\alpha + \mu)} & (\pi \leqslant \omega t < \pi + \mu) \\[3mm] -I_d & \left(\pi + \mu \leqslant \omega t < \dfrac{5\pi}{3}\right) \\[3mm] -\dfrac{I_d\left[\cos\left(\omega t + \alpha - \dfrac{5\pi}{3}\right) - \cos(\alpha + \mu)\right]}{\cos\alpha - \cos(\alpha + \mu)} & \left(\dfrac{5\pi}{3} \leqslant \omega t < \dfrac{5\pi}{3} + \mu\right) \\[3mm] 0 & \left(\dfrac{5\pi}{3} + \mu \leqslant \omega t < 2\pi\right) \end{cases} \qquad (4.47)$$

根据所得到的换流器交流阀侧相电流表达式,对其波形进行傅里叶分解,可得到式(4.39)所示的标准形式的傅里叶级数系数如下:

$$
a_h = \left\{
\begin{aligned}
&\frac{I_d}{\cos\alpha - \cos(\alpha+\mu)}\int_0^\mu\left[\cos\alpha - \cos(\omega t+\alpha)\right]\cos(h\omega t)\mathrm{d}(\omega t) + I_d\int_\mu^{\frac{2\pi}{3}}\cos(h\omega t)\mathrm{d}(\omega t) \\
&+ \frac{I_d}{\cos\alpha - \cos(\alpha+\mu)}\int_{\frac{2\pi}{3}}^{\frac{2\pi}{3}+\mu}\left[\cos\left(\omega t+\alpha-\frac{2\pi}{3}\right) - \cos(\alpha+\mu)\right]\cos(h\omega t)\mathrm{d}(\omega t) \\
&- \frac{I_d}{\cos\alpha - \cos(\alpha+\mu)}\int_\pi^{\pi+\mu}\left[\cos\alpha - \cos(\omega t+\alpha-\pi)\right]\cos(h\omega t)\mathrm{d}(\omega t) - I_d\int_{\pi+\mu}^{\frac{5\pi}{3}}\cos(h\omega t)\mathrm{d}(\omega t) \\
&- \frac{I_d}{\cos\alpha - \cos(\alpha+\mu)}\int_{\frac{5\pi}{3}}^{\frac{5\pi}{3}+\mu}\left[\cos\left(\omega t+\alpha-\frac{5\pi}{3}\right) - \cos(\alpha+\mu)\right]\cos(h\omega t)\mathrm{d}(\omega t)
\end{aligned}
\right\}
$$

$$(4.48)$$

$$
B_h = \left\{
\begin{aligned}
&\frac{I_d}{\cos\alpha - \cos(\alpha+\mu)}\int_0^\mu\left[\cos\alpha - \cos(\omega t+\alpha)\right]\sin(h\omega t)\mathrm{d}(\omega t) + I_d\int_\mu^{\frac{2\pi}{3}}\sin(h\omega t)\mathrm{d}(\omega t) \\
&+ \frac{I_d}{\cos\alpha - \cos(\alpha+\mu)}\int_{\frac{2\pi}{3}}^{\frac{2\pi}{3}+\mu}\left[\cos\left(\omega t+\alpha-\frac{2\pi}{3}\right) - \cos(\alpha+\mu)\right]\sin(h\omega t)\mathrm{d}(\omega t) \\
&- \frac{I_d}{\cos\alpha - \cos(\alpha+\mu)}\int_\pi^{\pi+\mu}\left[\cos\alpha - \cos(\omega t+\alpha-\pi)\right]\sin(h\omega t)\mathrm{d}(\omega t) - I_d\int_{\pi+\mu}^{\frac{5\pi}{3}}\sin(h\omega t)\mathrm{d}(\omega t) \\
&- \frac{I_d}{\cos\alpha - \cos(\alpha+\mu)}\int_{\frac{5\pi}{3}}^{\frac{5\pi}{3}+\mu}\left[\cos\left(\omega t+\alpha-\frac{5\pi}{3}\right) - \cos(\alpha+\mu)\right]\sin(h\omega t)\mathrm{d}(\omega t)
\end{aligned}
\right\}
$$

$$(4.49)$$

由此可以得到用于表征计及换相过程时换流器交流阀侧谐波特性的时域表达式为

$$
i_p = \sum_{h=1}^{\infty} a_h\cos[h(\omega t-\varphi)] + \sum_{h=1}^{\infty} B_h\sin[h(\omega t-\varphi)] \tag{4.50}
$$

4.4.3　解析模型正确性验证

为了校验所建立的换流器谐波特性时域表达式的正确性,基于图 4.1 所示的采用感应滤波技术的新型直流输电动模试验系统,就换流器的谐波特性分别进行了系统仿真计算与动模试验,其结果与时域表达式的解析计算结果相比较,以校验本节所建立的换流器谐波计算模型的正确性,并借此揭示换流器阀侧交流端的谐波特性。

图 4.11 分别给出了换流器交流阀侧三相电流的理论解析计算波形、系统仿真波形以及动模试验波形。由此可见,理论计算结果、系统仿真结果与动模试验结果三者相一致,这充分证明了所建立的换流器解析表达模型的正确性与精确性,可用于进一步研究感应滤波对直流输电谐波传递特性的影响。

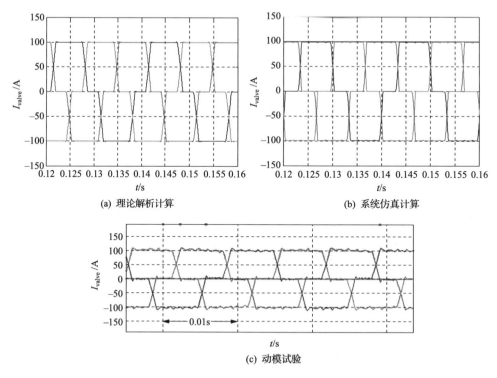

(a) 理论解析计算　　　　　　　　　　　　(b) 系统仿真计算

(c) 动模试验

图 4.11　换流器交流阀侧电流波形

在此基础上,本节得到了如图 4.12 所示的主要次特征谐波电流与换流器触发角 α 和换相角 μ 之间的关系曲线。由图可知,在计及换相过程时,换流器所产生的特征谐波电流的含量在一定程度上主要受到换相角的影响。当触发角 α 为定值时,随着换相角 μ 的增大,谐波电流的含量迅速减小,且各次谐波电流的含量均在

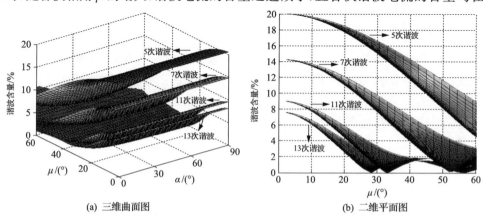

(a) 三维曲面图　　　　　　　　　　　　(b) 二维平面图

图 4.12　换流器主要次特征谐波含量与触发角 α、换相角 μ 之间的关系曲线

一定范围内的换相角 μ 间存在局部最小值;相反,若换相角 μ 保持一定,则随着触发角的递增,特征谐波电流的含量有所减小,但减幅并不明显。换流器的这种谐波特性可由图 4.10 所示的计及换相过程时的换流器阀侧相电流的波形特点予以阐释。在换相角 μ 递增的过程中,相电流波形由方波逐渐呈正弦波的形状,相应地,主要次特征谐波的含量也随之降了下来;相反,改变触发角 α 只是改变了换流阀的导通时刻,对相电流波形并无太大影响,因此,换流器的谐波特性并未受到太大的影响。

4.5　理论解析与系统仿真计算

为了验证本章所建立的采用感应滤波的新型直流输电系统谐波传递数学模型的正确性,进一步地,为了更为形象与直观地揭示感应滤波对直流输电谐波分布特性的影响,基于图 4.1 所示的采用感应滤波的新型直流输电系统,根据所推得的换流阀组交流端的时域表达式,并结合上述所建立的不同情形下的谐波传递模型,进行了理论解析计算,其结果与系统仿真结果相比较,以验证理论计算结果以及所建立的理论分析模型的正确性。

4.5.1　未实施感应滤波

根据式(4.15)和式(4.34),并结合式(4.50),可分别得到未实施感应滤波时上桥和下桥新型换流变压器滤波绕组的电流波形,如图 4.13(a)和图 4.14(a)所示。系统仿真结果如图 4.13(b)和图 4.14(b)所示。由图可知,理论计算结果与系统仿真结果十分吻合,这充分证明了本章所建立数学模型的正确性,并反过来验证了系

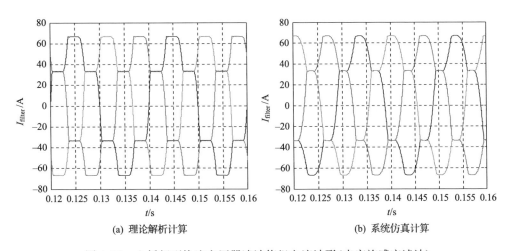

(a) 理论解析计算　　　　　　　　(b) 系统仿真计算

图 4.13　上桥新型换流变压器滤波绕组电流波形(未实施感应滤波)

统仿真模型的有效性。并且,从结果来看,未实施感应滤波时,阀侧绕组与滤波绕组中的基波与所有谐波电流均满足统一的绕组磁路约束关系(见式(4.15)和式(4.34)),因此,由换流阀组所产生的谐波电流在从类似 Y 型接线的阀侧绕组变换至 △ 型接线的滤波绕组时,由原来的二电平波形转换成了三电平波形,其中的特征谐波电流次数依然是 $6k\pm1(k=1,2,3,\cdots)$。

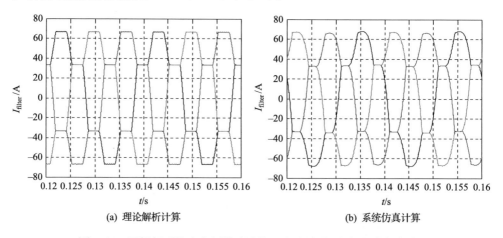

(a) 理论解析计算　　　　　　　　　　(b) 系统仿真计算

图 4.14　下桥新型换流变压器滤波绕组电流波形(未实施感应滤波)

根据式(4.16)和式(4.35),并结合式(4.50),可分别得到未实施感应滤波时上桥与下桥新型换流变压器网侧绕组的电流波形,如图 4.15(a)和图 4.16(a)所示,系统仿真结果如图 4.15(b)和图 4.16(b)所示。由图可知,理论计算结果与系统仿真结果十分吻合,这使得本章所建立的数学模型和系统仿真模型的正确性得到了相互验证,同时,由结果可知,由于未实施感应滤波,阀侧绕组、滤波

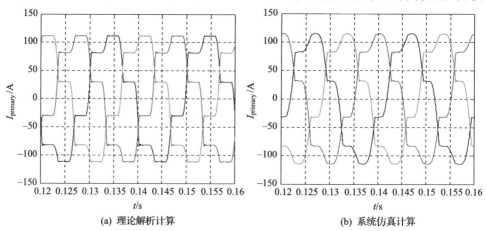

(a) 理论解析计算　　　　　　　　　　(b) 系统仿真计算

图 4.15　上桥新型换流变压器网侧绕组电流波形(未实施感应滤波)

绕组和网侧绕组中的基波与各次谐波电流满足统一的磁势平衡原理,由换流阀组所产生的谐波电流通过类似 Y 型的阀侧绕组和 Δ 型滤波绕组,经电磁变换馈入至 Y 型网侧绕组时,由于上桥和下桥新型换流变压器的前移和后移作用,得到如图 4.15 和图 4.16 所示的反对称三电平波形,且其中的特征谐波次数同样是 $6k\pm1(k=1,2,3,\cdots)$。

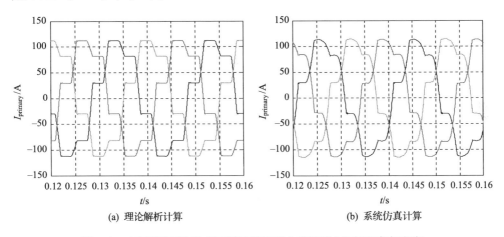

(a) 理论解析计算　　　　　　　　　　(b) 系统仿真计算

图 4.16　下桥新型换流变压器网侧绕组电流波形(未实施感应滤波)

4.5.2　实施感应滤波

根据式(4.14)和式(4.33),并结合式(4.50),可分别得到实施感应滤波时上桥与下桥新型换流变压器滤波绕组的电流波形,如图 4.17(a)和图 4.18(a)所示,系统仿真结果如图 4.17(b)和图 4.18(b)所示。由图可知,理论计算和系统仿真计算的波形存在一定的差异,这主要是由于实施感应滤波后,在基波频率下,全调谐装置具有一定的容性基波电流补偿效果;在谐波频率下,尤其是 5、7、11、13 次特征谐波频率下,全调谐装置具有一定的引流效果,为阀侧绕组和滤波绕组间的谐波交变磁通相互抵消创造必备的前提条件。由于感应滤波的实施,阀侧绕组和滤波绕组间的基波与谐波电流不再满足统一的磁势平衡原理,这造成了基波与各次谐波频率的相位发生了比较复杂的变化,从而使得由傅里叶分解所推得的理论解析计算和由系统状态方程所推得的系统仿真计算的波形没有很好的吻合。但是,两种计算方法的各次谐波电流的幅值是基本一致的,如表 4.1 所示。由表可知,虽然由于初始相位的差异造成了理论解析计算和系统仿真计算的波形存在一定的差异,但是,两种方法均准确地揭示了谐波电流在传递至滤波绕组时的谐波特性,并由此表明,在实施感应滤波时,新型换流变压器滤波绕组的 5、7、11、13 次谐波电流满足 $6k\pm1$ 的倍数关系。

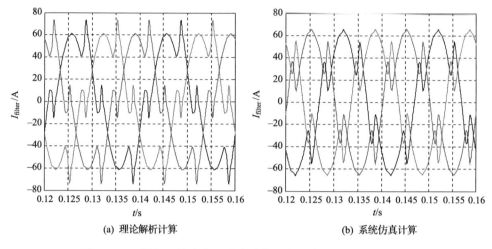

(a) 理论解析计算   (b) 系统仿真计算

图 4.17 上桥新型换流变压器滤波绕组电流波形(实施感应滤波)

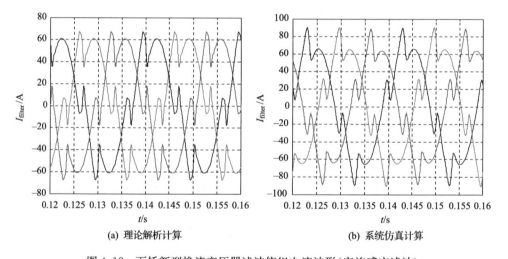

(a) 理论解析计算   (b) 系统仿真计算

图 4.18 下桥新型换流变压器滤波绕组电流波形(实施感应滤波)

表 4.1 新型换流变压器滤波绕组主要次特征谐波电流的理论与仿真计算结果

谐波次数	上桥新型换流变压器滤波绕组		下桥新型换流变压器滤波绕组	
	理论计算	仿真计算	理论计算	仿真计算
5	11.678	11.49	11.678	11.48
7	7.675	7.83	7.674	7.84
11	3.775	4.42	3.775	4.42
13	2.667	3.24	2.677	3.25

根据式(4.13)和式(4.32),并结合式(4.50),可分别得到实施感应滤波时上桥

与下桥新型换流变压器网侧绕组的电流波形,如图 4.19(a)和图 4.20(a)所示,系统仿真结果如图 4.19(b)和图 4.20(b)所示。由图可知,理论计算和仿真计算波形均呈现出比较好的正弦性,这充分证明了感应滤波的实施使得主要次特征谐波电流在阀侧绕组和滤波绕组间得到了平衡,因而,馈入至网侧绕组的谐波电流含量很小。

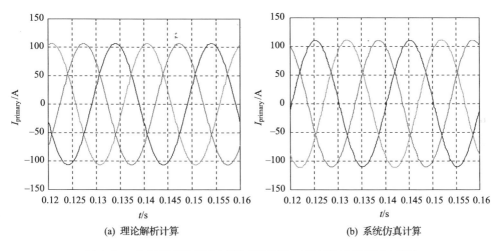

(a) 理论解析计算　　　　　　　　　　　　(b) 系统仿真计算

图 4.19　上桥新型换流变压器网侧绕组电流波形(实施感应滤波)

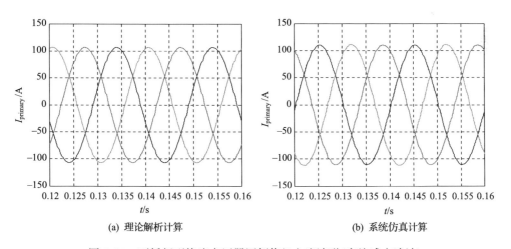

(a) 理论解析计算　　　　　　　　　　　　(b) 系统仿真计算

图 4.20　下桥新型换流变压器网侧绕组电流波形(实施感应滤波)

4.6　试　验　验　证

为了进一步验证本章理论解析模型与系统仿真模型计算结果的正确性,并对比分析感应滤波的实施对直流输电谐波特性的影响,针对图 4.1 所示的采用感应滤波的新型直流输电动模试验系统,进行了相关的谐波特性测试试验。试验分两个阶段:一个阶段是采用感应滤波的新型直流输电换流站整流运行,采用无源滤波的传统换流站逆变运行;另一个阶段是采用感应滤波的新型换流站逆变运行,采用无源滤波的传统换流站整流运行。测试项目为同为整流稳态运行时上桥新型换流变压器与上桥传统换流变压器的阀侧绕组与网侧绕组的电流波形。

该动模试验系统的基本参数为:①单极输送功率 P_d 为 100kW,单极直流电压 U_d 为 1000V,直流电流 I_d 为 100A;②换流桥为 6 脉动,双桥并联,单极运行;③新型换流变压器采用单相三绕组结构型式,一次侧(网侧)绕组额定相电压 U_1 为 220V、等值电抗 X_1 为 0.4384Ω,二次侧(阀侧)公共绕组电压 U_2 为 196.7025V、等值电抗 X_2 为 0.000215Ω,二次侧(阀侧)延伸绕组电压 U_3 为 113.5662V、等值电抗 X_3 为 0.0978Ω;④逆变侧上桥传统换流变压器采用单相双绕组结构型式,网侧绕组额定电压 U_{u1} 为 220V、阀侧绕组额定电压 U_{u2} 为 380V,等值电抗 X_u 为 0.4888Ω;下桥传统换流变压器采用单相双绕组结构型式,网侧绕组额定电压 U_{l1} 为 220V、阀侧绕组额定电压 U_{l2} 为 220V,等值电抗 X_l 为 0.4888Ω。

图 4.21 和图 4.22 分别为未实施感应滤波或者无源滤波时,新型换流变压器与传统换流变压器一二次绕组的电流测量波形。由图可见,在未实施任何方式的滤波技术时,对于 Y/Y 型接线的传统换流变压器,其阀侧绕组和网侧绕组电流均为二电平波形,而对于二次侧采用延长三角形接线的新型换流变压器,其网侧绕组的电流呈三电平特性,更为具体的特性分析见 4.5 节所述。

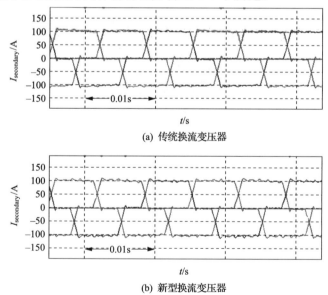

(a) 传统换流变压器

(b) 新型换流变压器

图 4.21　新型与传统换流变压器阀侧绕组电流的试验测量波形(滤波前)

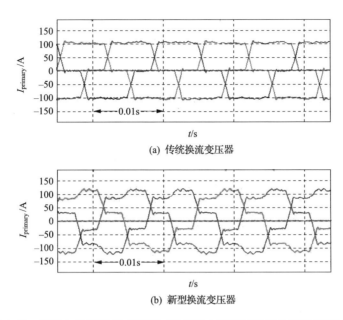

(a) 传统换流变压器

(b) 新型换流变压器

图 4.22   新型与传统换流变压器网侧绕组电流的试验测量波形（滤波前）

图 4.23 和图 4.24 分别为传统换流变压器网侧实施无源滤波、新型换流变压器滤波绕组侧实施感应滤波时，换流变压器一二次绕组的电流波形。由图可见，对于无源滤波，其实施与否并未改变谐波电流在换流变压器绕组中的分布特性，受绕

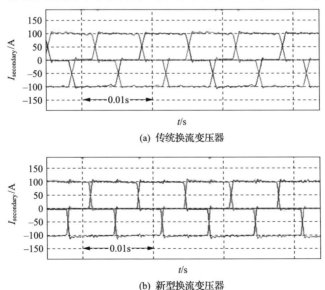

(a) 传统换流变压器

(b) 新型换流变压器

图 4.23   新型与传统换流变压器阀侧绕组电流的试验测量波形（滤波后）

组间基波与谐波频率下电磁变换的作用,网侧绕组依然呈规则的方波形状;而对于感应滤波,其实施从根本上改变了谐波电流在换流变压器绕组中的分布特性,由于在5、7、11、13次特征谐波频率下相应次的谐波电流已经在新型换流变压器阀侧绕组和滤波绕组间达到了谐波磁动势平衡,实现了主要次特征谐波电流与网侧绕组及电网侧的隔离与屏蔽。

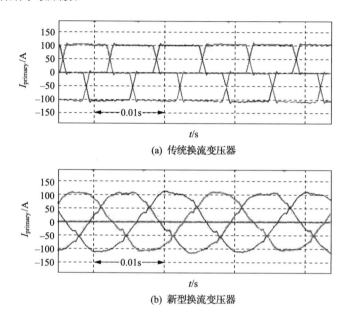

(a) 传统换流变压器

(b) 新型换流变压器

图4.24　新型与传统换流变压器网侧绕组电流的试验测量波形(滤波后)

4.7　本章小结

本章首先基于采用感应滤波的新型直流输电主电路拓扑,建立了以阻抗特征(包括基波阻抗与谐波阻抗)为表达方式的等值电路模型,并通过详细的数学模型推导,建立了反映感应滤波对直流输电谐波分布特性影响的谐波传递模型。通过对换流器的换相过程进行原理性分析,得到了反映换流器谐波特性的阀电流时域表达式,并结合谐波传递数学模型,对新型换流变压器的绕组电流,尤其是绕组谐波电流特性进行了系统化的理论解析计算、系统仿真计算以及动模试验研究。综合本章所完成的工作,其主要的贡献与所得到的重要结论如下。

(1) 建立了统一化的新型直流输电换流站等值电路模型以及谐波传递数学模型。该模型将换流器等值为电流/电压源(相对交流侧为电流源、相对直流侧为电压源),并充分考虑了直流输电系统参数(直流电流 I_d)、控制参数(触发角 α)以及换流器参数(换相角 μ)对换流器谐波特性的影响;同时,将新型换流变压器及其感应滤波系统以基波/谐波阻抗的方式加以等值,并充分考虑了各类阻抗参数(绕组阻抗和全调谐装置阻抗)对直流输电谐波传递特性的影响。统一化的等值电路及相应数学模型的建立,为深入开展谐波在新型直流输电系统中的分布特性以及造成这种分布特性的内在机理研究奠定了理论基础,并为后续相关章节的研究提供了一个实用的理论解析数学模型。

(2) 基于采用感应滤波的新型直流输电动模试验系统,根据所建立的谐波传递数学模型,结合所推得的换流器时域表达式,对计及换相过程的换流器谐波特性以及谐波电流在新型换流变压器绕组中的分布特性在时域方面进行了理论解析计算,其结果与系统仿真和动模试验结果三者相吻合,验证了本章所提出的等值电路模型、基本数学模型和谐波传递数学模型的正确性。

(3) 采用感应滤波的新型直流输电系统在运行过程中所表征出来的谐波传递特性不同于传统的直流输电系统。换流阀组在换相过程中所产生的主要谐波电流,在通过新型换流变压器及其感应滤波系统时,由于受到阀侧绕组和滤波绕组谐波磁势平衡的作用,实现了主要含量的特征谐波电流与网侧绕组及交流电网的隔离与屏蔽;而传统直流输电系统中,所有的谐波电流完全通过传统换流变压器电磁变换作用,由阀侧绕组而馈入至网侧绕组及交流电网,这对于解决谐波给换流变压器运行所带来的危害(附加谐波损耗、噪声与振动)是非常有益处的,这是传统的无源滤波方式与有源滤波方式所无法做到的。

第5章 感应滤波抑制直流输电谐波
不稳定的机理研究

换流变压器是电流源型高压/特高压直流输电系统(CSC-based HVDC/UH-VDC)至关重要的核心技术装备之一,而直流偏磁又是换流变压器在实际工程设计和运行分析过程中不可回避的一个问题[99]。换流变压器发生直流偏磁现象有诸多原因,双极不平衡运行、单极大地回线方式等,使地电位发生变化,换流器触发相位的不等间隔,使得相电流中存在直流分量[50],这些因素均有可能造成直流电流侵入变压器绕组,使得换流变压器发生直流偏磁,工作点发生偏移。直流偏磁对换流变压器的不良影响是多方面的,不仅会增加换流变压器的附加损耗、温升、振动与噪声,而且会导致换流变压器铁心饱和,引起铁心饱和型谐波不稳定现象[59]。这种不稳定使得谐波振荡不易衰减甚至放大,严重时会使系统电压下降、无功补偿设备及滤波器过载,甚至危及系统的安全稳定性,因此,研究由直流偏磁所引起的换流变压器谐波特性具有重要的现实意义。特别是具有特殊绕组布置结构的新型换流变压器,其进一步的工程应用在很大程度上有赖于系统性的基础理论研究与动模试验工作的开展,而直流偏磁是新型换流变压器工程应用过程中不可忽视的一个问题,因此有必要在此方面进行重点研究。

本章将从原理性角度对换流变压器直流偏磁的根本成因进行分析,根据换流变压器(模型变压器)的铭牌数据以及空载特性,建立计及变压器铁心磁滞损耗特性的新型换流变压器仿真模型,并通过外施直流电压源的方案引入直流量,对新型换流变压器在直流偏磁下的谐波特性进行详细的仿真试验与分析,揭示新型换流变压器在不同工作状态下遭受直流偏磁时所表征出的谐波特性,并在此基础上提出一种利用变压器感应滤波技术抑制变压器直流偏磁不良影响的新方案,通过与传统换流变压器对比,揭示这种直流偏磁负面影响抑制方案的优越性。

5.1 直流输电谐波不稳定

5.1.1 产生机理

直流输电系统的谐波不稳定现象主要表现为某种特定条件下的换流站交直流侧谐波的相互作用,从而导致交直流系统间的谐波振荡不易衰减甚至放大,其主要特征为换流站交流母线电压的严重畸变[54]。最早出现谐波不稳定问题的有新西兰直流输电工程和英法海峡直流输电工程,后来的 Kingsnorth 和 Nelson River 等多个直流输电工程都曾出现过谐波不稳定现象[54,59]。

在发生直流输电谐波不稳定时,由于交直流侧特定次谐波间的相互作用,使得谐波电流被放大几倍甚至几十倍,这对电力系统主电气设备的破坏力是比较严重的,特别是作为 HVDC 换流站关键技术装备的换流变压器,在遭受如此严重的谐波污染时,会导致铁心急剧饱和,励磁电流存在很高的尖波分量,在进一步增加绕组谐波电流的同时,对换流变压器的绝缘运行带来一定的困难;同时,交流母线电压的畸变通常会导致换流站的运行困难甚至导致直流系统闭锁。

Yacamini 和 Oliveria[100]通过对直流输电谐波不稳定问题进行深入研究,提出了交流侧和直流侧互补谐振的概念,用于揭示谐波不稳定有可能发生的内在机制,即当交流侧的并联谐振频率 f_{ac} 与直流侧的串联谐振频率 f_d 之间满足如下关系式时,谐波不稳定即有可能发生。

$$f_{ac} = (kp \pm 1)f_1 \pm f_d \tag{5.1}$$

式中,p 表示换流器的脉动数;f_1 表示交流系统的基波频率;k 表示正整数。

实际上,式(5.1)描述了换流器交直流侧谐波相互转换的频率关系,当换流站交流系统特定次谐波频率下的综合阻抗发生并联谐振,而与此同时,该特定次谐波频率转换至直流侧频率时恰构成相关频率下直流侧综合阻抗的串联谐振条件,这样便形成了特定次频率下的互补谐振,在这种情况下,若换流站存在满足上述互补谐振条件的特定次谐波电流,则潜在的谐波不稳定极易被触发。

大量的研究表明,直流输电谐波不稳定现象一般是由换流站存在的非特征谐波引起的,而非特征谐波的产生较为复杂。例如,Ainsworth[101]确认了一种与按相触发控制方式相关联的谐波不稳定现象,其实质是由周期性非对称触发所导致的非特征谐波与换流器的相互作用所引起的,鉴于此,他提出了一种基于锁相倍频电路的等间隔触发脉冲控制方式[102],其主要目的是尽可能地消除由触发控制所产生的非特征谐波对直流输电谐波不稳定的消极影响,这也促使等间隔触发脉冲控制方式取代了以往使用的按相触发控制方式,成为静止换流器普遍使用的一种触发控制方式。

目前,具有重要研究价值的是由换流变压器铁心饱和引起的直流输电谐波不稳定现象。这种不稳定实质上是由铁心饱和产生的非特征谐波所引起的,国际上通常称之为直流输电铁心饱和型不稳定(core saturation instability)[55,59]。变压器铁心饱和有诸多原因,但对换流变压器而言,在实际工程中最为典型的是由直流偏磁所导致的换流变压器非对称性铁心饱和,这类铁心饱和通常会产生低频偶次非特征谐波(一般是 2 次谐波),而在这种低频偶次谐波频率下,通常会构成交直流互补谐振的条件,极易由换流器交直流侧非特征谐波的相互作用而导致直流输电谐波不稳定现象的产生。

图 5.1 为铁心饱和型谐波不稳定的产生机理。由图可知,当换流变压器发生直流偏磁时,一定程度的偏置量会导致换流变压器铁心的非对称性饱和,这种饱和通常会在换流器的交流侧产生偶次谐波电流,一般是 2 次谐波电流的含量最大。2次谐波频率的存在会于交流侧形成 2 次谐波阻抗,由此导致交流侧电压波形的畸变。在交流电动势波形畸变时,通过换流阀组传递至直流侧时会导致直流电压波形的畸变,其中的畸变量一般是基频电压分量,其作用于直流侧综合阻抗时,进一步导致直流电流波形的畸变。直流电流的基频分量通过换流阀组传递至交流侧时会产生两种分量:一种是 2 次谐波电流分量,这加重了交流侧 2 次谐波电流的含量;另一种是直流分量,其中,直流分量会加剧换流变压器的非对称性铁心饱和,这样一来,会于交流侧产生更多的 2 次谐波电流,这同样会进一步加重交流侧电压波形的畸变。如此形成一个恶性循环,从而导致谐波不稳定的发生。

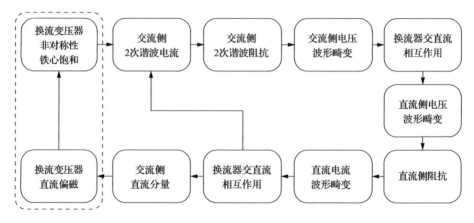

图 5.1　铁心饱和型谐波不稳定的产生机理

5.1.2　直流偏磁工作原理

为了深入研究铁心饱和型谐波不稳定,有必要对换流变压器的直流偏磁原理及其谐波特性进行研究。图 5.2 为换流变压器在遭受直流入侵时铁心磁通和励磁电流的变化特性[50,103]。由图可知,当直流电流通过新型换流变压器一次侧接地中性点入侵至变压器绕组时,由于新型换流变压器一次侧绕组电流中含有直流分量,将引起铁心交流磁通 $\phi(\omega t)$ 的直流偏置,若偏置量 ϕ_{dc} 使得铁心的磁化曲线 $\phi = f(i)$ 工作于非线性区,则导致激磁电流 $i(\omega t)$ 波形在正负半轴不对称,且在每个周波中有一个很高的尖峰,这就是直流偏磁现象。

由此可见,在发生直流偏磁时,由于激磁电流 $i(\omega t)$ 的不对称性,变压器绕组中存在偶数次非特征谐波电流,这种谐波电流若流窜至交流网侧,则有可能与系统

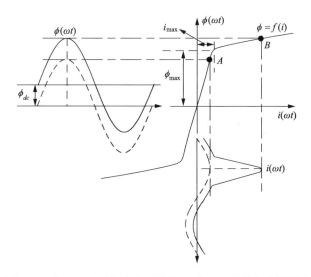

图 5.2　直流入侵对换流变压器铁心磁通和励磁电流的影响

阻抗发生串并联谐振,从而引起电网的低频振荡;若流窜至换流阀的交流侧,则会危害换流阀组的正常运行,并有可能与直流侧的基频量在换流变压器和换流阀间形成正反馈,进一步增大偶数次谐波电流特别是 2 次谐波电流的含量,从而导致直流输电发生谐波不稳定。因此,若有一种有效的方法能同时实现低次非特征谐波电流与交流电网和换流阀组的隔离屏蔽,则会大大降低直流偏磁的不良危害,并能有效降低直流输电发生谐波不稳定的概率。感应滤波正是为了完成谐波的双向隔离屏蔽而提出的一种全新的滤波理念与技术。

5.1.3　抑制措施

目前,实际工程中应用到的关于直流输电谐波不稳定的抑制措施主要有两种[104]:一种是在交流电网侧加装非特征谐波滤波器;另一种是在直流控制器中附加低次谐波阻尼控制电路。

对于第一种抑制方法,通常是根据实际系统中存在的 2 次或 3 次谐波不稳定,并考虑其他次特征谐波而设计相应的交流滤波器,这其中包含了三调谐滤波器或者单独的 2 次/3 次谐波滤波器,并安装于交流电网侧,在保障系统稳定运行的同时,对基波实施部分地补偿;对于第二种抑制方法,实际上是在直流控制器中附加 2 次谐波阻尼电路,用于阻尼换流器直流侧的基频谐波振荡。

根据互补谐振的原理分析上述两种主要的谐波不稳定抑制机理可知,加装非特征谐波滤波器的方案实际上可以看成是修改了换流器交流侧的等值阻抗,使得当直流侧发生某低次谐波的串联谐振时,交流侧避开了该低次谐波的并联谐振,这样,相当于避开了该低次谐波频率下交直流侧互补谐振的条件;而在直流控制器中附加 2 次谐波阻尼电路的方案,实际上是通过控制的方式于直流侧抑制了一次谐波的串联谐振现象,这样就间接地抑制了换流器的谐波不稳定现象。在实际的直流输电工程中,第一种方案即在交流电网侧加装具有低次谐波滤波功能的交流滤波器的谐波不稳定抑制方案应用较为普遍。

5.2　采用感应滤波的新型换流器阻抗网络

为了形象地分析感应滤波的实施对直流输电换流器阻抗特性的影响,揭示感应滤波抑制直流输电谐波不稳定的工作机理,根据第 4 章的图 4.1 所示的采用感应滤波的新型直流输电系统主电路拓扑以及图 4.2 和图 4.3 所示的两种换流站的等值电路,建立了图 5.3 和图 5.4 所示的考虑换流变压器铁心饱和影响的新型和传统换流器单相等值阻抗网络。图 5.3 中,Z_{dc} 表示基波或谐波频率下直流网络(含平波电抗器、直流线路、直流滤波器等)的等值阻抗;Z_{1h}、Z_{2h} 和 Z_{3h} 分别表示基波或谐波频率下新型换流变压器网侧绕组、阀侧绕组和滤波绕组的等值阻抗;I_{mh} 表示励磁电流;Z_{ifh} 表示基波或谐波频率下感应滤波全调谐装置的综合阻抗;Z_{pfh} 表示基波或谐波频率下无源滤波及无功补偿装置的综合阻抗,一般情况下,在于滤波绕组侧实施感应滤波时,网侧布置的是高通滤波器及含部分基波补偿容量的并联电容器;Z_{sh} 表示基波或谐波频率下等值电压源 U_s 以及电网传输线路的等值阻抗。图 5.4 中,Z_{1h} 和 Z_{2h} 分别表示基波或谐波频率下传统换流变压器网侧绕组和阀侧绕组的等值阻抗;其他符合的含义与图 5.3 所示类似,但是,图 5.4 中的 Z_{pfh} 含了为特定次谐波滤波的特征谐波滤波器;值得说明的是,这两个图中的虚地符号用来表示不同的等电势点。

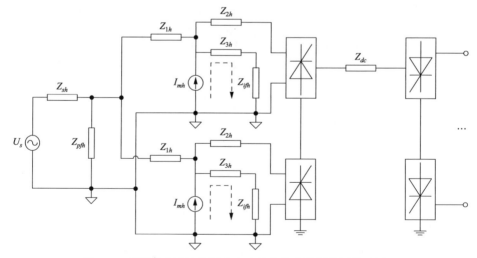

图 5.3　采用感应滤波的新型直流输电换流器阻抗网络(单相)

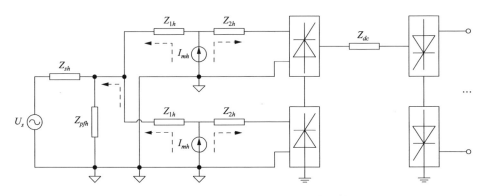

图 5.4　传统直流输电换流器阻抗网络(单相)

对比上述新型与传统换流器的阻抗网络可知,若换流变压器由于直流偏磁或其他原因导致铁心非对称性饱和,则所产生的偶次谐波电流将通过各类阻抗分布于直流输电交流系统的各个组成部分,并且,通过换流器的交直流相互作用,传递至直流系统。由于采用感应滤波的直流输电阻抗网络发生了根本性的变换,这使得谐波电流的分布特性也随之发生变化。

根据 5.1.1 节谐波不稳定产生机理的分析可知,直流输电谐波不稳定的产生,其主要条件是特定次谐波频率下交直流系统谐波阻抗间的互补谐振,特别是对联于弱交流系统的直流输电而言,发生这种互补谐振的概率会比较大。但是,感应滤波的实施改变了交流系统的阻抗网络,这对于修改交流系统并联谐振的频率,改变谐波电流的分布特性,降低直流输电谐波不稳定发生的概率是有一定益处的。并且,根据 5.1.3 节所提到的谐波不稳定抑制方法可以自然地想到,若对图 5.3 所示换流变压器励磁电流 I_{mh} 中可能引发谐波不稳定的分量实施感应滤波,则将形成图示的该次谐波的闭合环路,这相当于抑制了该次谐波电流的流通路径,从根本上避免了该次谐波电流流入交流阻抗网络而可能引发的并联谐振,这正是感应滤波抑制直流输电谐波不稳定的关键之处,其详细的机理分析将于 5.5 节展开论述。

5.3　CIGRE 直流输电标准模型及其等值转换新模型

5.3.1　整流侧等值转换模型

用于测试直流输电控制设备和控制策略性能的 CIGRE 直流输电标准模型整流侧、直流侧与逆变侧主电路拓扑如图 5.5 所示[105]。本节的主要目的是在该标准模型测试系统的基础上,在不改变交流系统短路比 SCR 及系统参数的前提下,将传统换流变压器及网侧的特征谐波滤波器用新型换流变压器及其感应滤波系统来代替,从而建立一个可与 CIGRE 直流输电标准模型进行对比研究的具有新型电气设备联络结构的直流输电标准模型测试系统。

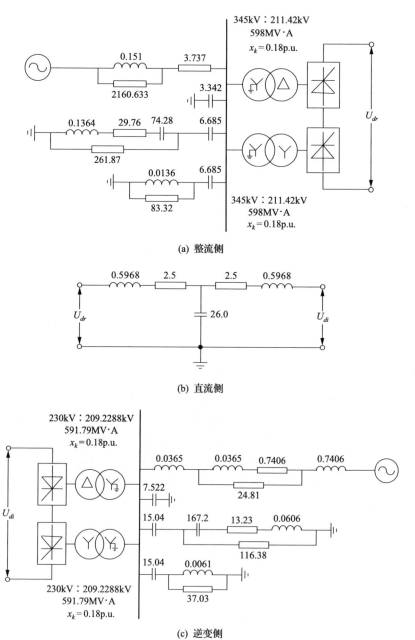

(a) 整流侧

(b) 直流侧

(c) 逆变侧

图 5.5 CIGRE 直流输电第一标准模型测试系统

图中电阻、电感和电容的单位分别为 Ω、H 和 μF

5.3.2　逆变侧等值转换模型

图 5.5 所示的主电路模型给出了直流输电交直流侧主要电气设备的基本额定参数。对于传统换流变压器,给出了接成三相系统时的额定容量、一二次侧线电压值及正序漏抗的标幺值。将这些参数转换成单相制参数后,由式(2.9)～式(2.13)可方便地得到新型换流变压器在采用单相三绕组结构型式时的基本参数,其与图5.5 中三相制为 Y/△ 接线的传统单相双绕组变压器额定值参数的对比如表 5.1和表 5.2 所示。

表 5.1　新型与传统换流变压器额定容量与额定电压(整流侧)

参数	传统换流变压器	新型换流变压器
额定容量/(MV·A)	201.2433	201.2433
一次侧绕组电压/kV	199.1858	199.1858
二次侧绕组电压/kV	213.4557	63.7930(阀侧绕组) 110.4928(滤波绕组)

表 5.2　新型与传统换流变压器额定容量与额定电压(逆变侧)

参数	传统换流变压器	新型换流变压器
额定容量/(MV·A)	197.2633	201.2433
一次侧绕组电压/kV	132.7906	132.7906
二次侧绕组电压/kV	209.2288	62.5298(阀侧绕组) 108.3048(滤波绕组)

将图 5.5 中交流网侧母线电压等级为 199.1858kV 的 C 型阻尼滤波器移置到新型换流变压器阀侧自耦绕组抽头处,考虑到其作用是为特征谐波提供一个全调谐特征的谐振电路,因此将该种拓扑型式的滤波器用双调谐滤波器取代。

图 5.6 给出了新型直流输电标准模型测试系统的整流侧主电路拓扑,其中的阀侧 5/7 次和 11/13 次双调谐滤波器的基本参数可由式(2.39)～式(2.42)计算得到。值得说明的是,阀侧特征谐波滤波器对基波提供的补偿容量应与 CIGRE 标准模型中 C 型阻尼滤波器的补偿容量相等,这样才能维持直流输电交流系统无功需求的平衡。另外,由式(2.16)、式(2.17)及表 5.1 数据可知,新型换流变压器阀侧自耦绕组抽头处电压等级为 $110.4928/\sqrt{3}$ kV,比交流母线电压等级降低了3.1224 倍,这对于降低接入点无源滤波装置的工程造价,改善其工作运行状况是非常有利的。

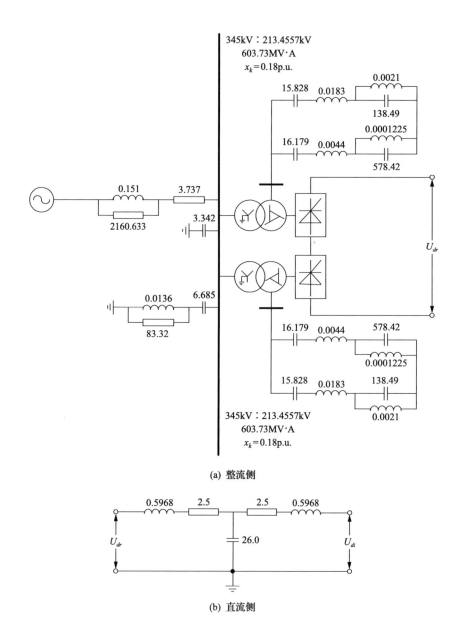

(a) 整流侧

(b) 直流侧

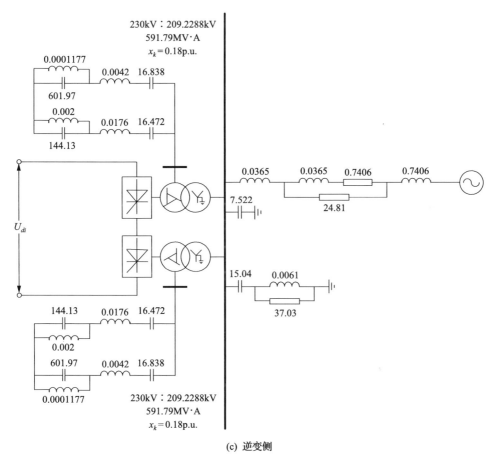

(c) 逆变侧

图 5.6　基于感应滤波的新型直流输电标准测试系统
图中电阻、电感和电容的单位分别为 Ω、H 和 μF

5.4　感应滤波对换流器阻抗特性的影响

5.4.1　换流器直流侧阻抗特性

以 CIGRE 直流输电标准模型以及所建立的等值转换新模型为研究对象,在 PSCAD/EMTDC 环境下,对各自的直流侧等值阻抗进行扫描,可得到图 5.7 所示的新型与传统换流器直流侧阻抗的幅频特性曲线。该阻抗是通过将逆变侧等值为一个直流电压源,从整流侧的直流输出端看进去的直流侧综合阻抗。这种阻抗扫描方法的好处在于,若换流器发生铁心饱和型谐波不稳定,则一般会在换流器的交流侧存在 2 次谐波电流,通过换流器交直流的相互作用变换至直流侧,则一般会在直流侧存在基波电压,而通过这种扫描方法可以比较方便地研究由换流器的交流端变换至直流端的基波电压作用于直流侧综合阻抗的效果。

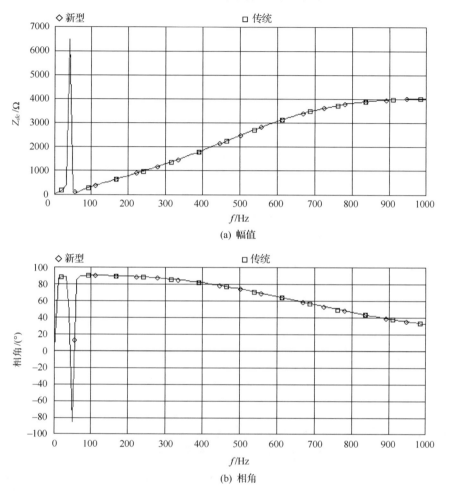

图 5.7　新型与传统换流器直流侧阻抗的幅频特性曲线

由图 5.7 所示的幅频特性曲线可知,基于感应滤波的新型换流器与 CIGRE 标准直流输电换流器直流侧等值阻抗的幅频特性相同,均在基频附近存在串联谐振,这意味着感应滤波的实施对换流器直流侧的阻抗特性不会产生太大的影响,直流侧固有的低频串联谐振点并不随着感应滤波的实施而产生漂移。

5.4.2　换流器交流侧阻抗特性

仍以 CIGRE 直流输电标准模型以及等值转换新模型为研究对象,对各自的整流器交流侧等值阻抗进行扫描,可得到图 5.8 所示的从换流器交流网侧看进去的交流侧阻抗幅频特性曲线和图 5.9 所示的从换流器交流阀侧看进去的交流侧阻抗幅频特性曲线。值得说明的是,为了正确地反映感应滤波对换流器交流侧等值阻抗的影响,新型和传统换流器均采用了简化的 6 脉动模型,这种处理方式主要是考虑从换流器交流阀侧端口进行扫描时,消除双桥新型换流变压器及其感应滤波系统等值阻抗对正确揭示感应滤波抑制谐波不稳定机理的影响。

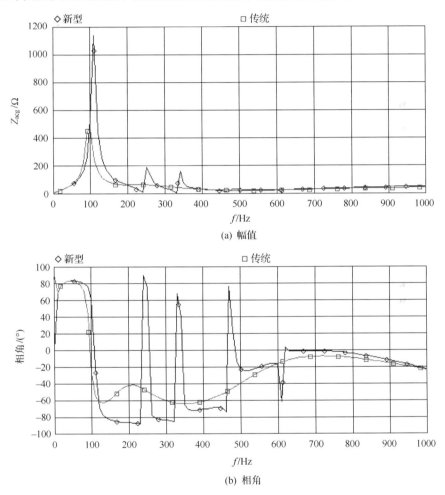

(a) 幅值

(b) 相角

图 5.8　新型与传统换流器交流侧阻抗的幅频特性曲线(换流器交流网侧)

　　由图 5.8 所示的从换流器交流网侧看进去的阻抗幅频特性曲线可知,基于感应滤波的新型换流器和 CIGRE 直流输电标准换流器均在低次谐波频率下存在并联谐振现象。不同之处在于,感应滤波的实施使得并联谐振点向频率高的方向漂移,这相当于在一定程度上避开了换流器交流侧 100Hz 的并联谐振点。通过前面的分析已经知道,若换流器的直流侧存在基频电压分量,则通过换流器交直流相互作用会在换流器的交流阀侧产生 2 次谐波电流分量和直流分量。在此情形下,若交流侧存在 100Hz 频率下的并联谐振,则极易发生 2 次谐波电压放大,使得交流侧电压波形畸变。但是,当采用基于感应滤波的新型换流器时,由于感应滤波的实施在一定程度上避开了 2 次谐波频率的并联谐振点,这对从根本上抑制直流输电谐波不稳定的发生是非常有益处的。

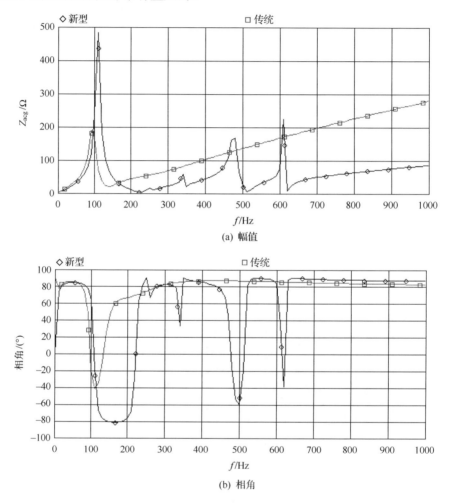

(a) 幅值

(b) 相角

图 5.9　新型与传统换流器交流侧阻抗的幅频特性曲线(换流器交流阀侧)

由图 5.9 所示的从换流器交流电网侧看进去的阻抗幅频特性曲线同样可知,感应滤波的实施使得换流器交流侧并联谐振的谐振点向有利于抑制直流输电谐波不稳定的方向偏移。值得说明的是,相比于图 5.8 所揭示的从换流器网侧看进去的阻抗幅频特性,图 5.9 所示的从换流器交流阀侧看进去的幅频特性更能体现出感应滤波对直流输电铁心饱和型谐波不稳定的抑制,因为这种阻抗扫描方式更为充分地计及了新型换流变压器及其感应滤波系统的等值阻抗对换流器交流侧阻抗网络的影响。

5.5　感应滤波对并联谐振电流的双向抑制

5.5.1　机理分析

　　为了分析基于新型换流变压器的感应滤波技术的工作机理,根据图 5.4 所示的采用感应滤波的新型换流器阻抗网络以及上述直流偏磁的原理分析,可以得到如图 5.10 所示的反映直流偏磁谐波特性的新型换流变压器绕组接线及其感应滤波调谐装置等值电路模型。

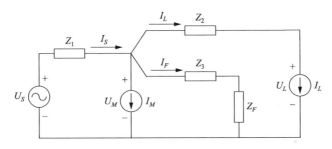

图 5.10　反映直流偏磁下新型换流变压器谐波特性的等值电路模型

　　由图 5.10 可见,在考虑直流偏磁效应时,新型换流变压器绕组中的谐波电流主要由两部分构成:一部分为由换流阀组的非线性所产生的谐波电流 I_L,其中,含量较重的特征谐波电流为 5、7、11、13 次;另一部分为由直流偏磁而导致激磁电流畸变产生的谐波电流 I_M,其中,含量较重的为 2 次谐波电流。因此,为了实现这两部分主要谐波电流对交流电网的隔离屏蔽,在感应滤波绕组连接了对 2、5、7、11、13 次谐波加以引流的感应滤波调谐装置。

　　由图 5.10 所示,根据基尔霍夫电流和电压定律,可列出如下方程组:

$$\begin{cases} U_S = I_S Z_1 + U_M \\ I_S = I_L + I_F + I_M \\ U_M = I_F(Z_3 + Z_F) \\ U_M = I_L Z_2 + U_L \\ U_L = I_F(Z_3 + Z_F) - I_L Z_2 \end{cases} \tag{5.2}$$

式中,Z_1、Z_2 和 Z_3 分别表示新型换流变压器网侧绕组、阀侧绕组和感应滤波绕组的等值阻抗;Z_F 表示感应滤波调谐装置的等值阻抗;U_S 表示电网电压源;I_M、I_L 分别表示激磁电流和负载电流。值得说明的是,在谐波频率下,U_S 表示谐波电压源；I_M 表示由直流偏磁所导致的畸变激磁电流所含的特定频率下的谐波电流源；I_L 表示由直流输电换流阀组的非线性所产生的特定频率下的谐波电流源。

由方程组(5.2)，通过消去中间变量，可得到由负载电流 I_L 和激磁电流 I_M 所表示的新型换流变压器网侧绕组电流 I_S：

$$I_S = \frac{1}{\dfrac{Z_1}{Z_3 + Z_F} + 1}(I_L + I_M) + \frac{U_S}{Z_1 + Z_3 + Z_F} \tag{5.3}$$

类似地，也可得到由负载电流 I_L 和激磁电流 I_M 所表示的新型换流变压器感应滤波绕组及所连调谐装置中的谐波电流 I_F：

$$I_F = -\frac{1}{1 + \dfrac{Z_3 + Z_F}{Z_1}}(I_L + I_M) + \frac{U_S}{Z_1 + Z_3 + Z_F} \tag{5.4}$$

由此可知，在负载谐波电流 I_L、激磁谐波电流 I_M 以及电网谐波电压 U_S 已知的条件下，新型换流变压器网侧绕组中的谐波电流 I_S 主要与网侧绕组的等值阻抗 Z_1、感应滤波绕组的等值阻抗 Z_3 以及感应滤波绕组所连接的调谐装置等值阻抗 Z_F 有关。只要在新型换流变压器阻抗设计中，保证 $Z_3 \approx 0$，同时保证调谐装置对特定次谐波电流呈低阻抗性，也就是 $Z_F \approx 0$，而网侧绕组的等值阻抗 Z_1 按传统换流变压器的阻抗设计方法设计，那么，就能保证感应滤波绕组和调谐装置的合成阻抗($Z_3 + Z_F$)远远小于网侧绕组的等值阻抗 Z_1，这意味着式(5.3)中与负载谐波电流 I_L 和激磁谐波电流 I_M 相关的项近似等于 0，也就是说，网侧绕组中不含有 I_L 和 I_M 中的特定次谐波电流。同时，由式(5.4)也可以看到，在实现有效谐波屏蔽时，感应滤波绕组以及调谐装置中的谐波电流 I_F 主要含 I_L 和 I_M，这意味着负载谐波电流和激磁谐波电流完全在滤波绕组和调谐装置所构成的闭合回路中流通，起到了与外部电网隔离屏蔽的作用。

同理，若考核感应滤波技术对激磁谐波电流在阀侧的隔离屏蔽效果，可根据方程组(5.2)，通过消去中间变量，得到由网侧电流 I_S 和激磁电流 I_M 所表示的新型换流变压器阀侧绕组电流 I_L：

$$I_L = \frac{1}{\dfrac{Z_2}{Z_3 + Z_F} + 1}(I_S - I_M) - \frac{U_L}{Z_2 + Z_3 + Z_F} \tag{5.5}$$

由式(5.5)可知，对于某次激磁谐波电流 I_M，若配置对该次谐波电流进行调谐的感应滤波调谐装置，则在该谐波频率下，$Z_F \approx 0$；并且，由于所设计的新型换流变压器感应滤波绕组的等值阻抗近似等于 0，则在该谐波频率下，$Z_3 \approx 0$。因此，合成谐波阻抗$(Z_3 + Z_F) \approx 0$,与激磁谐波电流 I_M 相关的项近似等于 0,这表明新型换流变压器阀侧绕组以及换流阀的交流侧几乎不含由直流偏磁所产生的激磁谐波电流,即实现了激磁谐波电流与换流阀交流侧的隔离屏蔽。

5.5.2　仿真验证

为分析直流偏磁下新型换流变压器的谐波特性,并揭示感应滤波技术在抑制直流偏磁谐波效应方面的工作机理,基于 Matlab/Simulink 中的电力系统工具箱(power system blockset,PSB),构建了如图 5.11 所示的新型换流变压器直流偏磁实验的仿真模型。图中,1♯新型换流变压器作为 2♯新型换流变压器的负载运行;通过在 2♯新型换流变压器的网侧绕组接入直流电压源的方式,在网侧绕组引入直流偏磁量;感应滤波调谐装置配置了可对 2、5、7、11、13 次谐波电流进行全调谐的 LC 电路。

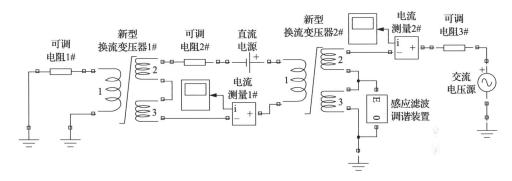

图 5.11　新型换流变压器直流偏磁实验仿真模型

图 5.12 和图 5.13 分别给出了无直流偏磁时新型换流变压器励磁电流和加压侧电流的仿真波形。由图 5.12 可见,感应滤波调谐装置的投入与否并不影响励磁电流的谐波特性,在没有发生直流偏磁时,励磁电流在正负半轴上的波形对称,与传统换流变压器的励磁电流波形类似,主要含 3、5、7 等奇数次谐波电流。不同之处在于加压侧电流波形,如图 5.13 所示,经傅里叶分解可知,在未投入感应滤波调谐装置时,阀侧电流波形畸变率(THD)为 16.69%,其中,3、5、7 次谐波电流的含有率分别为 15.77%、5.22% 和 1.48%。在投入感应滤波调谐装置时,由于配置了对 2、5、7、11、13 次谐波电流加以引流的全调谐装置,实现了有效的谐波屏蔽,使得阀侧电流波形十分接近正弦波,其中,电流畸变率降低至 3.18%,3 次和 5 次谐波电流的含有率降低至 3.18% 和 0.01%,而 7、11、13 次谐波电流实现了完全的谐波屏蔽,谐波电流含量均为 0。

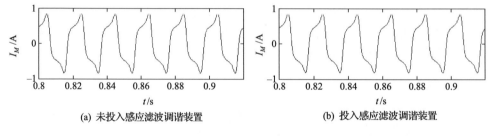

(a) 未投入感应滤波调谐装置　　　　　　　　　(b) 投入感应滤波调谐装置

图 5.12　无直流偏磁时新型换流变压器励磁电流波形($U_{DC}=0$V)

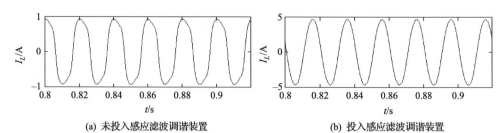

(a) 未投入感应滤波调谐装置　　　　　　　　　(b) 投入感应滤波调谐装置

图 5.13　无直流偏磁时新型换流变压器阀侧电流波形($U_{DC}=0$V)

　　图 5.14 和图 5.15 分别给出了网侧绕组外施 5V 直流电压,导致新型换流变压器发生直流偏磁时,励磁电流与阀侧电流的仿真波形。由图可知,在发生直流偏磁时,无论是否投入感应滤波调谐装置,励磁电流波形均发生严重的畸变,且波形正负半轴不对称,偶数次谐波电流的含量较重。经傅里叶分解可知,在未投入感应

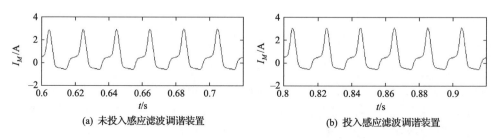

(a) 未投入感应滤波调谐装置　　　　　　　　　(b) 投入感应滤波调谐装置

图 5.14　直流偏磁下新型换流变压器励磁电流波形($U_{DC}=5$V)

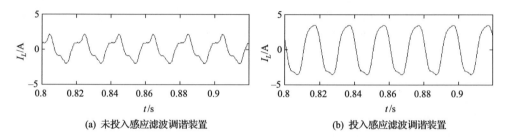

(a) 未投入感应滤波调谐装置　　　　　　　　　(b) 投入感应滤波调谐装置

图 5.15　直流偏磁下新型换流变压器加压侧电流波形($U_{DC}=5$V)

滤波调谐装置时,这些谐波电流感应至阀侧绕组,使得该绕组电流的 THD 达到 30.92%,其中 2、5、7、11、13 次谐波电流的含量分别为 6.77%、7.53%、2.07%、0.95%、0.73%。在投入对 2、5、7、11、13 次谐波电流引流的感应滤波调谐装置时,由于对这些次谐波电流实施了感应滤波,阀侧绕组电流的 THD 降至 13.18%,其中,2、5、7、11、13 次谐波电流的含量分别降至 0.11%、0.01%、0.01%、0.01% 和 0.00%。由此可见,感应滤波技术对谐波电流的屏蔽效果非常显著。

图 5.16 和图 5.17 分别给出了网侧绕组外施 10V 直流电压,导致新型换流变压器直流偏磁程度加剧时,励磁电流与阀侧电流的仿真波形。由图可见,随着直流偏磁程度的加剧,励磁电流波形正负半轴的不对称性加大,这意味着偶数次谐波电流的含量加重。通过傅里叶分解可知,在不投入感应滤波调谐装置时,反馈至阀侧绕组的 2 次谐波电流的含量为 9.58%,相比于 $U_{DC}=5V$ 增加了 2.81%,而 5、7、11、13 次谐波电流分别为 5.43%、0.83%、0.12%、0.55%。在投入对这些次谐波电流加以全调谐的感应滤波调谐装置时,由于实施了感应滤波技术,2、5、7、11、13 次谐波电流的含量分别降低至 0.13%、0.03%、0.00%、0.00%、0.01%,可见感应滤波对不同程度直流偏磁下激磁电流所造成的谐波污染均具有良好的屏蔽效果。表 5.3 给出了在不同程度直流偏磁下,在未投入和投入感应滤波调谐装置时,新型换流变压器励磁电流和加压侧电流的畸变率和 0～13 次谐波电流的含量百分比,进一步验证了感应滤波技术对抑制直流偏磁下新型换流变压器谐波的扩大污染具有良好的效果。

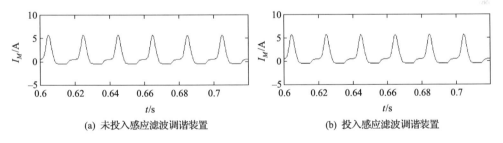

(a) 未投入感应滤波调谐装置 (b) 投入感应滤波调谐装置

图 5.16 直流偏磁下新型换流变压器励磁电流波形($U_{DC}=10V$)

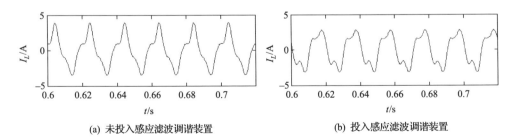

(a) 未投入感应滤波调谐装置 (b) 投入感应滤波调谐装置

图 5.17 直流偏磁下新型换流变压器阀侧电流波形($U_{DC}=10V$)

表 5.3　不同程度直流偏磁时新型换流变压器励磁电流与加压侧电流的
畸变率与谐波含量百分比(%)

| | $U_{DC}=10\text{V}$ | | | | $U_{DC}=5\text{V}$ | | | | $U_{DC}=0\text{V}$ | | | |
| | 励磁电流 | | 加压侧电流 | | 励磁电流 | | 加压侧电流 | | 励磁电流 | | 加压侧电流 | |
	未投	投入	未投	投入	未投	投入	未投	投入	未投	投入	未投	投入
THD	72.88	73.06	32.79	31.63	62.76	63.69	30.92	13.18	33.26	33.01	16.69	3.18
0	47.3	47.36	0.07	0.22	37.47	38.53	0.86	0.07	0	0.4	0.01	0.05
1	100	100	100	100	100	100	100	100	100	100	100	100
2	58.57	58.67	9.58	0.13	46.94	48.12	6.77	0.11	0.02	0.51	0.01	0.03
3	39.83	39.97	30.31	31.36	39	39.09	29.22	13.01	31.44	31.18	15.77	3.18
4	14.6	14.68	5.53	5.15	11.66	11.78	4.78	1.98	0.01	0.17	0.01	0.02
5	8.02	8.15	5.43	0.03	7.66	7.53	3.33	0.01	10.41	10.37	5.22	0.01
6	3.5	3.3	0.97	0.77	3.3	3.27	1.43	0.6	0.01	0.01	0	0
7	1.59	1.75	0.83	0	1.52	1.35	2.07	0.01	2.95	3.01	1.48	0
8	0.65	0.73	1.12	1.2	1.7	1.42	0.69	0.28	0	0.03	0	0
9	0.88	0.97	0.83	0.81	0.8	0.83	0.55	0.31	0.83	0.86	0.41	0
10	0.15	0.11	0.33	0.18	0.49	0.5	1.08	0.24	0	0.02	0	0
11	0.38	0.36	0.12	0	0.82	0.95	0.96	0.01	0.21	0.21	0.11	0
12	0.39	0.42	0.43	0.46	0.65	0.74	0.45	0.25	0	0.01	0	0
13	0.3	0.28	0.55	0.01	0.71	0.73	0.13	0	0.13	0.12	0.06	0

5.6　本章小结

本章首先应用互补谐振的概念对直流输电谐波不稳定尤其是铁心饱和型谐波不稳定的产生机理进行了分析,并从工程实用角度总结了谐波不稳定的抑制方法。在此基础上,建立了用于分析直流输电谐波不稳定的阻抗网络,并基于等效性原则,根据 CIGRE 直流输电标准测试系统,建立了基于感应滤波的直流输电等值变换新系统,采用电力系统电磁暂态仿真软件 PSCAD/EMTDC 对两种系统的阻抗网络进行了扫描,从谐波不稳定产生的机理角度,揭示了感应滤波的实施避免谐波不稳定的潜在优势;然后,从理论上分析了感应滤波双向抑制换流器交流侧并联谐振电流的工作原理,并通过仿真验证了机理分析的正确性。综合本章所完成的工作,其主要的贡献与所得到的重要结论如下。

(1) 根据对直流输电谐波不稳定机理的分析,建立了可用于分析铁心饱和型谐波不稳定的直流输电交直流侧阻抗网络,并通过 5.5 节的机理分析与仿真验证对感应滤波抑制铁心饱和型谐波不稳定的机理进行了比较详细的研究,由此表明,当对 2 次谐波电流实施感应滤波时,能将 2 次谐波电流屏蔽于新型换流变压器的滤波侧,使之不至于馈入交流网络,这相当于从源头上遏制了谐波不稳定发生的可能性。

(2)基于 CIGRE 直流输电标准测试系统,根据等效性原则建立了基于感应滤波的新型直流输电测试系统,为后续新型与传统直流输电暂态行为的对比研究提供了一个标准系统。

(3)通过对传统直流输电系统和所建立的新型直流输电系统交直流侧阻抗网络的幅频特性的研究表明,感应滤波的实施在一定程度上修改了换流器交流侧等值阻抗的并联谐振状态,使得低次并联谐振频率向高频方向漂移,从根本上避开了交直流侧互补谐振的频率点,这对于消除直流输电谐波不稳定发生的潜在性,增强直流输电交流系统的强度,提高直流输电运行的可靠性和稳定性是非常有益的。

第6章　基于感应滤波的新型直流输电无功功率特性

由于换流器的非线性特性,不可避免地在 HVDC 系统中产生大量的谐波与无功。目前,在解决 HVDC 交流系统的谐波抑制与无功补偿方面,传统的方案一般是在换流变压器的网侧并联无源滤波装置与电容器组,这除了能改善网侧输电线路的电压、电流波形外,还能向输电系统提供无功功率,以补偿换流器换相所带来的无功消耗,但该种方式不能解决谐波与无功分量对换流变压器的不良影响。直流线路经换流器回馈的交流电流均要通过换流变压器的一二次侧绕组,其中的无功与谐波分量会在变压器的绕组与铁心中增大附加发热、噪声与振动。近年来,随着电力电子技术的发展,传统的串联电容器换相技术(CCC)及最新发展的采用可控串联电容器的换流器技术(CSCC)成为了研究、开发的一个热点,其基本思想是通过在换流变压器的阀侧串联电容器来补偿换流器的无功消耗[106],该类技术具有提高换流器功率因数、降低甩负荷时的过电压、有效降低受端交流系统故障时换流器换相失败可能性等优越性,但与此同时给换流器、串联电容器的性能提出了更高的要求,电容过电压及换相失败一旦发生,阀经受过电压、大电流,可能发生功率逆转,其后果严重。

自耦补偿与谐波屏蔽换流变压器是一种用于直流输电系统的新型换流变压器,其阀侧绕组采用自耦联结方式,并于绕组耦合处引出抽头接辅助滤波兼无功补偿装置,在特定次谐波频率下其谐波阻抗为零,为利用变压器进行感应滤波提供前提,在基波频率下其阻抗呈容性,向系统发出无功以补偿换流器的无功消耗。由于该滤波兼功补装置属无源设备,并接在靠近阀侧的新型换流变压器二次侧自耦绕组抽头处,在一定程度上可等效为新型换流变压器本体的一部分,这与传统的滤波兼功补装置并接在换流变压器的网侧及 CCC/CSCC 中换流变压器阀侧串接电容器有所不同,可以说在一定程度上综合了两者的优点而避开了各自的缺点。本章根据部标规定的变流变压器换相电抗的测量方法,分别对新型换流变压器进行了仿真实验及现场试验,所求得的换相电抗相一致,从而验证了仿真模型的可靠性,在正确性模型的基础上,对新型换流变压器阀侧绕组无功补偿度不同情形下的换相电抗进行了详细的仿真计算,并引入统计概念求得无功补偿度与换相电抗的变化特性曲线,据此分析在阀侧绕组不同程度的无功功率补偿情形下直流输电系统的稳态运行特性。

6.1　阀侧绕组无功补偿特性

图 6.1 给出了新型换流变压器绕组及配套感应滤波调谐装置中的电流分布图。定义图中节点处的电流方向流入为正、流出为负,则根据基尔霍夫电流定律(KCL),对于前移 15°的接线方案,可以列出以下电流方程组:

$$\begin{cases} I_{c1-a1} = I_{a1-A1} + I_{a1-b1} + I_{a1-o} \\ I_{a1-b1} = I_{b1-B1} + I_{b1-c1} + I_{b1-o} \\ I_{b1-c1} = I_{c1-C1} + I_{c1-a1} + I_{c1-o} \end{cases} \tag{6.1}$$

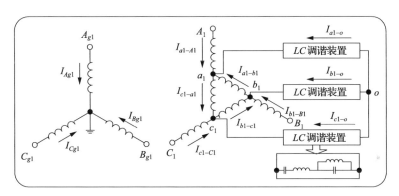

(a) 上桥

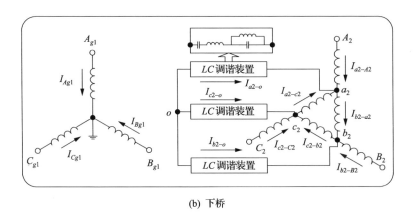

(b) 下桥

图 6.1　新型换流变压器绕组与配套感应滤波调谐装置电流分布图

同理,对于后移 15°的接线方案,可以列出以下电流方程组:

$$\begin{cases} I_{b2\ u2} = I_{a2\ A2} + I_{a2-c2} + I_{a2-o} \\ I_{c2-b2} = I_{b2-B2} + I_{b2-a2} + I_{b2-o} \\ I_{a2-c2} = I_{c2-C2} + I_{c2-b2} + I_{c2-o} \end{cases} \tag{6.2}$$

实际上,若不在阀侧绕组实施感应滤波技术,则感应滤波调谐装置上的电流为0,则式(6.1)、式(6.2)可退化为

$$\begin{cases} I_{c1-a1} = I_{a1-A1} + I_{a1-b1} \\ I_{a1-b1} = I_{b1-B1} + I_{b1-c1} \\ I_{b1-c1} = I_{c1-C1} + I_{c1-a1} \end{cases} \tag{6.3}$$

$$\begin{cases} I_{b2-a2} = I_{a2-A2} + I_{a2-c2} \\ I_{c2-b2} = I_{b2-B2} + I_{b2-a2} \\ I_{a2-c2} = I_{c2-C2} + I_{c2-b2} \end{cases} \tag{6.4}$$

并且,不管是否投入阀侧绕组的感应滤波调谐装置,根据变压器磁势平衡原理,在前移 15°方案时,新型换流变压器网侧绕组、阀侧延伸绕组和公共绕组间满足以下磁势平衡方程:

$$\begin{cases} N_1 I_{Ag1} = N_2 I_{a1-A1} + N_3 I_{c1-a1} \\ N_1 I_{Bg1} = N_2 I_{b1-B1} + N_3 I_{a1-b1} \\ N_1 I_{Cg1} = N_2 I_{c1-C1} + N_3 I_{b1-c1} \end{cases} \tag{6.5}$$

式中,I_{Ag1}、I_{Bg1} 和 I_{Cg1} 分别表示前移 15°方案时,新型换流变压器网侧 A、B、C 三相绕组中的电流。

同理,后移 15°方案时,新型换流变压器网侧绕组、阀侧延伸绕组和公共绕组间满足以下磁势平衡方程:

$$\begin{cases} N_1 I_{Ag2} = N_2 I_{a2-A2} + N_3 I_{b2-a2} \\ N_1 I_{Bg2} = N_2 I_{b2-B2} + N_3 I_{c2-b2} \\ N_1 I_{Cg2} = N_2 I_{c2-C2} + N_3 I_{a2-c2} \end{cases} \tag{6.6}$$

式中,I_{Ag2}、I_{Bg2} 和 I_{Cg2} 分别表示后移 15°方案时,新型换流变压器网侧 A、B、C 三相绕组中的电流。

根据式(6.1)~式(6.6),结合图 6.1,可以得到如图 6.2 所示的新型换流变压器绕组电压与电流的矢量图。这些矢量图可以用来方便地表征新型换流变压器在接入阀侧绕组感应滤波调谐装置时所具有的独特的阀侧绕组无功补偿特性。以图 6.2(a)中的 A 相为例加以阐释,设 A 相阀侧相电流,即 A 相阀侧延伸绕组中的电流 I_{a1-A1} 滞后于 A 相电压 U_{A1-o} 的功率因数角为 φ,由于角接公共三角形绕组中的电流 I_{c1-a1}、I_{b1-a1} 和 I_{c1-b1} 的大小相等,且相位互差 120°,则在未投入感应滤波调

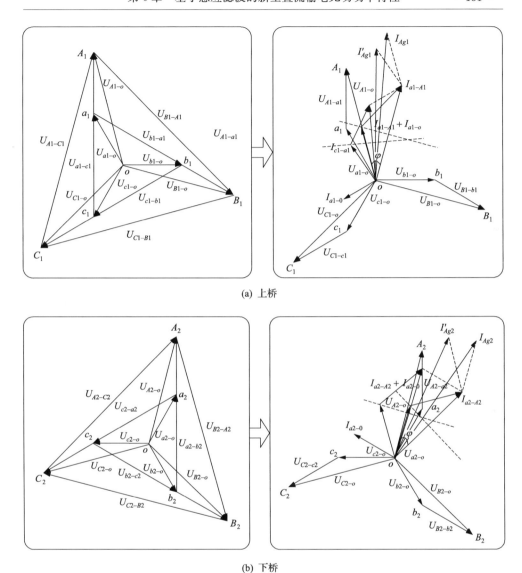

(a) 上桥

(b) 下桥

图 6.2　新型换流变压器绕组电压与电流的矢量图

谐装置时，根据式(6.3)作角度为 30° 的等腰三角形，便可求得公共绕组电流 I_{c1-a1}。根据式(6.5)便可求得 A 相网侧电流 I_{Ag1}。在投入感应滤波调谐装置时，由于在基波频率下阻抗呈容性，则 a_1 角接点处接入的感应滤波调谐装置的电流 I_{a1-o} 相位超前角接公共三角形绕组的相电流 I_{a1-A1} 相位 90°，根据式(6.1)可知，其与阀侧相电流 I_{a1-A1} 的合成电流又可作为底角为 30° 的等腰三角形的底边，由此可求得在投入感应滤波调谐装置时阀侧公共绕组中的电流 I_{c1-a1}，再根据式(6.5)便可求得此时 A 相网侧电流 I'_{Ag1}。可见，通过在阀侧中压侧的无功补偿，使得网侧电流相位比未补偿时超前。由此表明了新型换流变压器及其感应滤波系统所具有的独特的阀侧绕组无功补偿能力。

6.2　计及无功补偿度的等值阻抗求解

6.2.1　数学模型

由图 5.3 和图 5.4 可知,换流器阻抗网络主要含交流电压源的等值阻抗、系统阻抗、滤波与无功补偿装置阻抗以及换流变压器短路阻抗等。其中,由于感应滤波的实施,并且新型换流变压器的二次侧绕组采用延边三角形接线,这使得其等值阻抗与普通三绕组变压器有一定程度上的不同。因此,为了准确地获取采用感应滤波时换流器的换相电抗特性,有必要先对新型换流变压器及其感应滤波系统的等值阻抗进行求解。

图 6.3 给出了用于求解新型换流变压器及其感应滤波系统等值阻抗的原理接线图。由图可知,新系统等值阻抗的求解不仅包含新型换流变压器本身的短路阻抗,还与配套全调谐装置的综合等值阻抗有关。

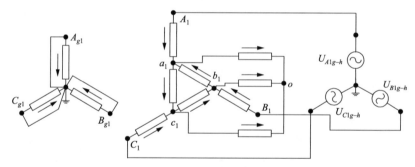

(a) 上桥新型换流变压器及其感应滤波系统

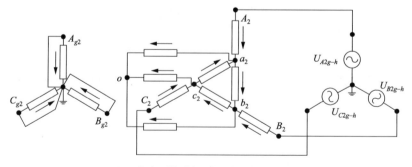

(b) 下桥新型换流变压器及其感应滤波系统

图 6.3　新型换流变压器及其感应滤波系统等值阻抗测量接线图

具体地,对于上桥新型换流变压器及其感应滤波系统,其各相的等值阻抗可分别表示为

$$
\begin{cases}
Z_{a1h} = \dfrac{U_{A1-a1-h} - U_{B1-b1-h} - U_{b1-a1-h}}{(1-a^2)I_{A1-a1-h}} \\[3mm]
Z_{b1h} = \dfrac{U_{B1-b1-h} - U_{C1-c1-h} - U_{c1-b1-h}}{(1-a^2)I_{B1-b1-h}} \\[3mm]
Z_{c1h} = \dfrac{U_{C1-c1-h} - U_{A1-a1-h} - U_{a1-c1-h}}{(1-a^2)I_{C1-c1-h}}
\end{cases}
\tag{6.7}
$$

式中,$a^2 = 1\angle -120°$。

对于下桥新型换流变压器及其感应滤波系统,其各相的等值阻抗可分别表示为

$$
\begin{cases}
Z_{a2h} = \dfrac{U_{A2-a2-h} + U_{a2-b2-h} - U_{B2-b2-h}}{(1-a^2)I_{A2-a2-h}} \\[3mm]
Z_{b2h} = \dfrac{U_{B2-b2-h} + U_{b2-c2-h} - U_{C2-c2-h}}{(1-a^2)I_{B2-b2-h}} \\[3mm]
Z_{c2h} = \dfrac{U_{C2-c2-h} + U_{c2-a2-h} - U_{A2-a2-h}}{(1-a^2)I_{C2-c2-h}}
\end{cases}
\tag{6.8}
$$

根据第 4 章所建立的新型换流变压器及其感应滤波系统的基本数学模型和谐波传递数学模型,联立式(4.6)和式(6.7),可得到

$$
\begin{cases}
(1-a^2)I_{A1-a1-h}Z_{a1h} =
\begin{cases}
-\dfrac{N_1}{N_2}I_{Ag1-h}Z_{h21} - \dfrac{N_3}{N_2}I_{a1-c1-h}Z_{2h} \\[3mm]
+\left[\dfrac{(N_2+N_3)N_1}{N_2^2}Z_{h21} - \dfrac{N_1 N_3}{N_2^2}Z_{2h}\right]I_{Bg1-h} \\[3mm]
+\left[\dfrac{(N_2+N_3)N_3}{N_2^2}Z_{2h} - \dfrac{N_3^2}{N_2^2}Z_{h23}\right]I_{b1-a1-h}
\end{cases} \\[14mm]
(1-a^2)I_{B1-b1-h}Z_{b1h} =
\begin{cases}
-\dfrac{N_1}{N_2}I_{Bg1-h}Z_{h21} - \dfrac{N_3}{N_2}I_{b1-a1-h}Z_{2h} \\[3mm]
+\left[\dfrac{(N_2+N_3)N_1}{N_2^2}Z_{h21} - \dfrac{N_1 N_3}{N_2^2}Z_{2h}\right]I_{Cg1-h} \\[3mm]
+\left[\dfrac{(N_2+N_3)N_3}{N_2^2}Z_{2h} - \dfrac{N_3^2}{N_2^2}Z_{h23}\right]I_{c1-b1-h}
\end{cases} \\[14mm]
(1-a^2)I_{C1-c1-h}Z_{c1h} =
\begin{cases}
-\dfrac{N_1}{N_2}I_{Cg1-h}Z_{h21} - \dfrac{N_3}{N_2}I_{c1-b1-h}Z_{2h} \\[3mm]
+\left[\dfrac{(N_2+N_3)N_1}{N_2^2}Z_{h21} - \dfrac{N_1 N_3}{N_2^2}Z_{2h}\right]I_{Ag1-h} \\[3mm]
+\left[\dfrac{(N_2+N_3)N_3}{N_2^2}Z_{2h} - \dfrac{N_3^2}{N_2^2}Z_{h23}\right]I_{a1-c1-h}
\end{cases}
\end{cases}
\tag{6.9}
$$

式中，N_1、N_2、N_3 分别表示新型换流变压器网侧绕组、阀侧绕组和滤波绕组的匝数；Z_{h21}、Z_{h23} 分别表示阀侧绕组和网侧绕组、阀侧绕组和滤波绕组间的短路阻抗；Z_{2h} 表示阀侧绕组的等值阻抗。

类似地，联立求解式(4.25)和式(6.8)，可得到

$$
\begin{cases}
(1-a^2)I_{A2-a2-h}Z_{a2h} = \begin{cases}
\left[-\dfrac{(N_2+N_3)N_1}{N_2^2}Z_{h21}+\dfrac{N_1N_3}{N_2^2}Z_{2h}\right]I_{Ag2-h} \\
+\left[-\dfrac{(N_2+N_3)N_3}{N_2^2}Z_{2h}+\dfrac{N_3^2}{N_2^2}Z_{h23}\right]I_{a2-b2-h} \\
+\dfrac{N_1}{N_2}I_{Bg2-h}Z_{h21}+\dfrac{N_3}{N_2}I_{b2-c2-h}Z_{2h}
\end{cases} \\[4em]
(1-a^2)I_{B2-b2-h}Z_{b2h} = \begin{cases}
\left[-\dfrac{(N_2+N_3)N_1}{N_2^2}Z_{h21}+\dfrac{N_1N_3}{N_2^2}Z_{2h}\right]I_{Bg2-h} \\
+\left[-\dfrac{(N_2+N_3)N_3}{N_2^2}Z_{2h}+\dfrac{N_3^2}{N_2^2}Z_{h23}\right]I_{b2-c2-h} \\
+\dfrac{N_1}{N_2}I_{Cg2-h}Z_{h21}+\dfrac{N_3}{N_2}I_{c2-a2-h}Z_{2h}
\end{cases} \\[4em]
(1-a^2)I_{C2-c2-h}Z_{c2h} = \begin{cases}
\left[-\dfrac{(N_2+N_3)N_1}{N_2^2}Z_{h21}+\dfrac{N_1N_3}{N_2^2}Z_{2h}\right]I_{Cg2-h} \\
+\left[-\dfrac{(N_2+N_3)N_3}{N_2^2}Z_{2h}+\dfrac{N_3^2}{N_2^2}Z_{h23}\right]I_{c2-a2-h} \\
+\dfrac{N_1}{N_2}I_{Ag2-h}Z_{h21}+\dfrac{N_3}{N_2}I_{a2-b2-h}Z_{2h}
\end{cases}
\end{cases}
$$

$$(6.10)$$

联立求解式(4.13)、式(4.14)和式(6.9)，可求得在三相对称条件下上桥新型换流变压器及其感应滤波系统的单相等值阻抗为

$$
Z_{p1}=Z_{a1h}=Z_{b1h}=Z_{c1h}=\frac{\begin{cases}
-\dfrac{N_1}{N_2}(\lambda_1+\lambda_2 a)Z_{h21}-\dfrac{N_3}{N_2}(\lambda_3+\lambda_4 a)Z_{2h} \\
+\left[\dfrac{(N_2+N_3)N_1}{N_2^2}Z_{h21}-\dfrac{N_1N_3}{N_2^2}Z_{2h}\right](\lambda_1 a^2+\lambda_2) \\
+\left[\dfrac{(N_2+N_3)N_3}{N_2^2}Z_{2h}-\dfrac{N_3^2}{N_2^2}Z_{h23}\right](\lambda_3 a^2+\lambda_4)
\end{cases}}{1-a^2}
$$

$$(6.11)$$

类似地，联立求解式(4.32)、式(4.33)和式(6.10)，可求得在三相对称条件下的下桥新型换流变压器及其感应滤波系统的单相等值阻抗为

$$Z_{p2} = Z_{a2h} = Z_{b2h} = Z_{c2h} = \dfrac{\left\{ \begin{array}{l} \left[-\dfrac{(N_2+N_3)N_1}{N_2^2}Z_{h21} + \dfrac{N_1N_3}{N_2^2}Z_{2h} \right](\lambda_1+\lambda_2 a^2) \\[3mm] + \left[-\dfrac{(N_2+N_3)N_3}{N_2^2}Z_{2h} + \dfrac{N_3^2}{N_2^2}Z_{h23} \right](\lambda_3+\lambda_4 a^2) \\[3mm] + \dfrac{N_1}{N_2}(\lambda_1 a^2 + \lambda_2 a)Z_{h21} + \dfrac{N_3}{N_2}(\lambda_3 a^2 + \lambda_4 a)Z_{2h} \end{array} \right\}}{1-a^2}$$

$$(6.12)$$

式(6.11)和式(6.12)中，$a = 1\angle 120°$；$a^2 = 1\angle -120°$；$\lambda_i(i=1,2,3,4)$ 表示与第 4 章所推得的谐波传递数学模型相关联的综合阻抗参数，即

$$\begin{cases} \lambda_1 = -\dfrac{N_1N_2(Z_{3h}+3Z_{fh})+N_1N_3Z_{fh}}{N_1^2(Z_{3h}+3Z_{fh})+N_3^2Z_{1h}} \\[4mm] \lambda_2 = \dfrac{N_1N_3Z_{fh}}{N_1^2(Z_{3h}+3Z_{fh})+N_3^2Z_{1h}} \\[4mm] \lambda_3 = -\dfrac{N_2N_3Z_{1h}-N_1^2Z_{fh}}{N_1^2(Z_{3h}+3Z_{fh})+Z_{1h}N_3^2} \\[4mm] \lambda_4 = -\dfrac{N_1^2Z_{fh}}{N_1^2(Z_{3h}+3Z_{fh})+Z_{1h}N_3^2} \end{cases}$$

$$(6.13)$$

6.2.2　三类阻抗的定义

根据本章所建立的新型换流变压器及其感应滤波系统等值阻抗数学模型，基于新型直流输电动模试验系统的设计参数，对新型换流变压器及其感应滤波系统进行阻抗扫描，可得到图 6.4 和图 6.5 所示的基波与谐波频率下等值阻抗随感应滤波的实施所表征出的阀侧绕组无功补偿度 K 变化的特性曲线。

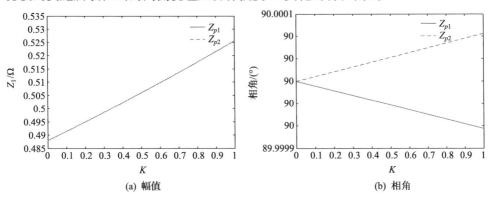

(a) 幅值　　　　　　　　　　　　　　　(b) 相角

图 6.4　无功补偿度对新型换流变压器及其感应滤波系统基波等值阻抗的变化特性曲线

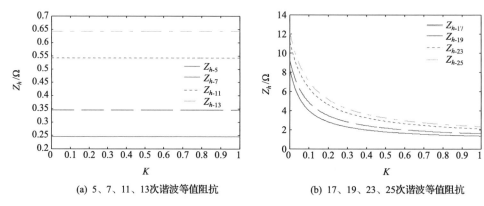

(a) 5、7、11、13次谐波等值阻抗　　　　　(b) 17、19、23、25次谐波等值阻抗

图 6.5　无功补偿度对新型换流变压器及其感应滤波系统等值阻抗的特性曲线

由图 6.4 可知,在基波频率下,随着感应滤波所表征出的阀侧绕组无功补偿度 K 的增加,新型换流变压器及其感应滤波系统的等值阻抗呈逐渐递增的趋势,并且,上桥和下桥新型换流变压器及其感应滤波系统的基波等值阻抗 Z_{p1} 和 Z_{p2} 的幅值和相角所表征出的特性基本上是相同的。由图 6.5(a)可知,由于对 5、7、11、13 次谐波实施了感应滤波,在相应次谐波频率下,新型换流变压器及其感应滤波系统所表征出的谐波等值阻抗不会随着无功补偿度 K 的增加而发生变化,而是呈恒定值;由图 6.5(b)可知,在高次谐波($6k\pm1,k=3,4,5,\cdots$)频率下,新型换流变压器及其感应滤波系统的谐波等值阻抗随着无功补偿度 K 的递增而呈现递减的势态。

为了更为深入地探究新型换流变压器及其感应滤波系统所表征出的独特的阻抗特性,通过对采用不同无功补偿度 K 时的新型换流变压器及其感应滤波系统等值阻抗进行频率扫描,得到了图 6.6 所示的阻抗频率特性曲线,其中的关键数据统计如表 6.1 所示。

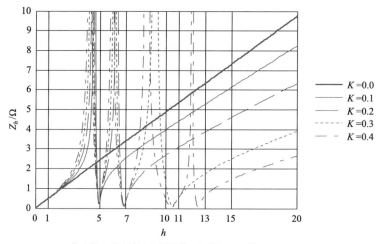

(a) 依次投入感应滤波全调谐装置间接调无功补偿度

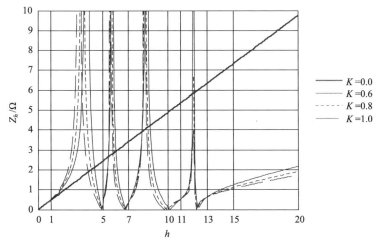

(b) 完全投入感应滤波全调谐装置后调节无功补偿度

图 6.6　新型换流变压器及其感应滤波系统等值阻抗随谐波次数变化的特性曲线

表 6.1　新型换流变压器及其感应滤波系统的基波与谐波等值阻抗

感应滤波次数	补偿度 K	基波与谐波等值阻抗/Ω						
		1 次	5 次	7 次	11 次	13 次	17 次	19 次
未滤波	0	0.4879	2.4394	3.4152	5.3667	6.3425	8.294	9.2697
5 次	0.1	0.4914	0.2466	2.5454	4.4203	5.2868	6.9901	7.8348
5,7 次	0.2	0.4949	0.2466	0.3453	3.1061	3.8774	5.3056	5.9959
5,7,11 次	0.3	0.4986	0.2466	0.3453	0.5426	1.7677	3.1108	3.6631
5,7,11,13 次	0.4	0.5022	0.2466	0.3453	0.5426	0.6413	1.9974	2.4473
5,7,11,13 次	0.6	0.5097	0.2466	0.3453	0.5426	0.6413	1.6534	2.0087
5,7,11,13 次	0.8	0.5174	0.2466	0.3453	0.5426	0.6413	1.4668	1.7675
5,7,11,13 次	1.0	0.5255	0.2466	0.3453	0.5426	0.6413	1.3498	1.615

　　由图 6.6(a)可知,在 $K=0$,也意味着在没有实施感应滤波时,新型换流变压器的等值阻抗随着谐波次数的增加呈线性递增的趋势,若定义基波等值阻抗为 Z_1,则在 n 次谐波频率下的谐波等值阻抗为 nZ_1,这实际上说明了在未实施感应滤波时,新型换流变压器的等值阻抗频率特性与传统换流变压器是完全一致的,所体现出的均是换流变压器的短路阻抗特性;在 $K=0.1$,相当于对 5 次谐波实施感应滤波并体现出一定的无功补偿度时,新型换流变压器及其感应滤波系统的等值阻抗在 5 次谐波频率下呈低阻抗特性,由表 6.1 可知,其值为 $Z_5=0.4914\Omega$,而在高于 5 次谐波频率下,等值阻抗同样呈递增的趋势,但各次谐波频率下的等值阻抗均

小于 $K=0$ 时的等值阻抗;在 $K=0.2$,相当于对 5、7 次谐波实施感应滤波时,等值阻抗在 5、7 次谐波频率下同时呈低阻抗特性,由表 6.1 可知,其值为 $Z_5=0.4914\Omega$, $Z_7=0.2466\Omega$,而在高于 7 次谐波频率下,等值阻抗同样地呈递增趋势,但各次谐波频率下的等值阻抗均小于 $K=0.1$ 时的等值阻抗;无功补偿度 $K=0.3$ 和 $K=0.4$ 时的等值阻抗变化特性可据此类推,限于篇幅,不再赘述。

图 6.6(b)所表征出的不同 K 值下的等值阻抗变化特性与图 6.5(a)在一定程度上具有相异之处,它表征了对 5、7、11、13 次谐波实施感应滤波时,通过调节全调谐装置的无功补偿量,进而改变阀侧绕组的无功补偿度 K 时,新型换流变压器及其感应滤波系统的阻抗变化特性。为了与传统换流变压器的阻抗频率特性进行对比分析,该图同样包含了 $K=0$ 时的等值阻抗频率特性。由图可知,随着 K 值的增加,在 5、7、11、13 次谐波频率下等值阻抗均为一恒定值,而在大于 13 次谐波频率时,等值阻抗越来越小,表 6.2 给出了详细的阻抗值。值得说明的是,虽然感应滤波全调谐装置的综合阻抗在 5、7、11、13 次谐波频率下呈串联谐振状态,但是,受新型换流变压器短路阻抗特性的影响,新型换流变压器及其感应滤波系统的等值阻抗在 5、7、11、13 次谐波并非呈串联谐振状态,而是略呈感性的低阻抗状态。

表 6.2　投入不同感应滤波全调谐装置时的等值换相电抗

感应滤波次数	基波等值电感 L_1/mH	感应滤波等值电感 L_5,L_7,L_{11},L_{13}/mH	高次谐波等值电感 $L_{6k\pm1,k=3,4,5,6,7,8}$/mH	等值换相电抗/Ω
参与因子 P_h	0.0241	0.0568, 0.0763 0.0613, 0.0584	0.0638, 0.0605, 0.0584 0.0674, 0.0605, 0.0641 0.0655, 0.0640, 0.0679 0.0673, 0.0675	—
$K=0.0$ 未感应滤波	1.5530	1.5530, 1.5530 1.5530, 1.5530	1.5530, 1.5530, 1.5530 1.5530, 1.5530, 1.5530 1.5530, 1.5530, 1.5530 1.5530, 1.5530	0.4879
$K=0.1$ 感应滤波滤除 5 次	1.5643	0.1570, 1.1575 1.2791, 1.2945	1.3088, 1.3126, 1.3172 1.3187, 1.3207, 1.3215 1.3226, 1.3230, 1.3237 1.3239, 1.3243	0.3839

感应滤波 次数	基波 等值电感 L_1/mH	感应滤波 等值电感 $L_5,L_7,L_{11},L_{13}/\mathrm{mH}$	高次谐波 等值电感 $L_{6k\pm1,k=3,4,5,6,7,8}/\mathrm{mH}$	等值 换相电抗/Ω
$K=0.2$ 感应滤波滤除 5,7 次	1.5756	0.1570, 0.1570 0.8988, 0.9494	0.9934, 1.0045, 1.0179 1.0222, 1.0281, 1.0302 1.0333, 1.0345, 1.0364 1.0371, 1.0383	0.2810
$K=0.3$ 感应滤波滤除 5,7,11 次	1.5870	0.1570, 0.1570 0.1570, 0.4328	0.5825, 0.6137, 0.6491 0.6599, 0.6746, 0.6797 0.6872, 0.6901, 0.6945 0.6962, 0.6990	0.1777
$K=0.4$ 感应滤波滤除 5,7,11,13 次	1.5985	0.1570, 0.1570 0.1570, 0.1570	0.3740, 0.4100, 0.4503 0.4625, 0.4790, 0.4848 0.4933, 0.4965, 0.5015 0.5034, 0.5066	0.1290

综合而言,感应滤波的实施使得新型换流变压器及其感应滤波系统的等值阻抗呈三类不同的变化特性。对于基波频率,等值阻抗随着 K 值的递增呈递增的趋势;对感应滤波频率而言,等值阻抗随着 K 值的递增呈恒定值;对于高次谐波频率,等值阻抗随着 K 值的递增呈递减的趋势。分析新型换流变压器及其感应滤波系统的阻抗频率特性是件非常有趣的事情,并且具有重要的实用价值,因为换流变压器及滤波与无功补偿装置作为 HVDC 换流站的重大技术装备之一,从根本上决定了换流器乃至直流输电系统的运行性能,而对等值阻抗的分析在很大程度上反映了新型换流变压器及其感应滤波系统的运行特性。

实际上,受感应滤波的影响,新型换流变压器及其感应滤波系统体现出了独特的阻抗特性,这种特性从根本上影响了换流器的换相过程,而且,这种影响是具有积极效果的,对于提高换流器的换相裕度,减少直流输电换相失败的概率,提高换相可靠性是十分有利的,这将于后续章节予以重点阐述。

6.2.3　等值换相电抗的定义

换相电抗是决定直流输电换流器运行性能的一个关键的特性参数,换流器的无功功率特性、换相特性,以及直流系统的电压、电流与功率特性,这些反映直流输电运行性能的量均与换相电抗有很大的关系。

根据部标《电力变流变压器》(JB 2530—79)的规定,换相电抗的测量属于型式试验项目[106]。该标准第 31 条规定的测量方法是:测量变流变压器换相电抗时,其网侧端子均应短接,在阀侧绕组的同一换相组的两相邻绕组中通以额定频率的交流电流。测量端子间电压,由测量结果算出阻抗值,取其感抗分量即得换相电抗 $2X_t$,以欧姆计。据此可知,换相电抗的测量与计算方法和变压器短路阻抗的测量与计算方法具有一定的相似之处,可以说,换相电抗在很大程度上反映出的是换流变压器的等值漏抗。

对于传统换流变压器,其换相电抗的测量与计算方法比较简单,在换流站交流母线装设完备的交流滤波器和无功补偿器时,换相电抗主要反映换流变压器的短路阻抗以及换流阀的阳极电抗特征,而在实际工程中,一般换相电抗可以处理为换流变压器的等值漏抗。对于新型换流变压器,由于在阀侧绕组实施了感应滤波技术,在这种情况下,感应滤波全调谐装置在不同频率下所表征出的阻抗特性在一定程度上影响了换流器的换相过程,而这种影响的效果可形象地用换相电抗的概念进行量化分析[107]。因此,可以这么理解,对采用新型换流变压器及其感应滤波系统的换流站而言,其换相电抗已经不仅仅表现为换流变压器的等值漏抗,而是新型换流变压器短路阻抗和感应滤波装置综合阻抗这两者双重作用的效果,在此我们定义为等值换相电抗。

实际上,6.2 节所建立的新型换流变压器及其感应滤波系统等值阻抗与在此所定义的等值换相电抗是相互统一的。但是,根据 6.2.2 节的分析,分别在三类频率,即基波频率、感应滤波频率和高次谐波频率下,新型换流变压器及其感应滤波系统的等值阻抗呈现三类截然不同的变化趋势,这给等值换相电抗的量化及相关换流器运行特性的分析与计算带来了一定的困难。因此,若有一种合适的方法,将这三类等值阻抗统一起来,这对于实现等值换相电抗的量化计算以及开展采用感应滤波技术的新型直流输电的理论研究与实际的工程计算均具有十分重要的价值。

在此,本节将提出参与因子的概念,通过对正常工况下换流器的换相电流进行傅里叶分解,求得不同频率下换相电流的占有率,并以此求得不同频率下换相电抗的参与因子,定量描述这三类阻抗对等值换相电抗的影响程度,实现等值换相电抗的统一量化计算。

根据第 4 章换流器谐波特性的分析可知,在计及换相过程时,换流器交流阀侧相电流在一个周期内分别有四个不同时段用于反映换流器的换相过程,若对此进行傅里叶分解,可求得在 h 次谐波频率下的换相电流 I_h,据此可得到参与因子 P_h 的具体表达式如下:

$$P_h = \frac{I_h}{\displaystyle\sum_{h=6k\pm1(k=1,2,3,\cdots)} I_h} \tag{6.14}$$

由此可得到等值换相电抗的计算式如下：

$$X_\gamma = \sum_{h=6k\pm1(k=1,2,3,\cdots)} P_h\omega_1 \frac{Z_{ph}}{\omega_h} \tag{6.15}$$

式中，ω_1、ω_h 分别表示基波角频率和 h 次谐波频率下的角频率；Z_{ph} 表示基波频率或者 h 次谐波频率下新型换流变压器及其感应滤波系统的等值电抗，其值可由式（6.11）和式（6.22）求得。

6.3　感应滤波对等值换相电抗的影响

6.3.1　感应滤波全调谐装置投切的影响

下面通过对采用感应滤波的新型直流输电动模试验系统的等值换相电抗进行计算，揭示感应滤波的实施以及所带来的阀侧绕组无功补偿度 K 的变化对等值换相电抗的影响。基本的计算思想是：首先分别计算基波和各次谐波频率下的等值换相电抗，然后分别乘以相应的参与因子，最终求和得到计及主要次特征谐波的等值换相电抗值。

表 6.2 为投入不同的感应滤波全调谐装置，即对不同次数的谐波实施感应滤波时，所求得的等值换相电抗值。由计算结果可知，在未投入感应滤波装置时，等值换相电抗反映的是新型换流变压器的等值漏抗，这与常规的换相电抗没有区别；随着感应滤波次数的增加，从单一的对 5 次谐波实施感应滤波，到对 5、7、11、13 次谐波实施感应滤波，基波等值电感越来越大，而感应滤波等值电感保持恒定不变，高次谐波的等值电感越来越小，与此同时，等值换相电抗越来越小，这形象地表明了等值换相电抗在很大程度上是由感应滤波决定的，纵然基波等值电抗趋于增大，但是，这种增大不足以平抑感应滤波给等值换相电抗所带来的巨大影响。

6.3.2　感应滤波无功补偿度的影响

表 6.3 给出了在完全实施感应滤波时，通过调节感应滤波装置的基波无功补偿度 K，所得到的等值换相电抗的具体值。由表可知，随着无功补偿度 K 的增加，基波等值电感同样趋于增加，感应滤波等值电感始终保持为恒定的呈感性的低感抗特征，高次谐波等值电感越来越小，与此同时，等值换相电抗越来越小，不过减幅随着无功补偿度 K 的增加越来越小。

表 6.3　调节感应滤波无功补偿度时的等值换相电抗

感应滤波次数	基波等值电感 L_1/mH	感应滤波等值电感 L_5, L_7, L_{11}, L_{13}/mH	高次谐波等值电感 $L_{6k\pm1, k=3,4,5,6,7,8}$/mH	等值换相电抗/Ω
参与因子 P_h	0.0241	0.0568, 0.0763 0.0613, 0.0584	0.0638, 0.0605, 0.0584 0.0674, 0.0605, 0.0641 0.0655, 0.0640, 0.0679 0.0673, 0.0675	—
$K=0.0$ 未感应滤波	1.5530	1.5530, 1.5530 1.5530, 1.5530	1.5530, 1.5530, 1.5530 1.5530, 1.5530, 1.5530 1.5530, 1.5530, 1.5530 1.5530, 1.5530	0.4879
$K=0.4$ 感应滤波滤除 5,7,11,13 次	1.5985	0.1570, 0.1570 0.1570, 0.1570	0.3740, 0.4100, 0.4503 0.4625, 0.4790, 0.4848 0.4933, 0.4965, 0.5015 0.5034, 0.5066	0.1290
$K=0.5$ 感应滤波滤除 5,7,11,13 次	1.6103	0.1570, 0.1570 0.1570, 0.1570	0.3362, 0.3670, 0.4019 0.4126, 0.4271, 0.4321 0.4396, 0.4425, 0.4469 0.4486, 0.4515	0.1178
$K=0.6$ 感应滤波滤除 5,7,11,13 次	1.6224	0.1570, 0.1570 0.1570, 0.1570	0.3096, 0.3365, 0.3673 0.3767, 0.3896, 0.3941 0.4008, 0.4033, 0.4072 0.4088, 0.4113	0.1098
$K=0.7$ 感应滤波滤除 5,7,11,13 次	1.6346	0.1570, 0.1570 0.1570, 0.1570	0.2899, 0.3138, 0.3412 0.3496, 0.3612, 0.3653 0.3713, 0.3736, 0.3771 0.3785, 0.3808	0.1038
$K=0.8$ 感应滤波滤除 5,7,11,13 次	1.6471	0.1570, 0.1570 0.1570, 0.1570	0.2747, 0.2961, 0.3209 0.3285, 0.3390, 0.3427 0.3482, 0.3502, 0.3535 0.3548, 0.3568	0.0991
$K=0.9$ 感应滤波滤除 5,7,11,13 次	1.6597	0.1570, 0.1570 0.1570, 0.1570	0.2626, 0.2820, 0.3046 0.3116, 0.3212, 0.3245 0.3296, 0.3315, 0.3344 0.3356, 0.3375	0.0953
$K=1.0$ 感应滤波滤除 5,7,11,13 次	1.6726	0.1570, 0.1570 0.1570, 0.1570	0.2527, 0.2706, 0.2912 0.2977, 0.3065, 0.3096 0.3143, 0.3160, 0.3187 0.3198, 0.3216	0.0922

　　图 6.7 给出了通过计算得到的等值换相电抗随无功补偿度变化的特性曲线。图中有两个区域,其中,$K \leqslant 0.4$ 的区域表征了感应滤波装置的投切对等值换相电抗的影响,$K \geqslant 0.4$ 的区域表征了完全投入感应滤波装置时,调节无功补偿度 K 对等值换相电抗的影响。由图可知,从未补偿 $K = 0$ 到全补偿 $K = 1.0$,等值换相电抗是逐步递减的,而感应滤波装置不断投入引起的等值换相电抗的减幅明显大于感应滤波装置不变但调节其无功补偿度 K 带来的减幅,这深刻地展示了感应滤波对等值换相电抗的影响能力。

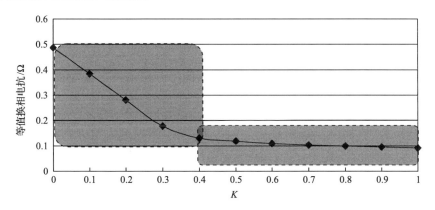

图 6.7　等值换相电抗随无功补偿度变化的特性曲线

6.4　感应滤波对换流器无功功率特性的影响

6.4.1　整流器定最小触发角控制

　　对于整流器,功率因数 $\cos\varphi_1$ 一般可由式(6.16)求得:

$$\cos\varphi_1 = \cos\alpha - \frac{X_{r1}I_d}{\sqrt{2}U_1} \tag{6.16}$$

式中,α 表示整流器的触发角;U_1 表示换流变压器阀侧空载线电压有效值;I_d 表示直流电流;X_{r1} 表示整流器的换相电抗。

　　整流器消耗的无功功率 Q_1 可由式(6.17)求得:

$$Q_1 = P_{d1} \frac{\sqrt{1 - \cos^2\varphi_1}}{\cos\varphi_1} \tag{6.17}$$

　　整流器的直流功率 P_{d1} 可由式(6.18)表示:

$$P_{d1} = NU_{d1}I_d \tag{6.18}$$

式中，U_{d1}表示整流器的直流电压；N表示直流运行方式，其中，$N=1$表示单极运行，$N=2$表示双极运行。

根据 6.3 节所求得的不同无功补偿度 K 情形下的等值换相电抗，联立求解式(6.16)～式(6.18)，可得到在整流器触发角 $\alpha=5°$，即整流器运行于定最小触发角控制模式时，整流器的无功功率特性曲线，如图 6.8 所示。由图可知，随着直流电流的增加，整流器消耗的无功功率随之增加，而在直流电流 I_d 为定值时，$K=0$时整流器消耗的无功功率最大。并且，感应滤波装置分次投切时，整流器的无功功率降幅比较明显，而在完全投入感应滤波装置，只是调节无功补偿度 K 时，降幅不是很明显，这从一个方面显示了感应滤波对整流器无功特性的影响程度。值得说明的是，$K=0$ 表示未投入感应滤波装置，它实际上反映出的是传统整流器的无功功率特性，显而易见，在 $K\neq0$，也就是实施感应滤波时，会在一定程度上降低换流器的无功功率消耗。

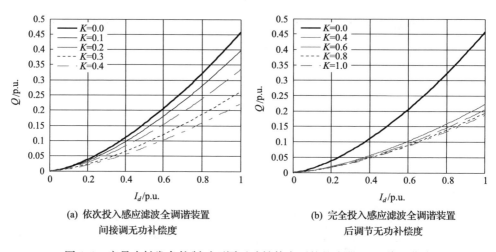

(a) 依次投入感应滤波全调谐装置　　　　　　(b) 完全投入感应滤波全调谐装置
　　间接调无功补偿度　　　　　　　　　　　　后调节无功补偿度

图 6.8　定最小触发角控制时不同无功补偿度下的整流器 I_d-Q 特性曲线

6.4.2　整流器定直流电流控制

根据 6.3 节所求得的不同无功补偿度 K 情形下的等值换相电抗，联立求解式(6.16)～式(6.18)，可得到在直流电流保持恒定，即整流器运行于定直流电流控制模式时，整流器的无功功率曲线，如图 6.9 所示。由图可知，在保持 $I_d=1.0\text{p. u.}$时，随着整流器触发角 α 的增加，整流器消耗的无功功率越来越多，这与传统整流器的无功功率特性是一致的。但是，在投入感应滤波装置时，整流器消耗的无功功率会得到一定程度的减少，并且，随着感应滤波装置的不断投入，减幅比较明显。

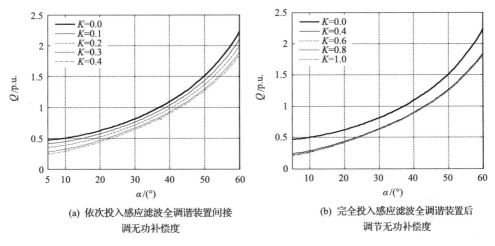

(a) 依次投入感应滤波全调谐装置间接　　　　(b) 完全投入感应滤波全调谐装置后
　　调无功补偿度　　　　　　　　　　　　　调节无功补偿度

图 6.9　定直流电流控制时不同无功补偿度下的整流器 α-Q 特性曲线

6.4.3　逆变器定最小关断角控制

对于逆变器,功率因数 $\cos\varphi_2$ 一般可由式(6.19)求得:

$$\cos\varphi_2 = \cos\gamma - \frac{X_{r2}I_d}{\sqrt{2}U_2} \tag{6.19}$$

式中,γ 表示逆变器的关断角;U_2 表示换流变压器阀侧空载线电压有效值;I_d 表示直流电流;X_{r2} 表示逆变器的换相电抗。

逆变器消耗的无功功率 Q_2 可由式(6.20)求得:

$$Q_2 = P_{d2} \frac{\sqrt{1 - \cos^2\varphi_2}}{\cos\varphi_2} \tag{6.20}$$

逆变器的直流功率 P_{d2} 可由式(6.21)表示:

$$P_{d2} = NU_{d2}I_d \tag{6.21}$$

式中,U_{d2} 表示逆变器的直流电压;N 表示直流运行方式,其中,$N=1$ 表示单极运行,$N=2$ 表示双极运行。

根据 6.3 节所求得的不同无功补偿度 K 情形下的等值换相电抗,联立求解式(6.19)~式(6.21),可得到如图 6.10 所示的逆变器运行于定最小关断角控制模式,即关断角 $\gamma = 18°$ 时,逆变器的无功功率特性曲线。由图可知,随着直流电流 I_d 的增加,逆变器的无功消耗也随之增加,但是,在投入感应滤波装置时,会在一定程度上降低逆变器的无功消耗,并且,感应滤波装置的投入所带来的降幅比较明显,这与采用感应滤波的整流器无功功率特性类似。并且,从图中也可以看到,当逆变器运行于定关断角控制模式时,相比于传统的电流源型逆变器,采用感应滤波的新型逆变器无功消耗在一定程度上有所减少。

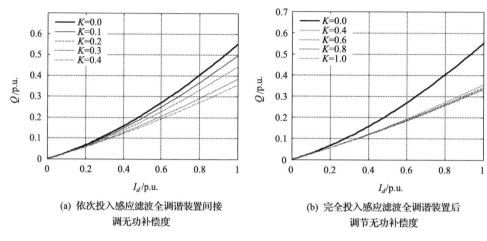

(a) 依次投入感应滤波全调谐装置间接　　　　　(b) 完全投入感应滤波全调谐装置后
　　调无功补偿度　　　　　　　　　　　　　　　调节无功补偿度

图 6.10　定最小关断角控制时不同无功补偿度下的逆变器 I_d-Q 特性曲线

6.4.4　逆变器定直流电压控制

根据 6.3 节所求得的不同无功补偿度 K 情形下的等值换相电抗,联立求解式(6.19)～式(6.21),可得到如图 6.11 所示的逆变器运行于定直流电压控制模式时的无功功率特性曲线。由图可知,在采用感应滤波时,即 $K \neq 0$ 时,逆变器的无功功率消耗会有所增加,但与此同时,逆变器的稳定运行范围得以拓宽。随着感应

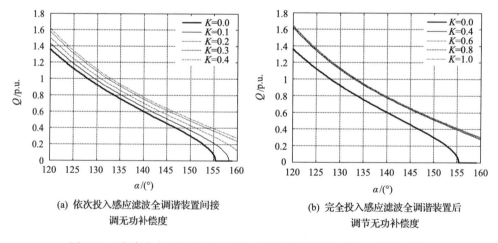

(a) 依次投入感应滤波全调谐装置间接　　　　　(b) 完全投入感应滤波全调谐装置后
　　调无功补偿度　　　　　　　　　　　　　　　调节无功补偿度

图 6.11　定直流电压控制时不同无功补偿度下的逆变器 α-Q 特性曲线

滤波装置的不断投入,这种趋势越来越明显。值得说明的是,采用感应滤波的逆变器所表征出的这种无功功率特性与电容换相换流器极为相似。不同之处在于,电容换相换流器的串联电容一般是串联于换流阀与换流变压器之间,而采用感应滤波的换流器是在二次自耦绕组处并联感应滤波全调谐装置。就工程角度而言,并联结构相比串联结构具有一定的技术优势,并且,采用感应滤波的新型逆变器对交流侧的谐波具有很好的谐波屏蔽效果,这也是基于感应滤波的新型逆变器优于电容换相换流器的一个方面。

6.5　动　模　试　验

6.5.1　等值换相电抗测量

为了验证上述所建立的新型换流变压器及其感应滤波系统等值阻抗数学模型的正确性,基于采用感应滤波的新型直流输电系统动模试验平台,根据图 6.3 所示的用于新型换流变压器及其感应滤波系统等值阻抗测量的原理接线图,对实施感应滤波时的等值阻抗进行了试验研究。

图 6.12 为试验用到的新型换流变压器及其感应滤波系统实物图。在实际直流输电工程中,换流变压器一般采用单相结构型式,因此,为了更好地模拟实际换流变压器的运行特性,新型换流变压器原理样机也采用了单相结构型式(图 6.12(a)),并通过 6 台单相样机组成适用于 12 脉动直流输电的新型换流变压器(图 6.12(b))。不同之处在于,新型换流变压器采用了单相三绕组结构型式(图 3.2),其二次侧中压绕组为感应滤波绕组,为了达到利用变压器谐波安匝平衡实现感应滤波的目的,

(a) 新型换流变压器单相原理样机　　　　　(b) 新型换流变压器及其配套感应滤波装置

图 6.12　新型换流变压器及其感应滤波系统实物图

该绕组的等值阻抗在设计时需要满足零等值电抗的要求;并且,感应滤波绕组外接对特定次谐波加以引流的感应滤波调谐装置(在直流输电中,一般是对谐波含量较大的 5、7、11、13 次谐波加以引流的全调谐滤波器)。通过新型换流变压器绕组阻抗设计,以及感应滤波调谐装置的辅助全调谐引流,从而实现一种新颖的感应滤波技术,其机理分析见第 2 章。该动模试验系统的感应滤波全调谐装置有双调谐和单调谐两种结构型式,为了得到比较连续的不同阀侧绕组基波无功补偿度 K 下的基波等值阻抗变化规律,在本次试验中选用了单调谐结构型式。

表 6.4 给出了在未投入和依次投入感应滤波全调谐装置时,新型换流变压器及其感应滤波系统等值阻抗的理论计算值和试验值。对比可见,理论值与试验值两者间的误差很小,这充分证明了本章所建立的新型换流变压器及其感应滤波系统等值阻抗数学模型的正确性与精确性,并进一步验证了第 4 章所建立的谐波传递数学模型的正确性。同时,由结果可知,随着感应滤波装置的不断投入,其所体现出的阀侧绕组无功补偿度 K 持续增加,而基波等值阻抗值也随之递增,这与本章 6.2.2 节所描述的基本等值阻抗的变化规律(表 6.1)是完全一致的,这进一步验证了本章所建等值阻抗数学模型的正确性。

表 6.4　新型换流变压器及其感应滤波系统基波等值阻抗的理论值和试验值对比

全调谐装置 投切状态	未投	投 5 次	投 5、7 次	投 5、7、11 次	投 5、7、11、13 次
补偿度 K	0	0.1	0.2	0.3	0.4
理论值/Ω	0.4879	0.4914	0.4949	0.4986	0.5022
试验值/Ω	0.4806	0.4947	0.4988	0.5027	0.5065

6.5.2　换流器功率因数测量

为了进一步验证基于感应滤波的新型直流输电换流器无功功率特性分析的正确性,并对比分析新型换流器与传统电流源型换流器的无功特性,基于采用感应滤波的新型直流输电动模试验系统,进行了相关的换流器功率因数测量试验,其中,换流阀及其控制系统的实物图如图 6.13 所示。值得说明的是,该换流装置共有两套:一套与新型换流变压器及其感应滤波系统相联结,组成基于感应滤波的新型换流器;另一套与传统换流变压器及网侧无源滤波系统相联结,组成传统的电流源型换流器。

图 6.13　换流阀及其控制系统实物图

表 6.5 给出了换流器功率因数测试结果。由试验结果可知,在新型换流器与传统换流器以几乎相同的工况运行于整流状态或逆变状态时,若未实施感应滤波或者无源滤波,则换流变压器阀侧绕组的功率因数略高于网侧绕组,而这高出的部分实际上是由换流变压器的等值漏抗造成的;对比新型与传统换流器均投入滤波装置时的功率因数可知,在传统换流器投入电网侧的无源滤波装置时,虽然电网侧的功率因数得以提高,但是,传统换流变压器网侧绕组的功率因数依然低于阀侧绕组;而在新型换流器投入感应滤波装置时,新型换流变压器网侧绕组的功率因数反而大于阀侧绕组,例如,在整流运行状态,其阀侧绕组的功率因数为 0.8393,而其网侧绕组的功率因数提高到了 0.9149,这与本章的分析结果是完全一致的,充分验证了本章所揭示的基于感应滤波的新型换流器所具有的独特的阀侧绕组无功补偿特性。

表 6.5　换流器功率因数测试结果

系统状态	滤波状态	上桥		下桥		电网侧
		阀侧绕组	网侧绕组	阀侧绕组	网侧绕组	
传统整流器	未滤波	0.8301	0.8036	0.8269	0.7992	0.8196
	无源滤波	0.8475	0.8202	0.8206	0.7874	0.9169
新型整流器	未滤波	0.8565	0.8365	0.8524	0.8292	0.8489
	感应滤波	0.8393	0.9149	0.8326	0.9156	0.9166
传统逆变器	未滤波	0.7983	0.7463	0.8116	0.7559	0.7645
	无源滤波	0.805	0.7417	0.8007	0.7362	0.8605
新型逆变器	未滤波	0.7983	0.7451	0.7939	0.7377	0.7564
	感应滤波	0.7903	0.8442	0.7858	0.8461	0.8502

　　实际上,对于直流输电换流站,无功电流在换流变压器及周围电气设备中的流通所带来的消极影响是不可忽视的,而感应滤波的实施使得很大一部分的无功电流限制于新型换流变压器的阀侧自耦绕组之中,网侧绕组及交流电网侧含有的无功电流分量很少,这对降低由无功分量给换流变压器及其周边电气设备所带来的危害是非常有利的。

6.6　本　章　小　结

　　本章对基于感应滤波的新型直流输电换流器无功功率特性进行了系统与深入的研究。首先,根据多绕组变压器理论和基尔霍夫电流定律(KCL),对新型换流器所具有的阀侧绕组无功补偿特性进行了理论推导与矢量分析;然后,通过比较详细的理论推导,得到了计及无功补偿度的新型换流变压器及其感应滤波系统等值阻抗理论计算表达式,并通过频率扫描法对其阻抗频率特性进行了深入的研究,揭示了等值阻抗在不同频率段受无功补偿度影响的变化特性;其次,通过引入参与因子的方法,定义并详细计算了新型换流器等值换相电抗,在此基础上,详细研究了感应滤波对等值换相电抗的影响;再次,详细研究了感应滤波对运行于不同控制模式时的换流器无功功率特性的影响;最后,基于采用感应滤波的新型直流输电动模试验平台,对等值换相电抗和换流器的功率因数进行了相关试验研究。综合本章所完成的工作,其主要的贡献与所得到的重要结论如下。

　　(1) 通过详细的理论推导和矢量分析,揭示了采用感应滤波的新型直流输电换流器所具有的独特的阀侧绕组无功补偿能力,并通过动模试验验证了理论分析的正确性。由此表明,感应滤波的实施使得由换流器的无功消耗而产生的无功电流被限制于阀侧绕组,这对降低无功分量对换流变压器及其周边电气设备的危害是非常有益处的。

　　(2) 通过频率扫描发现,感应滤波的实施使得新型换流变压器及其感应滤波系统等值阻抗在基波频率、感应滤波频率和高次谐波频率下呈现三种截然不同的变化趋势,在此基础上,通过引入不同频率下换相电流的参与因子,实现了新型换流器等值换相电抗的统一量化计算,并由此表明,感应滤波的实施对等值换相电抗的变化规律起着决定性的作用,随着感应滤波装置的不断投入,等值换相电抗值呈递减的趋势。等值换相电抗的统一量化计算对分析新型直流输电换流器的暂稳态运行特性具有一定的实用价值。

　　(3) 对于采用感应滤波的新型整流器,无论运行于定最小触发角控制模式,还是运行于定直流电流控制模式,其无功功率消耗均比传统的电流源型换流器有一定程度的降低;对于采用感应滤波的逆变器,当运行于定最小关断角控制模式时,其无功功率消耗比传统的电流源型逆变器有一定程度的降低,而运行于定直流电压控制模式时,新型逆变器的无功消耗与传统逆变器相比有一定程度的增加,这种特性与电容换相换流器非常相似,不过,相比于传统逆变器,新型逆变器的稳定运行范围得到一定程度的拓宽,这将于后续章节予以重点研究。

第 7 章　逆变状态下感应滤波对换流器运行特性的影响

直流输电系统受端换流站的逆变运行能力对换流站本身以及整个直流系统的稳定可靠运行具有非常重要的意义。一般来说,对于传统的电流源型直流输电换流器,为了保证其逆变运行的可靠性,与之相连接的交流系统需要具备一定的强度,也就是具有足够的短路比(SCR)或者有效短路比(ESCR);同时,逆变器相应的控制系统一般具有定关断角控制的能力以及低压限流环节(VDCOL),以保证逆变器在一定运行范围内具有足够的换相裕度,保障换流器具有一定程度上的换相能力,以适应直流系统不同的运行工况[108]。但是,在实际的直流工程中,逆变器能否可靠换相与稳定运行的问题一直存在,这首先表现在实际互联电网的复杂性,如我国南方电网的受端是一个典型的多馈入弱交流系统[109],逆变器的换相失败问题无法避免且比较突出;其次,换流器的控制系统在实际中会受到多种因素的影响,如换流器谐波及谐波不稳定、交流系统的暂态过负荷、控制器自身的典型扰动,这些均会影响换流器的实际控制性能,使得换流器无法充裕、稳定地实现逆变运行。

从本质上讲,评估电流源型换流器逆变运行性能的一个决定性因素就是典型工况下换流阀的换相裕度,从另一个角度讲,也就是换流阀的关断角特性。换流站逆变运行所体现出的暂稳态运行特性以及所可能出现的问题,均可以通过逆变器的关断角特性予以解释。例如,直流输电换相失败问题,从机理上讲就是由换流器关断裕度不够造成的,具体表现为当两个桥臂之间换相结束后,刚退出导通的阀在反向电压作用的一段时间内,未能恢复阻断能力或者在此期间换相过程一直存在,这使得在预定推出导通的阀在阀电压为正时,被换相的两阀都向既定推出导通的阀倒换相,这就是换相失败现象[19,50,51,68]。

目前,已经有大量文献对直流输电换流器换相失败的机理、影响因素、故障特点进行了比较细致的分析[63-70]。感应滤波在直流输电中的应用,对直流输电系统的谐波传递特性、谐波及谐波不稳定特性和换流器无功平衡特性带来了前所未有的、深刻的变化,本章将在前面研究成果的基础上,重点论述感应滤波的实施对非理想逆变运行下换流器的换相特性、暂稳态运行特性的影响,并通过与传统换流器进行比较研究,揭示造成这种影响的本质原因。为了使研究内容更具系统性与全面性,在重点研究换流器逆变运行的同时,也将对基于感应滤波的新型整流器暂稳态运行特性进行研究。

7.1　感应滤波对逆变器换相特性的影响

7.1.1　新型与传统逆变器正常运行时的换相特性

　　图 7.1 为逆变器正常运行时交流阀侧换相电压的理论波形。换流器在工作于逆变状态时,触发角 α 必定大于 90°,且一个周期内存在 $C_1 \sim C_6$ 共 6 个自然换相点以及 6 个换相过程,依次为阀 V_3 至阀 V_5、阀 V_4 至阀 V_6、阀 V_5 至阀 V_1、阀 V_6 至阀 V_2、阀 V_1 至阀 V_3、阀 V_2 至阀 V_4。在正常运行时,这 6 个换相过程分别对应的换相角 μ、关断角 γ、越前触发角 β 以及触发角 α 满足如下的关系式:

$$\beta = \pi - \alpha = \mu + \gamma \tag{7.1}$$

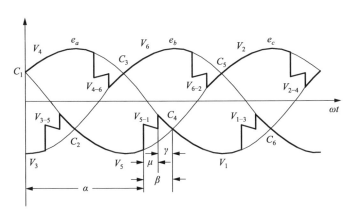

图 7.1　正常运行时逆变器换相过程中交流电压波形

　　根据第 4 章对计及换相过程的换流器谐波特性的分析,已经得到换流器在整流运行条件下,换相角与直流系统运行参数 E_L、I_d 以及换流变压器换相电抗 X_μ 的关系表达式(4.46),将此式与式(7.1)联立,可得到换流器在逆变运行条件下,关断角 γ 与直流系统参数以及换流变压器换相电抗参数之间关系的表达式:

$$\gamma = \arccos\left(\frac{\sqrt{2}I_d X_\mu}{U_L} + \cos\beta\right) \tag{7.2}$$

　　由第 6 章的分析可知,感应滤波的实施使得换流器的等值换相电抗发生了根本性的改变,而这种改变可通过式(7.2)所表征的换流器关断角特性体现出来,因此,在研究基于感应滤波的新型换流器和传统换流器的关断角特性时,可结合式(6.15)和式(7.2)进行定量计算。下面将根据采用新型换流变压器及其感应滤波系统的新型直流输电动模试验系统,分析感应滤波的实施对逆变运行下换流器关断角特性的影响。

图 7.2 给出了逆变器正常运行时,随着直流电流的不断增加以及感应滤波装置的不断投入,对逆变器关断角影响的特性曲线。由图 7.2(a)可知,在未投入感应滤波装置,也就是 $K=0.0$ 时,逆变器运行于额定直流电流($I_d=1.0\text{p.u.}$)时所对应的关断角 $\gamma=18°$,而一般情况下,维持逆变器晶闸管阀正常运行的最小关断角 $\gamma_{\min}=10°$,因此,在未投入感应滤波装置时,逆变器是具有一定的关断角裕度的,这实际上体现出的是传统逆变器的关断角特性;在依次投入感应滤波装置时,随着 K 值的不断增加,逆变器额定条件下稳定运行时的关断角也不断增加,且增幅比较明显,这意味着逆变器具有了更为宽广的稳定运行范围。在未实施感应滤波时,当直流电流为 1.2p.u. 时,实际关断角 γ 等于最小关断角 $\gamma_{\min}$,若继续增加直流电流,则逆变器构成了发生换相失败的条件,不能正常运行;而实施感应滤波时,即使只投入了对 5 次谐波全调谐的感应滤波装置($K=0.1$),逆变器在 $I_d=1.2\text{p.u.}$ 时的实际关断角 γ 依然大于最小关断角 $\gamma_{\min}$,逆变器仍然能保持稳定运行。图 7.2(b)还给出了完全实施感应滤波时,继续调节滤波装置无功补偿度对逆变器关断角特性的影响,对比图 7.2(a)可知,感应滤波装置的投入所带来的关断角增幅明显大于只调节无功补偿度所带来的关断角增幅,这进一步揭示了感应滤波对逆变器关断角特性的巨大的影响力。

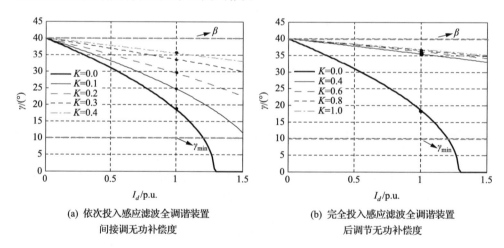

(a) 依次投入感应滤波全调谐装置　　　　　(b) 完全投入感应滤波全调谐装置
　　间接调无功补偿度　　　　　　　　　　　　后调节无功补偿度

图 7.2　直流电流变化时感应滤波对逆变器关断角影响的特性曲线

图 7.3 给出了基于感应滤波的新型逆变器($K=0.4$)与传统逆变器($K=0.0$)在不同的越前触发角时关断角随直流电流变化的特性曲线。由图可知,新型逆变器比传统逆变器具有更宽的调节范围,例如,在直流系统额定运行条件($I_d=1.0\text{p.u.}$)下,传统逆变器的越前触发 $\beta=35°$ 时,已经低于逆变器稳定运行的先

决条件($\gamma_{\min}=10°$),而新型逆变器在$\beta=20°$时,才略低于这个先决条件,这充分表明了感应滤波的实施拓宽了逆变器稳定运行的范围。同时,由该图还可以看到,随着直流电流I_d的增加,传统逆变器通过增加越前触发角β,能够在一定程度上拓宽稳定运行的极限,例如,在$\beta=45°$时,传统逆变器在$I_d=1.2$p.u.附近达到稳定运行的极限点,但与之相比,基于感应滤波的新型逆变器在$I_d=1.2$p.u.附近依然能稳定运行,且稳定运行极限大大高于传统逆变器。

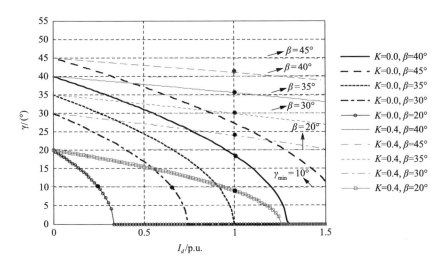

图 7.3　新型与传统逆变器关断角随直流电流变化的特性曲线

7.1.2　新型与传统逆变器故障运行时的换相特性

图 7.4 给出了由于交流系统故障使得逆变器换相母线三相电压发生对称性跌落时换相电压的理论分析波形,图 7.5 给出了相应的换相电压矢量图和相邻换相电压间的相位关系。从理论上讲,在逆变器换相电压发生对称性跌落或者抬升时,并不会造成自然换相点相位的漂移(如图 7.4 中的$C_1 \sim C_6$和$C_1' \sim C_6'$),这意味着逆变器交流阀侧换相电压间的相位关系和正常换相时是一样的,相邻相间均相差$60°$的电角度,如图 7.5(b)所示。若换相电压U_L跌落至原来的k倍($0 \leqslant k \leqslant 1$),则逆变器关断角的表达式可改写为

$$\gamma = \arccos\left(\frac{\sqrt{2}I_d X_\mu}{kU_L} + \cos\beta\right) \tag{7.3}$$

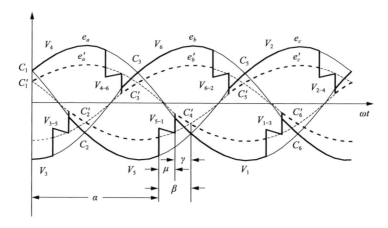

图 7.4　交流系统三相对称故障时逆变器换相过程中的交流电压波形

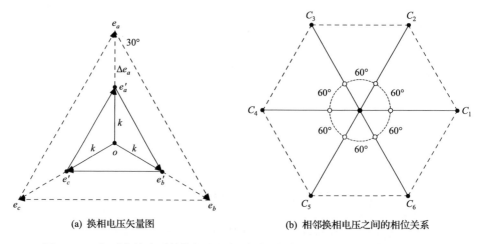

(a) 换相电压矢量图　　　　　　　　　　(b) 相邻换相电压之间的相位关系

图 7.5　三相对称故障时的换相电压矢量图和相邻换相电压之间的相位关系图

　　根据式(7.3)以及第 6 章所推导的新型换流器等值换相电抗计算式(6.15),并结合采用感应滤波的新型直流输电动模试验系统数据,可得到在交流系统发生三相对称故障,同时,逆变器运行于越前触发角 $\beta = 40°$,即触发角 $\alpha = 140°$ 时,感应滤波对逆变器关断角特性影响的变化曲线,如图 7.6 所示。由图可知,在逆变器换相电压 U_L 发生跌落时,对于未实施感应滤波的传统逆变器($K = 0.0$),为了避免换相失败,能够承受的换相电压跌落比为 $k \geqslant 0.83\mathrm{p.\,u.}$,也就是说换相电压维持在 kU_L 时,能够保证逆变器不至于发生换相失败。对于实施感应滤波的新型逆变器($K > 0$),在对 5 次谐波实施感应滤波时($K = 0.1$),能够承受的换相电压跌落比为 $k \geqslant 0.65\mathrm{p.\,u.}$;在对 5、7 次谐波实施感应滤波时($K = 0.2$),$k \geqslant 0.48\mathrm{p.\,u.}$;在对 5、

7、11 次谐波实施感应滤波时（$K=0.3$），$k\geqslant0.30$p. u. ；在对 5、7、11、13 次谐波实施感应滤波时（$K=0.4$），$k\geqslant0.22$p. u. 。由此可见，随着感应滤波装置的不断投入，逆变器能够承受的换相母线电压跌落幅度越来越大，也就是说，感应滤波的实施使得在逆变器的故障运行能力大为增强。同时，对比图 7.6(a)和(b)可以看到，在完全投入感应滤波装置后，若再调节感应滤波装置的无功补偿度，依然能够在一定程度上拓宽逆变器的稳定运行范围，不过，这种拓宽能力无法和感应滤波的拓宽能力相提并论。

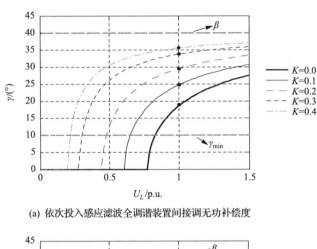

(a) 依次投入感应滤波全调谐装置间接调无功补偿度

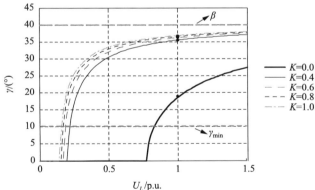

(b) 完全投入感应滤波全调谐装置后调节无功补偿度

图 7.6　交流系统三相对称故障时感应滤波对逆变器关断角影响的特性曲线（$\beta=40°$）

图 7.7 为不同越前触发角 β 控制下，交流系统发生三相对称故障时新型与传统逆变器关断角随换相电压跌落的变化特性曲线。由图可知，传统逆变器在越前触发角 β 由 40°增加到 50°时，为了避免换相失败，能够承受的换相母线电压跌落比从 $k\geqslant0.83$p. u. 拓宽至 $k\geqslant0.53$p. u. ；而新型逆变器在 β 由 40°增加到 50°时，为了

避免换相失败,能够承受的换相母线电压跌落比从 $k \geqslant 0.22\text{p. u.}$ 拓宽至 $k \geqslant$ 0.14p. u.。由此可见,相比于传统的逆变器,采用感应滤波的新型逆变器具有了更强的故障运行能力。

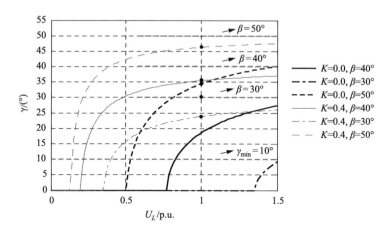

图 7.7　交流系统三相对称故障时新型与传统逆变器关断角的特性曲线

　　若与逆变器相连接的交流系统发生三相不对称故障,逆变器的换相过程比较复杂。图 7.8 给出了交流系统在三相不对称故障(单相故障)运行条件下,逆变器换相母线电压的理论波形;图 7.9 给出了相应的电压矢量图以及相邻换相电压间的相位关系图。由图可知,当 A 相电压从 e_a 跌落至 e_a' 时,将会使得与该相有关联的换流阀的自然换相点 C_3、C_4、C_6、C_1 漂移 ϕ 的电角度,这进一步使得相邻换相电压之间的相位关系发生了改变,如图 7.9(b)所示。

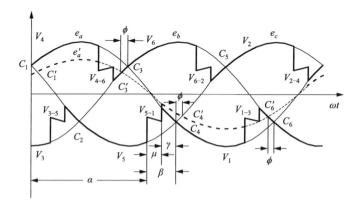

图 7.8　交流系统三相不对称故障时逆变器换相过程中的交流电压波形

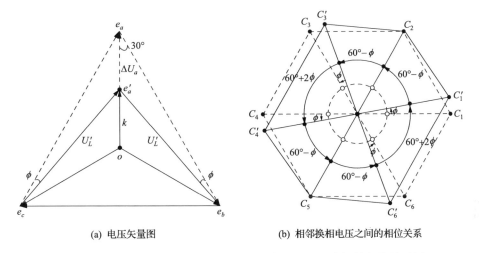

(a) 电压矢量图　　　　　(b) 相邻换相电压之间的相位关系

图 7.9　单相故障时换相电压矢量图和相邻换相电压之间的相位关系图

根据图 7.9(a) 所示的在交流系统发生三相不对称时的换相电压矢量关系图，由正弦定理可求得 C'_3、C'_4、C'_6、C'_1 相对于各自正常运行的自然换相点的漂移量 ϕ，如式 (7.4) 所示：

$$\phi = \arctan \frac{\Delta U_a}{\sqrt{3}(2 - \Delta U_a)} \tag{7.4}$$

式中，ΔU_a 即为图 7.9(a) 中的 A 相换相电压跌落量，且 $\Delta U_a = 1 - k$。

同时，根据图 7.9(a) 所示的换相电压矢量关系图，若以线电压 U_L 为基准值，则由余弦定理，可分别求得在逆变器换相电压跌落期间，A 相和 B 相以及 A 相和 C 相之间的线电压：

$$U'_L = \sqrt{1 - \Delta U_a + \Delta U_a^2} \tag{7.5}$$

根据图 7.9(b) 所示的相邻换相电压之间的相位关系以及图 7.8 所示的换相电压理论波形可知，在换相电压 A 相发生电压跌落时，阀 V_2 和阀 V_5 的自然换相点 C_1 和 C_4 的相位分别前移至 C'_1 和 C'_4，且前移量均为 ϕ；阀 V_4 和阀 V_1 的自然换相点 C_3 和 C_6 的相位分别后移至 C'_3 和 C'_6，且后移量均为 ϕ；阀 V_3 和阀 V_6 的自然换相点 C_2 和 C_5 未发生漂移。根据式 (7.4) 和式 (7.5)，并修改式 (7.2) 所表示的换流阀关断角特性表达式，可得到阀 V_1 和阀 V_4 的关断角为

$$\gamma_{V_1, V_4} = \arccos\left[\frac{\sqrt{2} I_d X_\mu}{\sqrt{1 - \Delta U_a + \Delta U_a^2}} + \cos\beta\right] - \arctan\frac{\Delta U_a}{\sqrt{3}(2 - \Delta U_a)} \tag{7.6}$$

阀 V_2 和阀 V_5 的关断角为

$$\gamma_{V2,V5} = \arccos\left(\frac{\sqrt{2}I_d X_\mu}{\sqrt{1-\Delta U_a + \Delta U_a^2}} + \cos\beta\right) + \arctan\frac{\Delta U_u}{\sqrt{3}(2-\Delta U_a)} \quad (7.7)$$

阀 V_3 和 V_6 的关断角为

$$\gamma_{V3,V6} = \arccos\left(\frac{\sqrt{2}I_d X_\mu}{U_L} + \cos\beta\right) \quad (7.8)$$

由所得到的逆变器换流阀的关断角特性表达式可知,在 A 相发生电压跌落时,A 相桥臂上的阀 V_1 和 V_4 的实际关断角会减小 ϕ 的电角度;B 相桥臂上的阀 V_3 和 V_6 的实际关断角保持不变;C 相桥臂上的阀 V_5 和 V_2 的实际关断角会增加 ϕ 的电角度。因此,在换相电压 A 相发生电压跌落时,阀 V_1 和 V_4 由于关断裕度的降低,极易发生换相失败而破坏逆变器的稳定运行。

根据阀 V_1 和 V_4 的关断角表达式(7.6),以及第 6 章所推导的新型换流器等值换相电抗计算式(6.15),并结合采用感应滤波的新型直流输电动模试验系统数据,可得到如图 7.10 所示的三相不对称故障时感应滤波对逆变器中阀 V_1 和 V_4

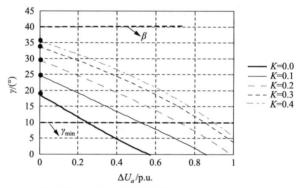

(a) 依次投入感应滤波全调谐装置间接调无功补偿度

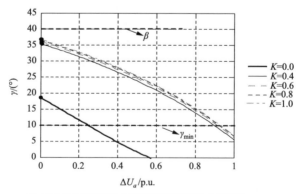

(b) 完全投入感应滤波全调谐装置后调节无功补偿度

图 7.10　三相不对称故障时感应滤波对阀 V_1 和 V_4 关断角影响的特性曲线($\beta = 40°$)

关断角影响的特性曲线。由图可知,无论是未实施感应滤波的传统逆变器($K=0.0$)还是采用感应滤波的新型逆变器($K>0.0$),随着换相母线电压跌落值 ΔU_a 的增加,阀 V_1 和阀 V_4 的关断角越来越小。对于传统逆变器,当电压跌落至 $\Delta U_a=0.248\text{p. u.}$ 时,实际关断角 $\gamma=\gamma_{\min}$,此时若电压继续跌落,则极易发生换相失败;对于新型逆变器,若对 5 次谐波实施感应滤波($K=0.1$),则 $\Delta U_a\geqslant0.523\text{p. u.}$ 时,容易发生换相失败,若对 5、7 次谐波实施感应滤波($K=0.2$),则 $\Delta U_a\geqslant0.72\text{p. u.}$ 时,容易发生换相失败,若对 5、7、11 次谐波实施感应滤波($K=0.3$),则 $\Delta U_a\geqslant0.852\text{p. u.}$ 时,容易发生换相失败,若对 5、7、11、13 次谐波实施感应滤波($K=0.4$),则 $\Delta U_a\geqslant0.90\text{p. u.}$ 时,容易发生换相失败。由此可知,随着感应滤波装置的不同投入,逆变器在交流系统非对称故障条件下的运行能力越来越强。

图 7.11 给出了新型与传统逆变器在交流系统三相不对称故障时各个桥臂上的换流阀关断角特性的变化曲线。由图可知,在未发生故障（ $\Delta U_a\geqslant0.0\text{p. u.}$ ）时,传统逆变器的实际关断角 $\gamma=18°$,而新型逆变器的实际关断角 $\gamma=35.5°$;在发生非对称性故障时,新型与传统逆变器 B 相桥臂上的换流阀 V_3 和 V_6 的关断角均保持不变,C 相桥臂上的换流阀 V_2 和 V_5 的关断角均增加,而 A 相桥臂上的换流阀 V_1 和 V_4 的关断角均降低,但是,由该图可明显地看到,新型逆变器比传统逆变器能够承受更为严重的交流系统三相非对称故障。

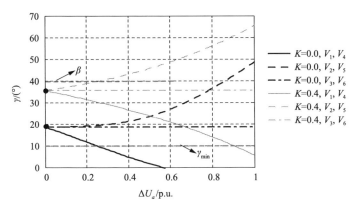

图 7.11　交流系统三相不对称故障时新型与传统逆变器关断角的特性曲线

7.2　感应滤波对换流器稳态运行特性的影响

7.2.1　新型与传统整流器的稳态伏安特性

为了进一步揭示基于感应滤波的新型直流输电暂稳态运行特性,并对比分析与传统直流输电的相异之处,有必要在一个得到广泛认可的直流输电标准测试系统基础上,建立可与之相互等价的新系统,开展与之相关的运行性能比较研究。为此,根据第 5 章建立的可与国际大电网组织 CIGRE 直流输电标准测试系统作对比研究的基于感应滤波的新型直流输电测试系统,采用专业的电力系统电磁暂态仿真工具 PSCAD/EMTDC,对新型与传统直流输电的暂稳态运行特性进行比较系统的研究。

值得说明的是,为了更具对比性,新型和传统直流输电系统采用了控制参数完全一样的 CIGRE 直流输电标准控制器,即整流侧均采用定直流电流控制和定最小触发角控制;逆变侧均采用定关断角控制和定直流电流控制。并且,逆变侧具有电流偏差控制功能,用于在逆变侧定关断角控制和定电流控制之间进行平滑过渡,同时,两个测试系统均配置了具有相同静态特性的低压限流环节(VDCOL),用于在直流电压或交流电压跌落到某个指令值时对直流电流指令进行限制。

本节主要对新型与传统直流输电的整流侧标准控制器的稳态伏安特性进行研究。为了得出 CIGRE 直流输电标准测试系统和基于感应滤波的新型直流输电测试系统整流器的稳态响应特性,采用逐步降低换流母线电压的方法测试控制器的响应特性。当逆变侧换流母线电压保持不变,整流侧换流母线电压逐步下降时,新型和传统直流系统运行点的变化如表 7.1 所示,相应地,可得到新型和传统直流输电整流侧的稳态伏安特性曲线,如图 7.12 所示。

表 7.1　整流侧交流母线电压跌落时 CIGRE 换流器和本文新型换流器的控制器稳态响应特性

整流侧 交流母线	整流侧 控制模式		逆变侧 控制模式		系统运行点 $(I_d、U_d)$/p. u.		两侧换流器 特征变量$(\alpha、\gamma)$/(°)	
	传统	新型	传统	新型	传统	新型	传统	新型
额定值	定 电流	定 电流	定关断 角 γ_0	定关断 角 γ	1 1	1 1.0310	20.00 15.00	34.10 24.40
下降 3%	定 电流	定 电流	定关断 角 γ_0	定关断 角 γ	1 1	1 1.0310	14.60 15.00	31.20 24.40
下降 8.5%	定 触发角	定 电流	定关断 角 γ	定关断 角 γ	0.992 0.955	1 1.0310	5 16.29	25.45 24.40
下降 11%	定 触发角	定 电流	定关断 角 γ	定关断 角 γ	0.961 0.933	1 1.0321	5 21.25	21.90 24.40
下降 14%	定 触发角	定 电流	定关断 角 γ	定关断 角 γ	0.929 0.900	1 1.0325	5 25.10	17.50 24.40
下降 18%	定 触发角	定 电流	定关断 角 γ	定关断 角 γ	0.8765 0.8655	1 1.0298	5 29.07	10.40 24.65
下降 20%	定 触发角	定 触发角	定电流 VDCOL	定关断 角 γ	0.8495 0.8497	0.9910 1.0325	5 30.92	5 24.71

整流侧交流母线	整流侧控制模式		逆变侧控制模式		系统运行点$(I_d、U_d)$/p.u.		两侧换流器特征变量$(\alpha、\gamma)$/(°)	
	传统	新型	传统	新型	传统	新型	传统	新型
下降27%	定触发角	定触发角	定电流VDCOL	定电流VDCOL	0.7800 0.7720	0.9000 0.9476	5 38.85	5 30.6
下降30%	定触发角	定触发角	定电流VDCOL	定电流VDCOL	0.7505 0.7377	0.8850 0.8900	5 41.85	5 34.5
下降40%	定触发角	定触发角	定电流VDCOL	定电流VDCOL	0.6515 0.6254	0.7670 0.7549	5 51.89	5 45.1
下降50%	定触发角	定触发角	定电流VDCOL	定电流VDCOL	0.5510 0.5140	0.6480 0.6214	5 59.50	5 54.99
下降60.2%	定触发角	定触发角	定电流VDCOL	定电流VDCOL	0.4500 0.4000	0.6480 0.4848	5 67.36	5 63.5
下降61%	定触发角	定触发角	定最小电流	定电流VDCOL	0.4500 0.3830	0.5170 0.4741	5 68.28	5 64.45
下降66.6%	定触发角	定触发角	定最小电流	定电流VDCOL	0.4500 0.2684	0.4500 0.4000	5 74.25	5 69.5
下降70%	定触发角	定触发角	定最小电流	定最小电流	0.4500 0.1970	0.4500 0.3099	5 77.85	5 74.03
下降80%	定触发角	定触发角	定最小电流	定最小电流	0.4500 0	0.4500 0	5 88.54	5 89.75

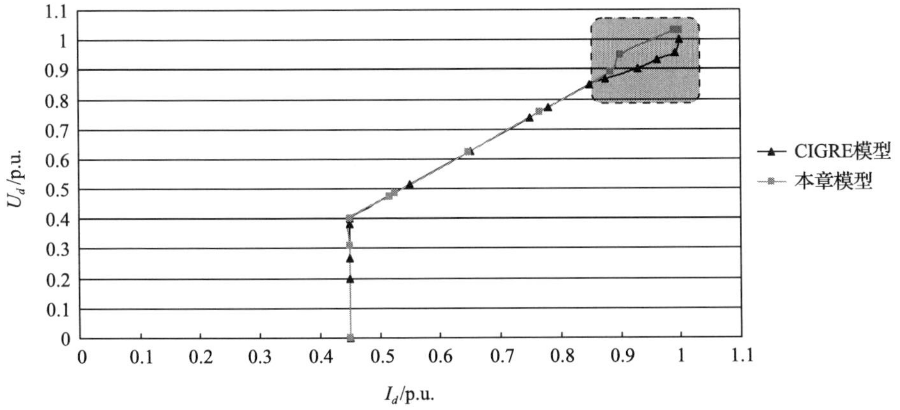

图 7.12　新型和传统整流器的 U_d-I_d 特性曲线比较

分析可知,额定运行时,对于传统直流输电,整流侧由定电流控制稳定系统运行电流,逆变侧由定关断角 γ_0 控制($\gamma_0 = 15°$,为预先设定的关断角)稳定系统运行电压;对于基于感应滤波的新型直流输电,不同之处在于逆变侧由定关断角 γ 控制(电流偏差控制)稳定系统运行电压,此时的关断角 $\gamma=24.40°$,可见新型逆变器具有比较大的关断裕度,这与 7.1 节的分析是一致的。随着整流侧换流母线电压的逐渐跌落,传统直流输电整流侧的定电流控制已经维持不住额定直流电流 I_d,此时整流器触发角已经达到最小触发角 $\alpha_{min}=5°$,整流侧控制模式在交流电压跌落了 8.5% 时转成了定 α_{min} 控制;而新型直流输电整流侧的定电流控制模式在此时依然能够维持直流电流 I_d 的额定运行,直到交流电压跌落了 20% 时方转成了定 α_{min} 控制,由此可见,在同等标准之下(相同的控制系统与直流运行水平),感应滤波的实施使得直流输电整流侧控制器具有了比较宽的调节范围。

图 7.13 和图 7.14 进一步地统计了在整流侧交流母线电压跌落时新型和传统换流器特征控制量以及控制模式转换的变化规律。图 7.14 的纵坐标中,0 表示整流器定电流控制,1 表示整流器定 α_{min} 控制以及逆变器定 γ_0 控制,2 表示逆变器定

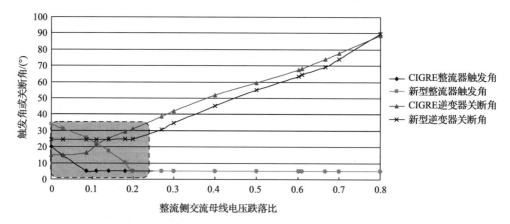

图 7.13　整流侧交流母线电压跌落时新型和传统换流器特征控制量的变化特性曲线

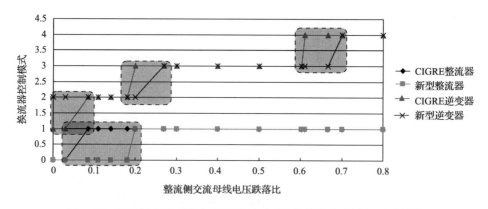

图 7.14　整流侧交流母线电压跌落时新型和传统换流器控制模式转换

γ 控制,3 表示逆变器定电流控制(VDCOL),4 表示逆变器为了维持直流系统运行而采取的定最小电流控制。这两个图中的阴影部分反映了新型和传统换流器特征控制量和控制模式的主要相异之处,这进一步揭示了感应滤波的实施使得直流输电换流器具有了比较宽广的稳定运行范围。

7.2.2　新型与传统逆变器的稳态伏安特性

当保持整流侧换流母线电压恒定不变,不断改变逆变侧换流母线电压时,可得到新型与传统直流输电逆变侧标准控制器的稳态响应特性,如表 7.2 所示,相应地,新型和传统逆变器稳态伏安特性曲线如图 7.15 所示。

表 7.2　逆变侧交流母线电压跌落时 CIGRE 换流器和新型换流器的控制器稳态响应特性

逆变侧 交流母线	整流侧 控制模式		逆变侧 控制模式		系统运行点 (I_d, U_d)/p.u.		两侧换流器 特征变量(α, γ)/(°)	
	传统	新型	传统	新型	传统	新型	传统	新型
额定值	定 电流	定 电流	定关断 角 γ_0	定关断 角 γ	1 1	1 1.031	20 15	34.1 24.4
下降 3%	定 电流	定 电流	定关断 角 γ_0	定关断 角 γ	1 0.9370	1 0.990	24.5 15	36 24
下降 8.5%	定 电流	定 电流	定关断 角 γ_0	定关断 角 γ	1 0.866	1 0.914	31.5 15	40.5 23.4
下降 11%	定电流 VDCOL	定电流 VDCOL	定关断 角 γ_0	定关断 角 γ	0.942 0.841	0.985 0.885	34.3 15	42.5 23.1
下降 14%	定电流 VDCOL	定电流 VDCOL	定关断 角 γ_0	定关断 角 γ	0.915 0.811	0.960 0.853	37.45 15	44.5 23
下降 18%	定电流 VDCOL	定电流 VDCOL	定关断 角 γ_0	定关断 角 γ	0.878 0.768	0.920 0.811	41.5 15	48.5 23.17
下降 20%	定电流 VDCOL	定电流 VDCOL	定关断 角 γ_0	定关断 角 γ	0.860 0.749	0.900 0.790	43.45 15	50 22.67
下降 27%	定电流 VDCOL	定电流 VDCOL	定关断 角 γ_0	定关断 角 γ	0.795 0.675	0.830 0.715	49.9 15	55 22.75
下降 30%	定电流 VDCOL	定电流 VDCOL	定关断 角 γ_0	定关断 角 γ	0.768 0.645	0.810 0.684	52.5 15	57 22.5
下降 40%	定电流 VDCOL	定电流 VDCOL	定关断 角 γ_0	定关断 角 γ	0.672 0.538	0.710 0.580	60.5 15	64 21.5
下降 50%	定电流 VDCOL	定电流 VDCOL	定关断 角 γ_0	定关断 角 γ	0.578 0.433	0.620 0.470	67.53 15	70 20.5

续表

逆变侧交流母线	整流侧控制模式		逆变侧控制模式		系统运行点 $(I_d、U_d)$/p.u.		两侧换流器特征变量$(\alpha、\gamma)$/(°)	
	传统	新型	传统	新型	传统	新型	传统	新型
下降 53%	定最小电流	定电流 VDCOL	定关断角 γ_0	定关断角 γ	0.550 0.401	0.590 0.440	69.6 15	71.5 20
下降 55%	定最小电流	定电流 VDCOL	定关断角 γ_0	定关断角 γ	0.550 0.365	0.580 0.418	71 15	72.5 19.8
下降 60.2%	定最小电流	定最小电流	定关断角 γ_0	定关断角 γ	0.550 0.253	0.550 0.350	76.4 15	75 17.5
下降 61%	定最小电流	定最小电流	定关断角 γ_0	定关断角 γ	0.550 0.236	0.550 0.336	77 15	76 17
下降 70%	定最小电流	定最小电流	定最小触发角	定关断角 γ	0.550 0	0.550 0	87 0	87.5 16
下降 80%	定最小电流	定最小电流	定最小触发角	定最小触发角	0.550 0	0.550 0	87.5 0	89 0

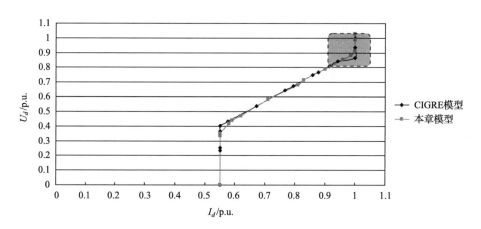

图 7.15　新型和传统逆变器的 U_d-I_d 特性曲线比较

分析可知,在额定运行时,对于传统直流输电,整流侧由定电流控制稳定系统运行电流,逆变侧由定 γ_0 控制($\gamma_0=15°$)稳定系统运行电压;对于采用感应滤波的新型直流输电,不同之处在于逆变侧由定 γ 控制($\gamma_0=24.40°$)稳定系统运行电压。当逆变侧电压稍微有些下降时(下降3%),整流侧在定电流控制作用下迅速将触发角 α 增加(α 由 20° 增加到 24.5°),使直流电流恢复到整定值,值得关注的是,在此种工况下,基于感应滤波的新型直流输电系统电压能够维持在较高的水平(传统 $U_d=0.9370$,新型 $U_d=0.990$),这意味着新型直流输电在交流母线电压跌落时能够输送更多的有功功率,这反映出感应滤波的实施提高了直流输电功率输送的极限,表 7.2 中的新型与传统直流系统 I_d、U_d 运行点的对比更为清晰地表征出了新型直流输电在提高直流输送功率方面的优越性。当逆变侧换流母线电压下降较多时,直流电流已经无法稳定在 1.0p.u. 运行水平,此时,低压限流环节(VDCOL)开始起作用,整流侧运行于含 VDCOL 的定电流控制模式,不过,对于传统直流输电,当逆变侧交流母线电压跌落 53%时,直流系统运行于定最小电流控制模式,而对于新型直流输电,换流母线电压跌落至 60.2%时才进入定最小电流控制模式,这同样反映了基于感应滤波的新型直流输电具有比较好的灵活可控性。

图 7.16 和图 7.17 进一步地统计了在逆变侧换流母线电压下降时新型和传统换流器特征控制量以及控制模式转换的变化规律。图 7.17 的纵坐标中,0 表示整

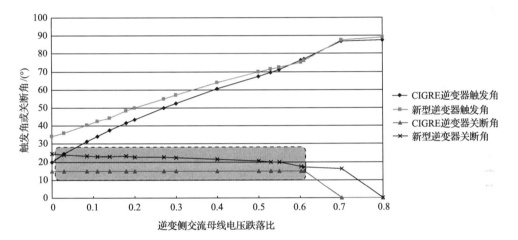

图 7.16 逆变侧交流母线电压跌落时新型和传统换流器特征控制量的变化特性曲线

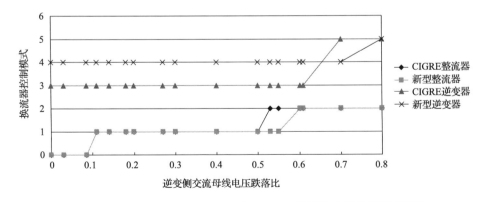

图 7.17 逆变侧交流母线电压跌落时新型和传统换流器控制模式转换

流器定电流控制,1 表示整流器故障运行时为了维持较高的直流电流而采取的含 VDCOL 的定电流控制,2 表示整流器定最小直流电流控制,3 表示逆变器定关断角 γ_0 控制,4 表示逆变器定关断角 γ 控制,5 表示逆变器定最小触发角控制。同样地,这两个图中的阴影部分反映了在逆变侧换流母线电压逐步下降时,新型和传统换流器特征控制量和控制模式的主要相异之处,这进一步揭示了感应滤波的实施使得直流输电换流器具有了比较宽广的稳定运行范围,以及更为宽的控制范围。

7.3　感应滤波对换流器暂态响应特性的影响

7.3.1　整流侧交流系统故障时的暂态响应特性

为了揭示基于感应滤波的新型直流输电在遭受典型故障时的暂态特性,基于 CIGRE 直流输电标准测试系统以及基于感应滤波的新型直流输电测试系统,采用电力系统电磁暂态仿真工具 PSCAD/EMTDC,对典型故障下新型与传统直流输电系统的暂态响应特性进行了仿真研究。

本节主要对整流侧交流系统发生三相接地故障时的暂态特性进行研究。图 7.18 和图 7.19 分别给出了 CIGRE 直流输电标准测试系统和基于感应滤波的新型直流输电测试系统的暂态响应特性波形。对比测试结果可知,在非故障稳态运行期间,对于传统直流输电,从换流变压器网侧测得的无功功率大约为 0.6p. u. (如图 7.18(d)所示),而对于新型直流输电,从新型换流变压器网侧测得的无功功率大约为 0.25p. u. (如图 7.19(d)所示),这意味着感应滤波的实施使得新型换流器具有阀侧绕组无功补偿能力,这与第 6 章的研究结果是完全一致的。当整流侧交流系统在 1.0s 发生持续 0.1s 的三相接地故障时,整流侧直流电压和直流电流瞬间跌落至 0,换流母线电压也随之跌落至 0,由于整流侧交流系统的接地故障,逆变侧的关断角随之大幅抬升,试图借此稳定直流系统的运行。在故障切除后的恢复过程中,对于传统直流输电,由图 7.18(c)所示的传统逆变器关断角暂态响应曲线可知,逆变器在故障恢复过程中出现了一次关断角小于 10°的情况,由此判定其发生了一次换相失败;而对于新型直流输电,由图 7.19(c)所示的新型逆变器关断角暂态响应曲线可知,逆变侧的关断角始终保持较高的值,即使在故障恢复期间,其值依然大于 10°,因此,可以判定基于感应滤波的新型直流输电逆变器成功地避开了换相失败的发生。

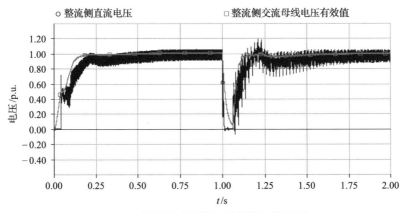

(a) 整流侧交流母线电压有效值和直流电压

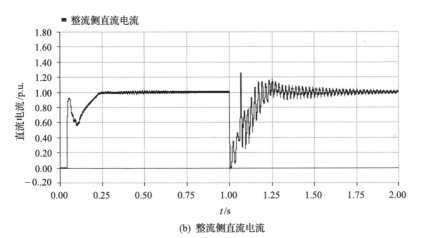

(b) 整流侧直流电流

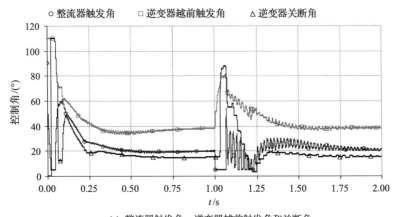

(c) 整流器触发角、逆变器越前触发角和关断角

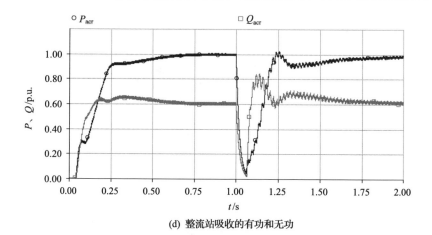

(d) 整流站吸收的有功和无功

图 7.18　CIGRE 直流输电标准模型的暂态响应特性(整流侧三相交流母线故障)

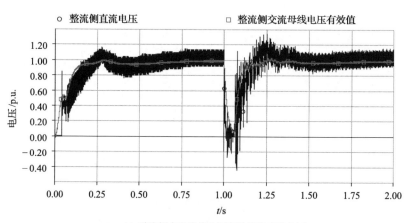

(a) 整流侧交流母线电压有效值和直流电压

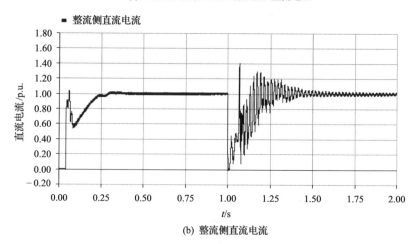

(b) 整流侧直流电流

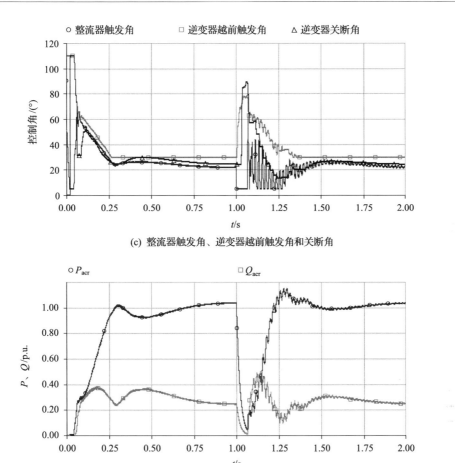

(c) 整流器触发角、逆变器越前触发角和关断角

(d) 整流站吸收的有功和无功

图 7.19　基于感应滤波的新型直流输电暂态响应特性(整流侧三相交流母线故障)

7.3.2　逆变侧交流系统故障时的暂态响应特性

图 7.20 和图 7.21 分别给出了逆变侧交流系统发生三相接地故障时,新型与传统直流输电系统暂态响应特性波形。分析可知,在非故障运行期间,对于传统直流输电,逆变器从交流系统取用的无功功率大约为 0.51p.u.(测量点为传统换流变压器的网侧出线端);对于新型直流输电,逆变器从交流系统取用的无功功率大约为 0.30p.u.(测量点为新型换流变压器的网侧出线端),这同样证明了第 6 章的研究结果,即感应滤波的实施使得新型换流器具备了阀侧绕组无功补偿能力。当逆变侧交流系统在 1.0s 发生持续 0.1s 的三相接地故障时,故障发生瞬间逆变

侧直流电压迅即降低,而逆变侧直流电流瞬间抬升试图稳定直流系统的运行,交流母线电压也随之降低。在故障期间,由于逆变侧换流母线电压跌落严重,新型与传统逆变器均发生了换相失败(如图 7.20(b)和图 7.21(b)所示),但是,在故障清除后的恢复过程中,传统直流输电逆变侧发生了第 2 次比较严重的换相失败,这直接导致直流电压和交流母线电压的第 2 次瞬间跌落(如图 7.20(a)所示)以及直流电流的第 2 次瞬间抬升(如图 7.20(b)所示);而对于新型直流输电,在故障清除后的恢复过程中,成功地避免了后继换相失败的发生,没有出现故障恢复过程中的电压跌落和电流过冲击,其故障恢复过程明显好于传统直流输电系统。

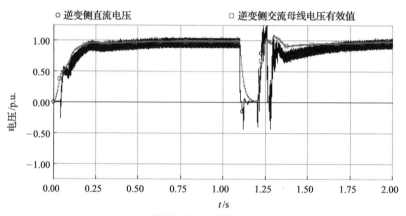

(a) 逆变侧交流母线电压有效值和直流电压

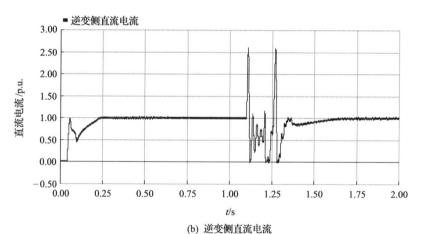

(b) 逆变侧直流电流

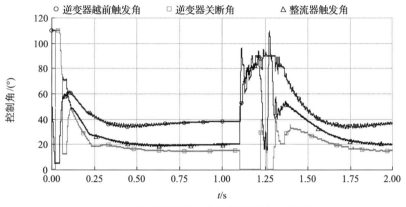

(c) 整流器触发角、逆变器越前触发角和关断角

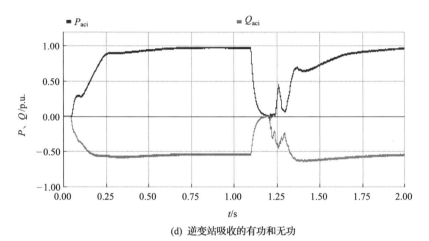

(d) 逆变站吸收的有功和无功

图 7.20　CIGRE 直流输电标准模型的暂态响应特性（逆变侧三相交流母线故障）

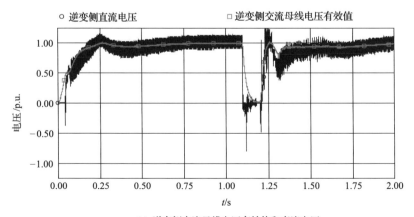

(a) 逆变侧交流母线电压有效值和直流电压

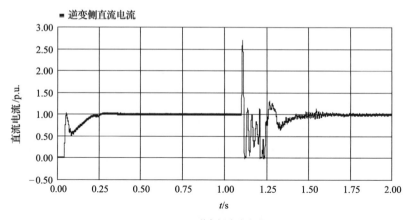

(b) 逆变侧直流电流

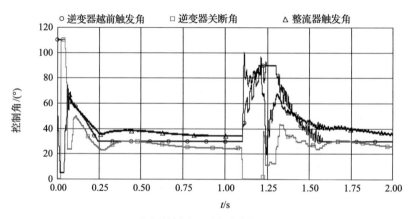

(c) 整流器触发角、逆变器越前触发角和关断角

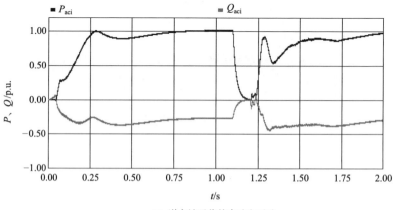

(d) 逆变站吸收的有功和无功

图 7.21 基于感应滤波的新型直流输电暂态响应特性(逆变侧三相交流母线故障)

7.4 本 章 小 结

本章对逆变运行状态下新型换流器的换相特性、静态伏安特性以及暂态响应特性进行了比较系统的研究。首先,通过对正常运行、对称性故障运行以及非对称性故障运行下,感应滤波的实施与否对逆变器换相特性的影响进行了机理性的研究;然后,基于 CIGRE 直流输电标准测试系统和与之等值的基于感应滤波的新型直流输电测试系统,对新型和传统换流器的稳态响应特性进行了研究,揭示了感应滤波的实施对换流器控制性能的影响;最后,对采用感应滤波的新型直流输电在故障运行条件下的暂态响应特性进行了电磁暂态仿真测试,其结果与 CIGRE 直流输电标准系统的测试结果相比较,揭示了基于感应滤波的新型直流输电在暂态特性方面的优点。综合本章所完成的工作,其主要的贡献与所得的重要结论如下。

(1) 采用感应滤波的新型逆变器具有良好的关断角特性。通过对新型直流输电动模试验系统进行研究发现,无论运行于正常工况,还是运行于非理想逆变工况,感应滤波的实施均使得逆变器具有了更为宽广的关断裕度,这大大提升了逆变器的稳定运行能力。

(2) 采用感应滤波的新型换流器具有良好的静态伏安特性。通过对比研究 CIGRE 直流输电标准测试系统和基于感应滤波的新型直流输电系统发现,在整流侧交流系统母线电压跌落 8.5% 时,传统换流器已经无法稳定额定直流电流,控制模式从定直流电流控制转换为定控制;而新型换流器在母线电压跌落 20% 时,才发生控制模式的转换,并且,在换流母线电压跌落值相等的条件下,采用感应滤波的新型直流输电输送功率明显高于传统直流输电的输送功率。

(3) 采用感应滤波的新型直流输电具有良好的暂态特性。通过与 CIGRE 直流输电标准测试系统进行对比研究发现,当发生严重的交流系统故障时,新型直流输电能够避开 1 次换相失败或者后继的 2 次换相失败,在故障清除后的恢复过程中不会发生严重的电压跌落以及电流过冲击,故障恢复能力明显优于传统的直流输电系统。

第8章 感应滤波换流变压器的保护原理研究

作为一种用于直流输电的新型换流变压器,感应滤波换流变压器具有特殊的绕组布置结构与阻抗条件。由于其二次绕组和滤波绕组间的紧密配合,各绕组之间既有磁的联系,又有电的联系。特别是滤波绕组所需要满足的零阻抗设计特点,这在一定程度上对变压器设计提出了严格的要求。相应地,该换流变压器的继电保护方案也会因具体的变压器结构而与传统保护方案有很大不同。因此,研究感应滤波换流变压器的保护方案就成为必须解决的重要技术问题。

由于感应滤波换流变压器特殊的绕组布置方式,有必要通过合适的方法推导相应的数学模型,建立反映变压器内部绕组信息的导纳矩阵,揭示变压器真实的端口电压与端口电流之间的关系,为实际工程应用做好理论基础。传统的变压器数学模型推导一般以严格的变压器理论基础方程式展开[110],这虽能推导出相应的节点导纳矩阵,但过程较为烦琐,不适于复杂多绕组变压器模型建立。

本章将以变压器耦合电路原理为基础,以实际变压器设计参数为依据,通过相分量法建立感应滤波换流变压器的三相基本数学模型。并通过对基本模型的拓展,结合统一广义双侧消取法建立计及中性点接地阻抗的节点拓展模型、计及二次角接三角形绕组抽头处滤波装置的支路拓展模型与将抽头处无源设备等效为变压器本体一部分的等效双绕组变压器模型,便于在实际工程中灵活应用。进一步地,本章将通过分析感应滤波换流变压器的基本数学模型,阐述基于模型的感应滤波换流变压器保护方案的基本原理,并推导基于该原理的感应滤波换流变压器动作方程,拟订相应的保护方案并对判据加以整定。最后通过对感应滤波换流变压器多种运行状态进行仿真计算来验证基于此保护方案的保护原理的正确性。

8.1 基于相分量法的感应滤波换流变压器数学模型

8.1.1 基本数学模型

由图 2.3(b)所示感应滤波换流变压器的绕组接线可相应得到图 8.1 所示表征三相绕组具体联结方式的耦合电路。图中,L_{11}、L_{22}、L_{33} 分别表示 A、B、C 各相一次侧绕组、二次侧延边绕组与公共绕组的自感;L_{12}、L_{13}、L_{23} 分别表示每相中各绕组间的互感;I_i 表示各支路相电流,$i = 1, \cdots, 9$。

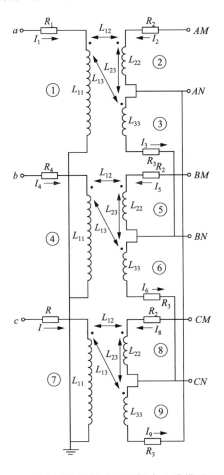

图 8.1　感应滤波换流变压器耦合电路模型(三相)

根据基本电路规律,可得到反映各相绕组内部支路电压与支路电流关系的矩阵表达式,如式(8.1)所示:

$$
\begin{bmatrix} V_{1\sim3} \\ V_{4\sim6} \\ V_{7\sim9} \end{bmatrix} = \begin{bmatrix} Z_{\text{prim}} & 0 & 0 \\ 0 & Z_{\text{prim}} & 0 \\ 0 & 0 & Z_{\text{prim}} \end{bmatrix} \begin{bmatrix} I_{1\sim3} \\ I_{4\sim6} \\ I_{7\sim9} \end{bmatrix} \tag{8.1}
$$

式中,V_i 表示每相中各绕组的支路电压,$i = 1, \cdots, 9$;I_i 表示每相中各绕组的支路电流,$i = 1, \cdots, 9$;Z_{prim} 表示具有耦合特性的互感支路阻抗矩阵,且有

$$Z_{\mathrm{prim}} = \begin{bmatrix} Z_{11} & Z_{12} & Z_{13} \\ Z_{21} & Z_{22} & Z_{23} \\ Z_{31} & Z_{32} & Z_{33} \end{bmatrix} \tag{8.2}$$

式中，$Z_{11} = R_1 + \mathrm{j}\omega L_{11}$，$Z_{22} = R_2 + \mathrm{j}\omega L_{22}$，$Z_{33} = R_3 + \mathrm{j}\omega L_{33}$ 分别表示 A、B、C 各相中各绕组的自阻抗；$Z_{12} = Z_{21} = \mathrm{j}\omega L_{12}$，$Z_{23} = Z_{32} = \mathrm{j}\omega L_{23}$，$Z_{13} = Z_{31} = \mathrm{j}\omega L_{13}$ 分别表示 A、B、C 各相中各绕组间的互阻抗。简记为

$$[V_{\mathrm{branch1}}] = [Z_{\mathrm{prim1}}][I_{\mathrm{branch1}}] \tag{8.3}$$

式(8.3)可进一步处理为表征感应滤波换流变压器各绕组支路电流与支路电压关系的矩阵式，如下：

$$[I_{\mathrm{branch1}}] = [Y_{\mathrm{prim1}}][V_{\mathrm{branch1}}] \tag{8.4}$$

式中，$[Y_{\mathrm{prim1}}]$ 表示反映感应滤波换流变压器内部绕组的支路导纳矩阵，且有

$$[Y_{\mathrm{prim1}}] = Z_{\mathrm{prim1}}^{-1} = \begin{bmatrix} Z_{\mathrm{prim}}^{-1} & 0 & 0 \\ 0 & Z_{\mathrm{prim}}^{-1} & 0 \\ 0 & 0 & Z_{\mathrm{prim}}^{-1} \end{bmatrix} \tag{8.5}$$

反映图 8.1 所示感应滤波换流变压器绕组联结方式的关联矩阵可由表征三相各绕组内部支路电压与端口节点电压的关系矩阵描述，如式(8.6)所示：

$$\begin{bmatrix} V_1 \\ V_2 \\ V_3 \\ V_4 \\ V_5 \\ V_6 \\ V_7 \\ V_8 \\ V_9 \end{bmatrix} = \begin{bmatrix} 1 & 0 & 0 & 0 & 0 & 0 & 0 & 0 & 0 \\ 0 & 0 & 0 & 1 & 0 & 0 & -1 & 0 & 0 \\ 0 & 0 & 0 & 0 & 0 & 0 & 1 & -1 & 0 \\ 0 & 1 & 0 & 0 & 0 & 0 & 0 & 0 & 0 \\ 0 & 0 & 0 & 0 & 1 & 0 & 0 & -1 & 0 \\ 0 & 0 & 0 & 0 & 0 & 0 & 0 & 1 & -1 \\ 0 & 0 & 1 & 0 & 0 & 0 & 0 & 0 & 0 \\ 0 & 0 & 0 & 0 & 0 & 1 & 0 & 0 & -1 \\ 0 & 0 & 0 & 0 & 0 & 0 & -1 & 0 & 1 \end{bmatrix} \begin{bmatrix} V_a \\ V_b \\ V_c \\ V_{AM} \\ V_{BM} \\ V_{CM} \\ V_{AN} \\ V_{BN} \\ V_{CN} \end{bmatrix} \tag{8.6}$$

简记为

$$[V_{\mathrm{branch1}}] = [N_1][V_{\mathrm{node1}}] \tag{8.7}$$

根据基本电路规律，结合式(8.4)、式(8.7)可得到用来描述外部端口节点导纳矩阵与内部绕组支路导纳矩阵关系的节点导纳矩阵，如式(8.8)所示：

$$[Y_{\mathrm{node1}}] = [N_1]^{\mathrm{T}}[Y_{\mathrm{prim1}}][N_1] \tag{8.8}$$

式中，$[Y_{\text{node1}}]$ 即为体现感应滤波换流变压器外部端口节点电压与节点电流关系的节点导纳矩阵。

由此，可得到如式(8.9)所示的基于相分量法的感应滤波换流变压器基本数学模型：

$$
\begin{bmatrix} I_p^{abc} \\ I_s^{ABCM} \\ I_s^{ABCN} \end{bmatrix} = [Y_{\text{node1}}] \begin{bmatrix} V_p^{abc} \\ V_s^{ABCM} \\ V_s^{ABCN} \end{bmatrix} \tag{8.9}
$$

式中，$[I_p^{abc}] = [I_p^a \ I_p^b \ I_p^c]^T$、$[I_s^{ABCM}] = [I_s^{AM} \ I_s^{BM} \ I_s^{CM}]^T$、$[I_s^{ABCN}] = [I_s^{AN} \ I_s^{BN} \ I_s^{CN}]^T$ 分别表示感应滤波换流变压器三相原边绕组、副边延边绕组与公共绕组的端口节点电流；$[V_p^{abc}] = [V_p^a \ V_p^b \ V_p^c]^T$、$[V_s^{ABCM}] = [V_s^{AM} \ V_s^{BM} \ V_s^{CM}]^T$、$[V_s^{ABCN}] = [V_s^{AN} \ V_s^{BN} \ V_s^{CN}]^T$ 分别表示感应滤波换流变压器三相原边绕组、副边延边绕组与公共绕组的端口节点电压。

感应滤波换流变压器基本数学模型的求解，关键是节点导纳矩阵的准确求解，这就需要精确计算感应滤波换流变压器各相原、副边绕组的自阻抗与互阻抗。本章采用第 2 章介绍的基于场路耦合的电磁有限元计算方法，根据感应滤波换流变压器实际制造尺寸，利用有限元分析软件建立变压器的有限元分析模型，求得自感与互感，进而得到式(8.2)中自阻抗与互阻抗的具体值。

根据感应滤波换流变压器基本数学模型，利用 Matlab 进行矩阵运算，可得到具体的包含感应滤波换流变压器绕组联结方式、电气参数等信息的节点导纳矩阵，并由此得到相应的感应滤波换流变压器的解耦电路，如图 8.2 所示。限于篇幅，节

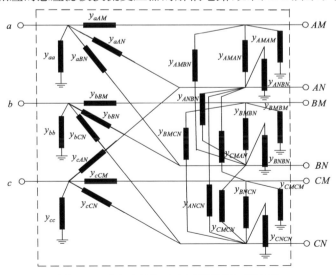

图 8.2　感应滤波换流变压器等效解耦电路

点导纳矩阵的具体值略去,图 8.2 给出了感应滤波换流变压器端口节点间的导纳关系。

图 8.2 所示感应滤波换流变压器解耦电路体现了变压器端口节点电压与节点电流的输入输出特性,根据此图并结合节点导纳矩阵具体值,可对感应滤波换流变压器进行各种相关的故障分析与计算,并可与交直流输电系统其他部分元件接口,开展与之相关的稳态分析与计算。

8.1.2　节点拓展模型

上述数学模型是在忽略中性点接地阻抗的情况下建立的基本模型。在实际情况中,通常会考虑接地阻抗对变压器的影响[110],因此,有必要通过拓展接地节点建立更为详尽的数学模型。

图 2.3(b)所示的感应滤波换流变压器接线方案,若其原边中性点接地,对应于图 8.1 所示的感应滤波换流变压器耦合电路,在应用节点拓展时,考虑在中性点与接地网之间引入接地阻抗,即只需通过拓展原边一个接地节点来描述感应滤波换流变压器中性点接地情况。设此节点为 g,接地阻抗 Z_1 所在支路用 10 表示。采用与基本数学模型类似的建模方式,得到反映各支路电压与支路电流关系的矩阵表达式:

$$\begin{bmatrix} V_{1\sim 9} \\ \hline V_{10} \end{bmatrix} = \underbrace{\begin{bmatrix} Z_{\text{prim1}} & \vdots & 0 \\ \hline 0 & \vdots & Z_1 \end{bmatrix}}_{Z_{\text{prim2}}} \begin{bmatrix} I_{1\sim 9} \\ \hline I_{10} \end{bmatrix} \tag{8.10}$$

式中,Z_{prim1} 表示具有耦合互感特性的感应滤波换流变压器支路阻抗矩阵,见式(8.1)、式(8.3);V_{10}、I_{10} 分别表示拓展节点的支路电压与支路电流。

式(8.10)支路电压与支路电流的关系可进一步处理为用支路导纳矩阵表示:

$$\begin{bmatrix} I_{1\sim 9} \\ \hline I_{10} \end{bmatrix} = \underbrace{\begin{bmatrix} Z_{\text{prim1}}^{-1} & \vdots & 0 \\ \hline 0 & \vdots & Z_1^{-1} \end{bmatrix}}_{Y_{\text{prim2}}} \begin{bmatrix} V_{1\sim 9} \\ \hline V_{10} \end{bmatrix} \tag{8.11}$$

反映感应滤波换流变压器绕组联结方式及接地阻抗信息的联结矩阵可用节点电压与支路电压的关系描述,如式(8.12)所示:

$$
\begin{bmatrix} V_1 \\ V_2 \\ V_3 \\ V_4 \\ V_5 \\ V_6 \\ V_7 \\ V_8 \\ V_9 \\ \hline V_{10} \end{bmatrix} = \underbrace{\begin{bmatrix} 1 & 0 & 0 & 0 & 0 & 0 & 0 & 0 & 0 & \vdots & -1 \\ 0 & 0 & 0 & 1 & 0 & 0 & -1 & 0 & 0 & \vdots & 0 \\ 0 & 0 & 0 & 0 & 0 & 0 & 1 & -1 & 0 & \vdots & 0 \\ 0 & 1 & 0 & 0 & 0 & 0 & 0 & 0 & 0 & \vdots & -1 \\ 0 & 0 & 0 & 0 & 1 & 0 & 0 & -1 & 0 & \vdots & 0 \\ 0 & 0 & 0 & 0 & 0 & 0 & 1 & -1 & 0 & \vdots & 0 \\ 0 & 0 & 1 & 0 & 0 & 0 & 0 & 0 & 0 & \vdots & -1 \\ 0 & 0 & 0 & 0 & 0 & 0 & 0 & -1 & 0 & \vdots & 0 \\ 0 & 0 & 0 & 0 & 0 & 0 & -1 & 0 & 1 & \vdots & 0 \\ \hline 0 & 0 & 0 & 0 & 0 & 0 & 0 & 0 & 0 & \vdots & 1 \end{bmatrix}}_{N_2} \begin{bmatrix} V_a \\ V_b \\ V_c \\ V_{AM} \\ V_{BM} \\ V_{CM} \\ V_{AN} \\ V_{BN} \\ V_{CN} \\ \hline V_g \end{bmatrix} \tag{8.12}
$$

由此可推得计及中性点通过阻抗接地情况下,描述感应滤波换流变压器外部端口节点电压与节点电流关系的节点导纳矩阵,如式(8.13)所示:

$$
[Y_{\text{node2}}] = [N_2]^{\mathrm{T}} [Y_{\text{prim2}}][N_2] \tag{8.13}
$$

从而可得到包含感应滤波换流变压器各绕组联结方式、电气参数及中性点接地方式等详细信息的节点拓展模型,如式(8.14)所示:

$$
\begin{bmatrix} I_p^{abc} \\ I_s^{ABCM} \\ I_s^{ABCN} \\ \hline I_p^g \end{bmatrix} = \underbrace{\begin{bmatrix} Y_{LL2} & \vdots & Y_{LT2} \\ \hline Y_{TL2} & \vdots & Y_{TT2} \end{bmatrix}}_{Y_{\text{node2}}} \begin{bmatrix} V_p^{abc} \\ V_s^{ABCM} \\ V_s^{ABCN} \\ \hline V_p^g \end{bmatrix} \tag{8.14}
$$

式中,I_p^g、V_p^g 分别表示拓展的接地阻抗节点电流与节点电压;其他符号的物理含义与式(8.9)相对应的符号所代表的含义相同。

事实上,计及中性点通过阻抗接地所拓展形成的感应滤波换流变压器增广节点导纳矩阵,其各行和、各列和均为 0,这与基本的电路理论相吻合。并且,接地阻抗节点的计及并未影响变压器原、副边绕组端口节点间的导纳关系。根据统一广义双侧消去法的思想,由于 $V_p^g = 0$,则与拓展节点 g 相关的行、列可直接从增广节点导纳矩阵中删去,即 $Y_{\text{node2}} = Y_{LL2} = Y_{\text{node1}}$,节点拓展模型退化为基本数学模型,这进一步验证了所建节点拓展模型的正确性。

8.1.3　支路拓展模型

由图 2.4 可知,感应滤波换流变压器副边角接三角形绕组有抽头引出接辅助滤波兼无功补偿装置,因此,在研究计及滤波支路情形下感应滤波换流变压器的稳态运行特性时,需要在基本数学模型的基础上,拓展滤波支路,修改模型中的节点导纳矩阵。

对于图 8.2 中星接的无源滤波设备,可等效变换为三角形连接,这样可仅增加支路不增加节点,从而保证节点导纳矩阵阶数不变。设每相滤波支路换算成三角形连接时的综合导纳为 K,则由于节点 AN、BN、CN 均增加了滤波支路,节点导纳矩阵中与之相关的节点导纳应作如下修改:

$$\begin{bmatrix} I_p^{abc} \\ \hline I_s^{ABCM} \\ \hline I_s^{ABCN} \end{bmatrix} = \underbrace{\begin{bmatrix} Y_{LL3} & \multicolumn{3}{c}{Y_{LT3}} \\ \hline & Y_s^{AAN}+2K & Y_s^{ABN}-K & Y_s^{ACN}-K \\ Y_{TL3} & Y_s^{BAN}-K & Y_s^{BBN}+2K & Y_s^{BCN}-K \\ & \underbrace{Y_s^{CAN}-K \quad Y_s^{CBN}-K \quad Y_s^{CCN}+2K}_{Y_{TT3}} \end{bmatrix}}_{Y_{node3}} \begin{bmatrix} V_p^{abc} \\ \hline V_s^{ABCM} \\ \hline V_s^{ABCN} \end{bmatrix} \quad (8.15)$$

实际上,由于感应滤波换流变压器副边角接三角形绕组抽头处连接的是无源设备,可以看成是变压器的组成部分。所以,该变压器可以等效成一个双绕组变压器。为了便于应用和简化计算,现推导把辅助滤波兼无功补偿装置作为变压器本体部分的等效双绕组变压器模型。由于节点 AN、BN、CN 只连接变压器本体部分的导纳,其相对于外围设备为空载,则 $I_s^{AN} = I_s^{BN} = I_s^{CN} = 0$,根据统一广义双侧消去法,式(8.15)所表示的支路拓展模型中的节点导纳矩阵可等效变换为

$$Y_{node4} = Y_{LL3} - Y_{LT3}Y_{TT3}^{-1}Y_{TL3} \quad (8.16)$$

由此可得到将式(8.15)支路拓展模型表示的感应滤波换流变压器等效为双绕组变压器的等效模型,如式(8.17)所示:

$$\begin{bmatrix} I_p^{abc} \\ I_s^{ABCM} \end{bmatrix} = \begin{bmatrix} Y_{node4} \end{bmatrix} \begin{bmatrix} V_p^{abc} \\ V_s^{ABCM} \end{bmatrix} \quad (8.17)$$

即通过等效变换,节点导纳矩阵的阶次由原来的 9 阶降为现在的 6 阶,模型得以简化,便于实际应用。

8.1.4　算例

感应滤波换流变压器(原理变压器)部分设计数据见 4.6 节。限于篇幅,有限元分析用到的变压器结构参数未列出。在以下算例部分,用到的本章模型及其外围连接设备,是通过 Matlab 语言编制相应的电路分析程序计算实现的。事实上,本章模型具有广泛的适用性,也可采用 EMTP、PSPICE 等电路分析软件编程实现。为校验本章所提模型的精确性,本节根据图 8.1 所示感应滤波换流变压器的绕组接线,借助 Matlab/Simulink 中的电力系统仿真模块(PSB)建立了相应的仿

真模型,并对实际算例进行仿真,其结果与采用本章模型的程序运行结果相比较。

1. 算例 1——基本数学模型算例

图 8.3 为感应滤波换流变压器基本数学模型及其端口外围电路,其副边延伸绕组端口节点 *AM*、*BM*、*CM* 接三相对称 Y 型感性负载。由于副边角接三角形绕组抽头处 *AN*、*BN*、*CN* 在直流输电中一般接辅助滤波兼无功补偿装置,故在实际算例中接 Y 型容性负载。采用本章模型的节点电位计算结果与采用 Matlab/Simulink 的节点电位仿真结果的对比如表 8.1 所示。

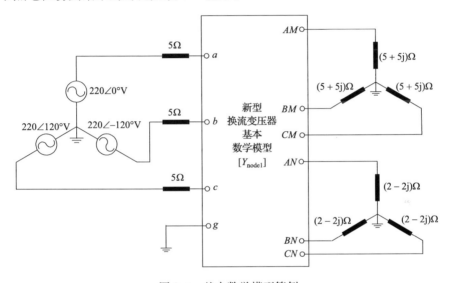

图 8.3　基本数学模型算例

表 8.1　基本模型算例结果比较

节点	本章模型		Matlab	
	幅值/V	相角/(°)	幅值/V	相角/(°)
a	166.9379	−4.2841	166.4129	−4.2736
b	166.9379	−124.2841	166.4129	−124.2736
c	166.9379	115.7186	166.4129	115.7624
AM	161.2002	−12.9048	161.5054	−12.9656
BM	161.2002	−132.9048	161.5054	−132.9656
CM	161.2002	107.0952	161.5054	107.0344
AN	84.3621	−28.5175	83.6724	−28.1364
BN	84.3621	−148.5175	83.6724	−148.1364
CN	84.3621	91.4825	83.6724	91.8636

2. 算例 2——等效双绕组模型算例

图 8.4 为感应滤波换流变压器等效双绕组变压器模型及其端口外围电路。在应用等效模型时,图 8.4 中副边角接三角形绕组抽头处的外围无源设备已作为变压器本体部分考虑。采用基本模型与采用等效模型的节点电位计算结果对比如图 8.5 所示。

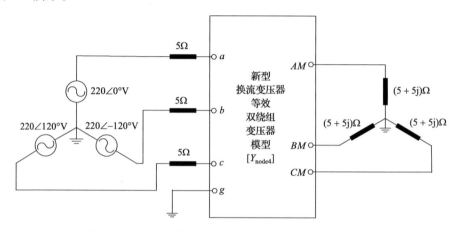

图 8.4　感应滤波换流变压器等效双绕组变压器模型算例

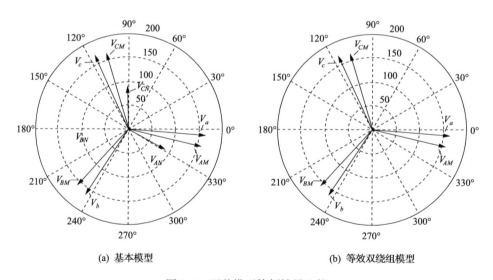

(a) 基本模型　　　　　　　　　　　(b) 等效双绕组模型

图 8.5　两种模型算例结果比较

由算例 1 和算例 2 可见,用本章模型的程序计算结果与用 Matlab/Simulink 的仿真结果十分吻合。所建模型能精确反映感应滤波换流变压器端口节点电位的幅值与相位关系。在外围电路设备一致的情况下,用基本模型与用等效模型计算所得到的感应滤波换流变压器输入输出节点的电位,其幅值与相位完全吻合,如图 8.5 所示,这进一步验证了模型拓展的正确性与精确性。并且,结合统一广义双侧消取法所建立的等效双绕组模型,将感应滤波换流变压器副边角接三角形绕组抽头处的无源滤波设备等效为变压器本体的一部分,能更清晰地用于表达感应滤波换流变压器的传输特性,且降低了节点导纳矩阵的阶次,简化了计算,便于实际应用。

8.2　基于模型的变压器保护基本原理

基于模型的变压器保护原理的基本思想是:一台完好的变压器无论在正常运行、存在励磁涌流,还是外部短路时都满足电路与磁路平衡方程;而在变压器内部故障时,由于结构改变导致参数改变,不再满足电路与磁路平衡方程。感应滤波换流变压器的保护原理正是基于该思想提出的。感应滤波换流变压器单相模型如图 8.6 所示。根据变压器的电磁关系有[111]

$$\begin{cases} u_1 = r_1 i_1 + L_1 \dfrac{\mathrm{d}i_1}{\mathrm{d}t} + M_{21} \dfrac{\mathrm{d}i_2}{\mathrm{d}t} + M_{31} \dfrac{\mathrm{d}i_3}{\mathrm{d}t} + W_1 \dfrac{\mathrm{d}\Phi_m}{\mathrm{d}t} \\[2mm] u_2 = r_2 i_2 + L_2 \dfrac{\mathrm{d}i_2}{\mathrm{d}t} + M_{12} \dfrac{\mathrm{d}i_1}{\mathrm{d}t} + M_{32} \dfrac{\mathrm{d}i_3}{\mathrm{d}t} + W_2 \dfrac{\mathrm{d}\Phi_m}{\mathrm{d}t} \\[2mm] u_3 = r_3 i_3 + L_3 \dfrac{\mathrm{d}i_3}{\mathrm{d}t} + M_{13} \dfrac{\mathrm{d}i_1}{\mathrm{d}t} + M_{23} \dfrac{\mathrm{d}i_2}{\mathrm{d}t} + W_3 \dfrac{\mathrm{d}\Phi_m}{\mathrm{d}t} \end{cases} \tag{8.18}$$

式中,u_1、u_2、u_3、i_1、i_2、i_3、r_1、r_2、r_3、L_1、L_2、L_3、M_{12}、M_{13}、M_{23}、W_1、W_2、W_3 分别表示变压器一二次侧的电压、电流、电阻、自感、互感和绕组匝数;Φ_m 表示变压器主磁通。

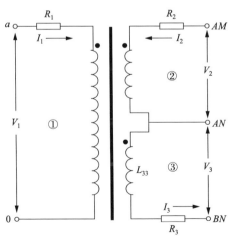

图 8.6　感应滤波换流变压器耦合电路(单相)

设感应滤波换流变压器一次绕组与二次延边绕组、角接公共绕组的变比分别为 $K_{12} = W_1/W_2, K_{13} = W_1/W_3$，由式(8.18)可得

$$\begin{cases} u_1 - K_{12}u_2 = r_1 i_1 + L_1 \dfrac{\mathrm{d}i_1}{\mathrm{d}t} + M_{21}\dfrac{\mathrm{d}i_2}{\mathrm{d}t} + M_{31}\dfrac{\mathrm{d}i_3}{\mathrm{d}t} - K_{12}\left(r_2 i_2 + L_2\dfrac{\mathrm{d}i_2}{\mathrm{d}t} + M_{12}\dfrac{\mathrm{d}i_1}{\mathrm{d}t} + M_{32}\dfrac{\mathrm{d}i_3}{\mathrm{d}t}\right) \\ u_2 - K_{13}u_3 = r_2 i_2 + L_2 \dfrac{\mathrm{d}i_2}{\mathrm{d}t} + M_{12}\dfrac{\mathrm{d}i_1}{\mathrm{d}t} + M_{32}\dfrac{\mathrm{d}i_3}{\mathrm{d}t} - K_{13}\left(r_3 i_3 + L_3\dfrac{\mathrm{d}i_3}{\mathrm{d}t} + M_{13}\dfrac{\mathrm{d}i_1}{\mathrm{d}t} + M_{23}\dfrac{\mathrm{d}i_2}{\mathrm{d}t}\right) \end{cases}$$

$$(8.19)$$

在变压器正常运行、外部故障、过励磁或励磁涌流时，式(8.19)恒成立；在变压器发生内部故障时，由于变压器本身的结构参数发生变化，式(8.19)将不再成立。因此，可以通过判别式(8.19)是否成立，来决定保护的动作行为。

8.3　动作方程的推导及保护判据的整定

8.3.1　动作方程的推导

感应滤波换流变压器三相接线图如图8.1所示。下面将以该种接线的基本数学模型推导该种变压器相应的动作方程，并据此拟订保护判据。

根据变压器耦合电路原理，可得到 A、B、C 三相的关系如下：

$$\begin{cases} u_{a1} = r_1 i_{a1} + L_1 \dfrac{\mathrm{d}i_{a1}}{\mathrm{d}t} + M_{21}\dfrac{\mathrm{d}i_{a2}}{\mathrm{d}t} + M_{31}\dfrac{\mathrm{d}i_{a3}}{\mathrm{d}t} + \dfrac{\mathrm{d}\Phi_{ma}}{\mathrm{d}t} \\[2mm] u_{b1} = r_1 i_{b1} + L_1 \dfrac{\mathrm{d}i_{b1}}{\mathrm{d}t} + M_{21}\dfrac{\mathrm{d}i_{b2}}{\mathrm{d}t} + M_{31}\dfrac{\mathrm{d}i_{b3}}{\mathrm{d}t} + \dfrac{\mathrm{d}\Phi_{mb}}{\mathrm{d}t} \\[2mm] u_{c1} = r_1 i_{c1} + L_1 \dfrac{\mathrm{d}i_{c1}}{\mathrm{d}t} + M_{21}\dfrac{\mathrm{d}i_{c2}}{\mathrm{d}t} + M_{31}\dfrac{\mathrm{d}i_{c3}}{\mathrm{d}t} + \dfrac{\mathrm{d}\Phi_{mc}}{\mathrm{d}t} \\[2mm] u_{a2} = r_2 i_{a2} + L_2 \dfrac{\mathrm{d}i_{a2}}{\mathrm{d}t} + M_{12}\dfrac{\mathrm{d}i_{a1}}{\mathrm{d}t} + M_{32}\dfrac{\mathrm{d}i_{a3}}{\mathrm{d}t} + \dfrac{\mathrm{d}\Phi_{ma}}{\mathrm{d}t} \\[2mm] u_{b2} = r_2 i_{b2} + L_2 \dfrac{\mathrm{d}i_{b2}}{\mathrm{d}t} + M_{12}\dfrac{\mathrm{d}i_{b1}}{\mathrm{d}t} + M_{32}\dfrac{\mathrm{d}i_{b3}}{\mathrm{d}t} + \dfrac{\mathrm{d}\Phi_{mb}}{\mathrm{d}t} \\[2mm] u_{c2} = r_2 i_{c2} + L_2 \dfrac{\mathrm{d}i_{c2}}{\mathrm{d}t} + M_{12}\dfrac{\mathrm{d}i_{c1}}{\mathrm{d}t} + M_{32}\dfrac{\mathrm{d}i_{c3}}{\mathrm{d}t} + \dfrac{\mathrm{d}\Phi_{mc}}{\mathrm{d}t} \\[2mm] u_{ab3} = r_3 i_{a3} + L_3 \dfrac{\mathrm{d}i_{a3}}{\mathrm{d}t} + M_{13}\dfrac{\mathrm{d}i_{a1}}{\mathrm{d}t} + M_{23}\dfrac{\mathrm{d}i_{a2}}{\mathrm{d}t} + \dfrac{\mathrm{d}\Phi_{ma}}{\mathrm{d}t} \\[2mm] u_{bc3} = r_3 i_{b3} + L_3 \dfrac{\mathrm{d}i_{b3}}{\mathrm{d}t} + M_{13}\dfrac{\mathrm{d}i_{b1}}{\mathrm{d}t} + M_{23}\dfrac{\mathrm{d}i_{b2}}{\mathrm{d}t} + \dfrac{\mathrm{d}\Phi_{mb}}{\mathrm{d}t} \\[2mm] u_{ca3} = r_3 i_{c3} + L_3 \dfrac{\mathrm{d}i_{c3}}{\mathrm{d}t} + M_{13}\dfrac{\mathrm{d}i_{c1}}{\mathrm{d}t} + M_{23}\dfrac{\mathrm{d}i_{c2}}{\mathrm{d}t} + \dfrac{\mathrm{d}\Phi_{mc}}{\mathrm{d}t} \end{cases}$$

$$(8.20)$$

式中，A、B、C三相各符号所代表的物理含义与上述单相模型相一致,且有 $M_{12} = M_{21}, M_{13} = M_{31}, M_{23} = M_{32}$。将参数归算到一次侧,可得

$$
\begin{cases}
u_{a1} - u_{b1} + u'_{b2} - u'_{a2} = r_1(i_{a1} - i_{b1}) + \dfrac{x_1}{\omega}\dfrac{\mathrm{d}(i_{a1} - i_{b1})}{\mathrm{d}t} \\[4pt]
\quad - r'_2(i'_{a2} - i'_{b2}) - \dfrac{x'_2}{\omega}\dfrac{\mathrm{d}(i'_{a2} - i'_{b2})}{\mathrm{d}t} + (m'_{13} - m'_{23})\dfrac{\mathrm{d}i_{mab}}{\mathrm{d}t} \\[8pt]
u_{b1} - u_{c1} + u'_{c2} - u'_{b2} = r_1(i_{b1} - i_{c1}) + \dfrac{x_1}{\omega}\dfrac{\mathrm{d}(i_{b1} - i_{c1})}{\mathrm{d}t} \\[4pt]
\quad - r'_2(i'_{b2} - i'_{c2}) - \dfrac{x'_2}{\omega}\dfrac{\mathrm{d}(i'_{b2} - i'_{c2})}{\mathrm{d}t} + (m'_{13} - m'_{23})\dfrac{\mathrm{d}i_{mbc}}{\mathrm{d}t} \\[8pt]
u_{c1} - u_{a1} + u'_{a2} - u'_{c2} = r_1(i_{c1} - i_{a1}) + \dfrac{x_1}{\omega}\dfrac{\mathrm{d}(i_{c1} - i_{a1})}{\mathrm{d}t} \\[4pt]
\quad - r'_2(i'_{c2} - i'_{a2}) - \dfrac{x'_2}{\omega}\dfrac{\mathrm{d}(i'_{c2} - i'_{a2})}{\mathrm{d}t} + (m'_{13} - m'_{23})\dfrac{\mathrm{d}i_{mca}}{\mathrm{d}t} \\[8pt]
u'_{a2} - u'_{b2} + u'_{bc3} - u'_{ab3} = r'_2(i'_{a2} - i'_{b2}) + \dfrac{x'_2}{\omega}\dfrac{\mathrm{d}(i'_{a2} - i'_{b2})}{\mathrm{d}t} \\[4pt]
\quad - r'_3(i'_{a3} - i'_{b3}) - \dfrac{x'_3}{\omega}\dfrac{\mathrm{d}(i'_{a3} - i'_{b3})}{\mathrm{d}t} + (m'_{12} - m'_{13})\dfrac{\mathrm{d}i_{mab}}{\mathrm{d}t} \\[8pt]
u'_{b2} - u'_{c2} + u'_{ca3} - u'_{bc3} = r'_2(i'_{b2} - i'_{c2}) + \dfrac{x'_2}{\omega}\dfrac{\mathrm{d}(i'_{b2} - i'_{c2})}{\mathrm{d}t} \\[4pt]
\quad - r'_3(i'_{b3} - i'_{c3}) - \dfrac{x'_3}{\omega}\dfrac{\mathrm{d}(i'_{b3} - i'_{c3})}{\mathrm{d}t} + (m'_{12} - m'_{13})\dfrac{\mathrm{d}i_{mbc}}{\mathrm{d}t} \\[8pt]
u'_{c2} - u'_{a2} + u'_{ab3} - u'_{ca3} = r'_2(i'_{c2} - i'_{a2}) + \dfrac{x'_2}{\omega}\dfrac{\mathrm{d}(i'_{c2} - i'_{a2})}{\mathrm{d}t} \\[4pt]
\quad - r'_3(i'_{c3} - i'_{a3}) - \dfrac{x'_3}{\omega}\dfrac{\mathrm{d}(i'_{c3} - i'_{a3})}{\mathrm{d}t} + (m'_{12} - m'_{13})\dfrac{\mathrm{d}i_{mca}}{\mathrm{d}t}
\end{cases}
\tag{8.21}
$$

式中,i_{mab}、i_{mbc}、i_{mca}表示感应滤波换流变压器三相的差动电流;x_1、x'_2、x'_3表示变压器单相一次侧绕组与二次侧延边绕组、角接公共绕组的等值电抗(归算至一次侧),且有

$$
\begin{cases}
i_{mab} = i_{a1} - i_{b1} + i'_{a2} - i'_{b2} + i'_{a3} - i'_{b3} \\
i_{mbc} = i_{b1} - i_{c1} + i'_{b2} - i'_{c2} + i'_{b3} - i'_{c3} \\
i_{mca} = i_{c1} - i_{a1} + i'_{c2} - i'_{a2} + i'_{c3} - i'_{a3}
\end{cases}
\tag{8.22}
$$

$$
\begin{cases}
x_1 = \omega(L_1 - m'_{12} - m'_{13} + m'_{23}) \\
x_1 = \omega(L'_2 - m'_{12} - m'_{23} + m'_{13}) \\
x_1 = \omega(L'_3 - m'_{13} - m'_{23} + m'_{12})
\end{cases}
\tag{8.23}
$$

式(8.21)即是所推导的感应滤波换流变压器动作特性方程。在变压器正常运行、励磁涌流、外部故障时,式(8.21)中的 6 个等式完全成立,且前 3 个等式中的 $(m'_{13}-m'_{23})$ 和后 3 个等式中的 $(m'_{12}-m'_{13})$ 应分别为同一值;只有变压器发生内部故障时,式(8.21)中的 6 个等式才不成立,而且前 3 个等式计算的 $(m'_{13}-m'_{23})$ 和后3 个等式计算的 $(m'_{12}-m'_{13})$ 会有较大差别。这些是制定感应滤波换流变压器保护判据的依据。

8.3.2 保护判据

根据所推导的感应滤波换流变压器动作特性方程可制定相应的变压器保护判据。

判据一:当差动电流大于门槛值时,利用 $(m'_{13}-m'_{23})$ 和 $(m'_{12}-m'_{13})$ 的估算值,计算式(8.21)中的 6 个方程等式两边的差值,如果等式两边的差值超过门槛值,判定变压器发生内部故障,保护跳闸。该判据用来识别较严重的变压器内部故障。

判据二:当差动电流大于门槛值时,利用式(8.21)分别计算 $(m'_{13}-m'_{23})$ 与 $(m'_{12}-m'_{13})$ 的差值,如果 $(m'_{13}-m'_{23})$ 或 $(m'_{12}-m'_{13})$ 的差值超过所设定的门槛值,则判定变压器发生内部故障,保护跳闸。该判据在判据一的基础上进一步识别变压器内部轻微故障。

8.4 仿真算例

为了验证上述感应滤波换流变压器保护原理及判据的正确性,利用动态仿真工具 Matlab/Simulink 中的电力系统工具箱 PSB,建立了图 8.1 所示感应滤波换流变压器的仿真模型,通过电压测量模块与电流测量模块采集该变压器一、二次侧的端口电压、电流波形,并通过微分模块、增益模块等数学模块计算动作特性方程组式(8.21)中 6 个等式的差值。仿真所用感应滤波换流变压器(原理变压器)单相参数为:额定容量 17.9134kV・A;一次侧绕组额定电压 220V、等值电抗 0.4372Ω;二次侧公共绕组额定电压 196.7025V、等值电抗 −0.000532Ω;二次侧延边绕组额定电压 113.5662V、等值电抗 0.1135Ω。参照文献[112]中的保护判据,取门槛值=$0.05U_{1N}$=11V。

8.4.1 空载合闸

图 8.7 为感应滤波换流变压器在 0.05s 时空载合闸的动态仿真曲线。图 8.7(a)中 u_1、u_2、u_3 分别表示变压器 A 相一次侧绕组电压与二次侧延边绕组、公共绕组电压;图 8.7(b)、(c)分别为动态特性方程式(8.21)中前 3 个等式与后3 个等式两边

的差值。可见,在空载合闸时,差值均小于所设定的门槛值 11V,变压器保护不会发生误动。

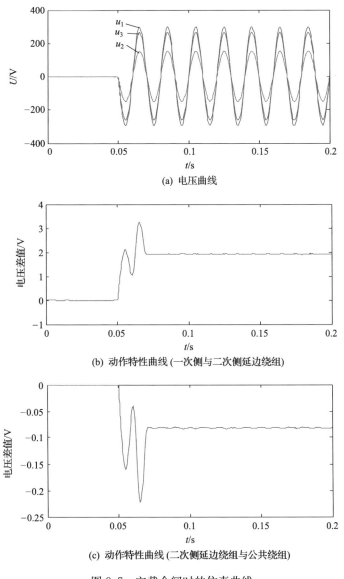

(a) 电压曲线

(b) 动作特性曲线(一次侧与二次侧延边绕组)

(c) 动作特性曲线(二次侧延边绕组与公共绕组)

图 8.7　空载合闸时的仿真曲线

8.4.2　内部故障

图 8.8 为感应滤波换流变压器在 0.05s 时空载合闸,在 0.1s 时 A 相二次侧延边绕组 10% 匝间短路,在 0.15s 时内部故障切除全过程的动态仿真曲线。由图可

见,由于延边绕组在 0.1s 时发生内部故障,此时所计算出的动态特性方程组式(8.21)前 3 个等式两边的差值大于门槛值,在 0.15s 故障切除后,其差值小于门槛值。从而验证了保护原理及判据能可靠识别感应滤波换流变压器的内部故障。

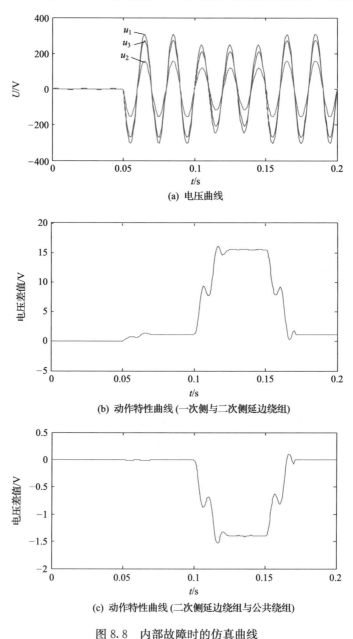

(a) 电压曲线

(b) 动作特性曲线 (一次侧与二次侧延边绕组)

(c) 动作特性曲线 (二次侧延边绕组与公共绕组)

图 8.8　内部故障时的仿真曲线

8.4.3　外部故障

图 8.9 为感应滤波换流变压器在 0.05s 时空载合闸,在 0.1s 时 A 相一次侧出线端口开路,在 0.15s 时出线端口合闸时的动态仿真曲线。由图可知,在变压器外部发生故障时,所计算出的动态特性方程组式(8.21)中前 3 个等式与后 3 个等式两边的差值均小于所设定的门槛值。变压器保护在发生外部故障时不会误动。

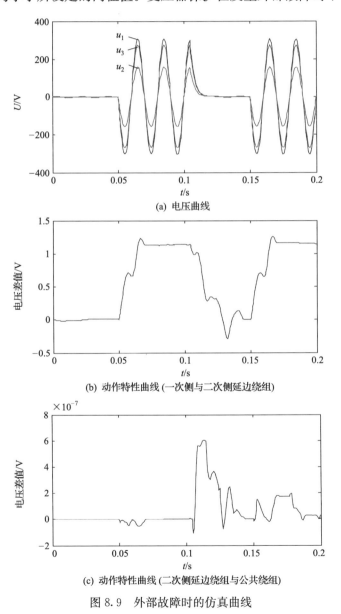

图 8.9　外部故障时的仿真曲线

8.5　本 章 小 结

　　本章提出了一种采用相分量法对感应滤波换流变压器进行数学建模的方法。通过分析感应滤波换流变压器的绕组接线方案及配套滤波设备的布置特点,采用三相统一的相分量建模方法,建立了包含感应滤波换流变压器绕组联结特点、电气参数等信息的数学模型,并通过对基本模型的节点拓展、支路拓展建立了更为详尽的计及变压器中性点接地阻抗、副边角接三角形绕组抽头处无源设备的拓展模型及等效双绕组变压器模型。结合统一广义双侧消去法揭示了模型之间的相互关系。所建模型实质上是通过节点导纳矩阵反映感应滤波换流变压器端口节点电压与节点电流的关系。具体算例结果验证了本章模型的合理性、正确性与精确性。该种变压器建模方法具有普遍的意义,能用来解决各种复杂多绕组变压器的模型建立问题,并能与统一广义双侧消去法密切结合,用于解决与变压器相关的,如短路故障电流分布的分析、潮流计算等问题。

　　进一步地,本章通过分析感应滤波换流变压器独特的绕组联结方式,利用变压器耦合电路原理,推导了感应滤波换流变压器的动作特性方程,阐述了基于模型的变压器保护原理,并据此拟订相应的保护判据。由于该保护原理考虑了变压器的励磁特性,能从根本上摆脱励磁涌流的影响。并且,通过所推导的动作特性方程可知该原理避开了变压器难以得到的内部参数,实现简单。通过对感应滤波换流变压器在各种工况下的运行状态进行暂态仿真验证了该保护原理及判据的正确性。

第9章 谐波条件下感应滤波换流变压器绕组振动研究

换流变压器是直流输电系统中非常重要的设备,它处于交流电与直流电相互变换的核心位置,其造价昂贵,制造技术复杂。它的可靠性对于整个系统也十分关键。换流变压器与大型电力变压器的结构基本相同,但是它们应用的工况有显著差异。与电力变压器不同,换流变压器直接与换流阀相连,换流阀是典型的非线性器件,它在运行中需要消耗大量的无功功率并产生大量的谐波,其中含量较大的是特征次谐波[80]。

对于12脉波换流器,它包含的两组6脉波换流器单元之间有30°的相位差,经过网侧汇流后5次和7次谐波的含量被大大降低了。传统的滤波方案是在换流变压器的网侧上投入11次和13次交流滤波器以进一步滤除余下的特征次谐波。这样的滤波措施仅仅是从电网和系统的角度考虑,而忽视了谐波对各个器件尤其是换流变压器的负面作用。在传统的滤波方案下,5、7、11、13次特征谐波电流仍然在换流变压器绕组内自由流通,此时绕组受到的电磁力将会增大,使得绕组电磁振动加剧。同时铁心中的谐波磁通增大,使得其磁致伸缩加剧,这些都导致换流变压器的器身振动噪声严重超标,也缩短了换流变压器的使用寿命。

第2章中对感应滤波换流变压器的滤波机理分析表明,采用感应滤波技术能使得绝大部分的特征次谐波被屏蔽于阀侧绕组,网侧绕组中几乎没有谐波流过,这种特性对换流变压器本身尤其是降低绕组电磁振动来说是非常有益的。本章主要目的就是围绕换流变压器的特征次谐波电流与绕组电磁振动的关系进行探讨分析,揭示在谐波条件下感应滤波换流变压器对绕组电磁振动的抑制作用。

9.1 感应滤波换流变压器绕组电磁力的计算

9.1.1 计算方法的选择

变压器绕组的载流导体处在漏磁场之中,这些导体上有电磁力对其作用,电磁力在绕组的材料上产生机械应力,随后机械应力部分地传递至变压器的其他结构元件。对于绕组的电磁力计算,一般可以采用毕奥-沙瓦定律或者拉格朗日定理来计算[87]。

位于磁场中的电流元的电磁力可按照毕奥-沙瓦定律的微分形式来表示:

$$\mathrm{d}f = [Bj]\mathrm{d}v \tag{9.1}$$

式中，$\mathrm{d}f$ 是作用在处于磁密为 B 的磁场中的电流密度为 j、体积为 $\mathrm{d}v$ 的导体元上的力的矢量。式(9.1)中的力、磁密和电流密度这三者的方向遵循左手定则。

拉格朗日定理应用于电磁场时，可以表述如下：在处于电磁场中的电流回路系统中，电磁力力求改变系统的给定坐标，这个电磁力的大小等于磁场能量对给定坐标的导数。将变压器绕组看成单独的回路来研究，则有

$$f_g = \frac{\partial W_M}{\partial g} \tag{9.2}$$

式中，f_g 为作用在坐标 g 方向（g 方向可以为 x 或者 y 方向）的力；W_M 为变压器绕组漏磁场能量，通常可以由绕组的漏电感求得。

如果变压器的漏磁场分布估算正确，上述两种计算方法都可以给出足够精确的结果。经过仔细比较和分析，选用拉格朗日定理来求解绕组电磁力，其主要理由如下。

（1）如果选用毕奥-沙瓦定律来计算电磁力和振动，需采用有限元的方法来计算，也就是说将使用耦合场分析。因为对绕组振动的计算需要考虑两个工程物理场（电磁场和结构场）之间的相互作用的分析。耦合场的分析过程依赖于各个物理场的耦合，耦合场的分析方法分为直接耦合和顺序耦合两大类，下面就这两种方法的可行性进行分析。

直接耦合的方法只包含一个分析，它的模型使用的耦合单元中包含了多场的自由度。耦合过程中计算涉及物理量的单元矩阵或者载荷向量进行耦合。但是，对于以电流作为输入量、位移作为输出量的电磁-结构耦合分析，并没有合适的耦合单元。

顺序耦合分析方法包含两个或者多个按顺序的分析（两次或多次求解），每个分析属于某一特定的物理场分析，每个分析都使用对应物理场下的单元。也就是说，在该方法下，需要定义两个不同的物理环境，每个物理环境包含各自的运行参数和特性，而电磁场瞬态分析的结果将作为结构场分析的输入激励。显然这种方法对电脑内存、硬盘以及处理器的要求将会非常高，此外，其求解过程将会相当的漫长。

（2）若采用顺序耦合分析的方法，则将对两次分析的输入分别进行离散化。但是如果采用拉格朗日定理，则只需对输入（电磁力）进行一次离散化。因此，就计算精度而言，拉格朗日定理优于毕奥-沙瓦定律。当然，也可以采用取更多载荷步（如超过本章采用的 400 个载荷步）的方法来提高计算精度，但是这样计算效率将会十分低下，而对电脑配置的要求也必然更加苛刻。

9.1.2　绕组电磁力的计算

　　根据漏磁场计算作用在变压器绕组上的电磁力,原则上与绕组的数量无关。在三绕组或者多绕组变压器中,各绕组磁势产生的漏磁感应强度可以用叠加法来确定。对于磁势均匀分布的等高绕组,作用在变压器绕组上的电磁力可分为径向外力和轴向内力,并且可用拉格朗日定理来计算[87]。感应滤波换流变压器绕组所受电磁力的示意图如图 9.1 所示。

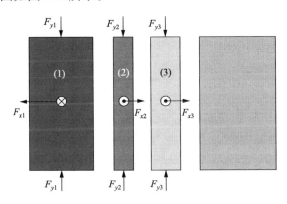

图 9.1　绕组受力示意图

　　为了计算方便,本节对感应滤波换流变压器的原边绕组、阀侧公共绕组、阀侧延边绕组分别取标号 1、2、3,各式中的数字下标分别对应相应的绕组。三绕组变压器的漏磁场能量可表示为

$$W_M = \frac{1}{2}L_1 i_1^2 + \frac{1}{2}L_2 i_2^2 + \frac{1}{2}L_3 i_3^2 + M_{12} i_1 i_2 + M_{13} i_1 i_3 + M_{23} i_2 i_3 \quad (9.3)$$

式中, i_1、i_2、i_3 是各个绕组的瞬时值;L_1、L_2、L_3 是各个绕组的自感;M_{12}、M_{13}、M_{23} 是下标对应绕组两两之间的互感。

　　在实际中,绕组的形状变化非常微小,其自感保持不变,但是绕组间的相互距离和互感会发生变化。根据拉格朗日定理,可得作用在原边绕组径向(x 坐标方向)和轴向(y 坐标方向)的电磁力为

$$\begin{cases} F_{x1} = \dfrac{\partial W_M}{\partial x} = \pm\, i_1 i_2 \dfrac{\partial M_{12}}{\partial x} \pm i_1 i_3 \dfrac{\partial M_{13}}{\partial x} \\[3mm] F_{y1} = \dfrac{\partial W_M}{\partial y} = \pm\, i_1 i_2 \dfrac{\partial M_{12}}{\partial y} \pm i_1 i_3 \dfrac{\partial M_{13}}{\partial y} \end{cases} \quad (9.4)$$

　　而两绕组之间的漏电抗可以表示为

$$\begin{cases} L_{1\text{-}2} = L_1 - 2M_{12} + L_2 \\ L_{1\text{-}3} = L_1 - 2M_{13} + L_3 \end{cases} \quad (9.5)$$

式中，$L_{1\cdot2}$、$L_{1\cdot3}$是一对绕组之间的漏电感，第一个下标表明漏电感已经折算至该下标所代表的绕组侧。

结合式(9.4)和式(9.5)可以得到原边绕组的电磁力。类似的方法，可以求得各个绕组的径向和轴向电磁力分别为

$$\begin{cases} F_{x1} = \pm\dfrac{1}{2}i_1 i_2 \dfrac{\partial L_{1\text{-}2}}{\partial x} \pm \dfrac{1}{2}i_1 i_3 \dfrac{\partial L_{1\text{-}3}}{\partial x} \\[3mm] F_{x2} = \pm\dfrac{1}{2}i_2 i_1 \dfrac{\partial L_{2\text{-}1}}{\partial x} \pm \dfrac{1}{2}i_2 i_3 \dfrac{\partial L_{2\text{-}3}}{\partial x} \\[3mm] F_{x3} = \pm\dfrac{1}{2}i_3 i_1 \dfrac{\partial L_{3\text{-}1}}{\partial x} \pm \dfrac{1}{2}i_3 i_2 \dfrac{\partial L_{3\text{-}2}}{\partial x} \end{cases} \tag{9.6}$$

$$\begin{cases} F_{y1} = \pm\dfrac{1}{2}i_1 i_2 \dfrac{\partial L_{1\text{-}2}}{\partial y} \pm \dfrac{1}{2}i_1 i_3 \dfrac{\partial L_{1\text{-}3}}{\partial y} \\[3mm] F_{y2} = \pm\dfrac{1}{2}i_2 i_1 \dfrac{\partial L_{2\text{-}1}}{\partial y} \pm \dfrac{1}{2}i_2 i_3 \dfrac{\partial L_{2\text{-}3}}{\partial y} \\[3mm] F_{y3} = \pm\dfrac{1}{2}i_3 i_1 \dfrac{\partial L_{3\text{-}1}}{\partial y} \pm \dfrac{1}{2}i_3 i_2 \dfrac{\partial L_{3\text{-}2}}{\partial y} \end{cases} \tag{9.7}$$

式中，正负符号取决于电流的方向以及绕组间的相互位置。

接下来以式(9.6)和式(9.7)中的$L_{1\text{-}2}$为例，推导漏电感的计算。图9.2给出了感应滤波换流变压器的各个尺寸标号，包括绕组厚度和高度、绕组间距、绕组与铁心中心距、铁心半径等。

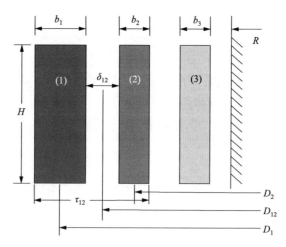

图 9.2　感应滤波换流变压器尺寸标号

对于原边绕组所占据空间的漏磁场能量，可以由式(9.8)求得

$$W_{M1} = \frac{1}{2\mu_0} \int_0^{b_1} \frac{\pi(D_1 - b_1 + 2x)\mu_0^2 I_1^2 W_1^2 \rho_{12}^2 x^2 h}{\rho_1 h^2 b_1^2} dx \qquad (9.8)$$

式中，ρ_{12} 为洛果夫斯基系数；μ_0 为真空磁导系数。整理可得

$$W_{M1} = \frac{\mu_0 \pi (I_1 W_1)^2 \rho_{12} b_1 D_1}{3H} \qquad (9.9)$$

同理，对于公共绕组所占据空间的漏磁场能量以及两绕组之间的空道的漏磁场能量，可以由式(9.10)和式(9.11)求得

$$W_{M2} = \frac{\mu_0 \pi (I_1 W_1)^2 \rho_{12} b_2 D_2}{3H} \qquad (9.10)$$

$$W_{M12} = \frac{\mu_0 \pi (I_1 W_1)^2 \rho_{12} D_{12} \delta_{12}}{H} \qquad (9.11)$$

将式(9.9)、式(9.10)和式(9.11)相加，可得

$$\begin{aligned}
W_M &= W_{M1} + W_{M2} + W_{M12} \\
&= \frac{\mu_0 \pi (I_1 W_1)^2 \rho_{12}}{H} \left(D_{12} \delta_{12} + \frac{b_1 D_1 + b_2 D_2}{3} \right)
\end{aligned} \qquad (9.12)$$

由于绕组直径远大于其厚度，可以近似地认为

$$D_{12} \delta_{12} + \frac{b_1 D_1 + b_2 D_2}{3} \approx D_{12} \left(\delta_{12} + \frac{b_1 + b_2}{3} \right) \qquad (9.13)$$

这样便使得式(9.12)变换为

$$W_M = \frac{\mu_0 \pi (I_1 W_1)^2 \rho_{12} D_{12} \delta'}{H} \qquad (9.14)$$

式中，$\delta' = \delta_{12} + \dfrac{b_1 + b_2}{3}$，称为漏磁空道的折算宽度。

最终可以得到漏电感为

$$L_{1\text{-}2} = \frac{W_M}{I^2} = \frac{\mu_0 \pi W_1^2 \rho_{12} D_{12} \delta'}{H} \qquad (9.15)$$

$L_{2\text{-}3}$ 和 $L_{3\text{-}1}$ 可以类似求得，对 $L_{1\text{-}2}$、$L_{2\text{-}3}$ 和 $L_{3\text{-}1}$ 分别在径向坐标和轴向坐标求导可得

$$\begin{cases} \dfrac{\partial L_{1\text{-}2}}{\partial x} = \dfrac{\partial L_{1\text{-}2}}{\partial \delta_{12}} = \dfrac{\pi\mu_0 W_1^2 \rho_{12} D_{12}}{H} \\[3mm] \dfrac{\partial L_{2\text{-}3}}{\partial x} = \dfrac{\partial L_{2\text{-}3}}{\partial \delta_{23}} = \dfrac{\pi\mu_0 W_2^2 \rho_{23} D_{23}}{H} \\[3mm] \dfrac{\partial L_{3\text{-}1}}{\partial x} = \dfrac{\partial L_{3\text{-}1}}{\partial \delta_{31}} = \dfrac{\pi\mu_0 W_3^2 \rho_{31} D_{31}}{H} \end{cases} \tag{9.16}$$

$$\begin{cases} \dfrac{\partial L_{1\text{-}2}}{\partial y} = \dfrac{\partial L_{1\text{-}2}}{\partial H} = -\dfrac{\pi\mu_0 W_1^2 \rho_{12} D_{12}(\delta_{12} + (b_1 + b_2)/3)}{2H^2} \\[3mm] \dfrac{\partial L_{2\text{-}3}}{\partial y} = \dfrac{\partial L_{2\text{-}3}}{\partial H} = -\dfrac{\pi\mu_0 W_2^2 \rho_{23} D_{23}(\delta_{23} + (b_2 + b_3)/3)}{2H^2} \\[3mm] \dfrac{\partial L_{3\text{-}1}}{\partial y} = \dfrac{\partial L_{3\text{-}1}}{\partial H} = \dfrac{\pi\mu_0 W_3^2 \rho_{31} D_{31}(\delta_{31} + (b_3 + b_1)/3)}{2H^2} \end{cases} \tag{9.17}$$

将式(9.16)和式(9.17)代入式(9.6)和式(9.7)即可求解各个绕组分别在径向和轴向上的电磁力。

计算可得四种工况下(未投入,全投入,投入 5、7 次,投入 11、13 次)的绕组径向和轴向电磁力,其波形如图 9.3 和图 9.4 所示。

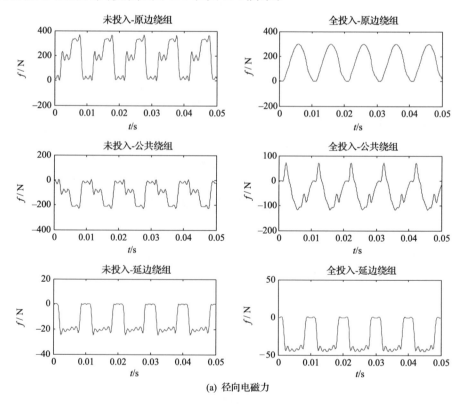

(a) 径向电磁力

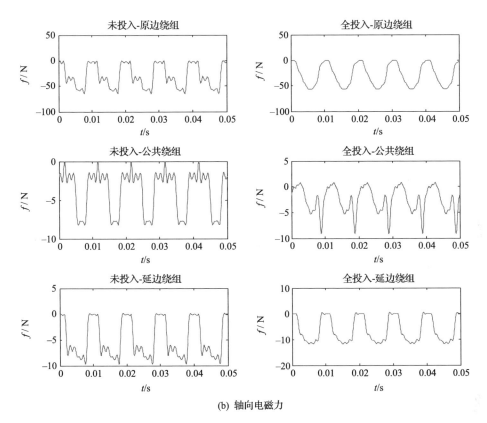

(b) 轴向电磁力

图 9.3　未投入和全投入感应滤波装置时绕组电磁力

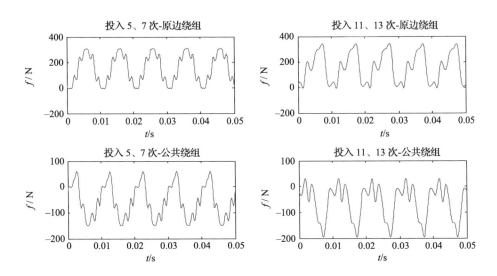

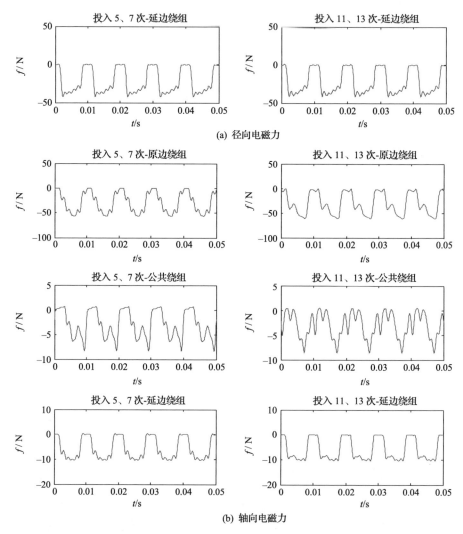

(b) 轴向电磁力

图 9.4　单独投入 5、7 次和 11、13 次感应滤波装置时绕组电磁力

　　为了更清楚的对四种工况下绕组电磁力大小进行对比,又将其电磁力的有效值做了详细统计,如表 9.1 和表 9.2 所示。

表 9.1　四种工况下绕组径向电磁力

绕组组别	电磁力(RMS)/N			
	未投入	全投入	投入 5、7 次	投入 11、13 次
原边绕组	215.2	185.3	187.1	197.1
公共绕组	128.3	66.9	85.4	91.3
延边绕组	16.2	32.7	27.4	27.3

表 9.2　四种工况下绕组轴向电磁力

绕组组别	电磁力(RMS)/N			
	未投入	全投入	投入 5、7 次	投入 11、13 次
原边绕组	38.3	36.3	35.4	37.13
公共绕组	4.70	3.63	4.07	3.97
延边绕组	6.13	8.01	7.17	7.35

　　从图 9.3 和图 9.4 以及表 9.1 和表 9.2 中可以看出,绕组电磁力有如下几点规律。

　　(1) 无论是否投入感应滤波装置,在径向和轴向的电磁力都是以两倍电流基频(100Hz)波动。该结果与工程实际相符,变压器的振动基频一般为两倍电流基频[8]。

　　(2) 原边绕组的径向电磁力在全投入和单独投入 5、7 次与 11、13 次滤波装置后,其幅值均有明显下降。在第 3 章的模态分析中,已经明确原边绕组是最容易振动的部位,对原边绕组的振动抑制也是最为关键的,而原边绕组的径向力基本上决定了它的振动程度。投入感应滤波装置能够有效地减小径向力的幅值,这显然对降低绕组振动非常有益。

　　(3) 无论是否投入感应滤波装置,三个绕组中原边绕组受到的径向电磁力最大,公共绕组次之,延边绕组最小,这也再次表明了原边绕组的振动对于绕组整体振动的关键性。

　　(4) 对比全投入和单独投入 5、7 次与 11、13 次滤波装置三种工况,全投入时原边绕组的径向电磁力下降程度最大,单独投入 5、7 次与 11、13 次滤波装置时下降程度较小,其中单独投入 5、7 次又比单独投入 11、13 次下降得更多。这表明 5、7 次谐波对绕组电磁力的影响较大。

　　(5) 在全投入和单独投入 5、7 次与 11、13 次滤波装置后,公共绕组的径向电磁力幅值也随之下降。而延边绕组的径向电磁力有所增加,不过其幅值仍然很小。

　　(6) 在全投入和单独投入 5、7 次与 11、13 次滤波装置后,各个绕组的轴向电磁力均变化很小,并且其幅值都很小。这也表明绕组的电磁振动主要是由绕组的径向力决定的。

9.2　感应滤波换流变压器绕组振动的有限元计算

9.2.1　计算方法描述

　　为得到感应滤波换流变压器绕组的振动特性,对直流输电系统研究平台中的感应滤波换流变压器样机的绕组及其相应铁心进行有限元建模与瞬态动力学计算。

瞬态动力学分析是用于确定承受任意的随时间变化的载荷结构的动力学响应的一种方法。可以用瞬态动力学分析确定结构在稳态载荷、瞬态载荷和简谐载荷的随意组合作用下的随时间变化的位移、应变应力及力[113]。

瞬态动力学的基本运动方程为

$$[M]\{\ddot{u}\} + [C]\{\dot{u}\} + [K]\{u\} = \{F(t)\} \tag{9.18}$$

式中，$[M]$、$[C]$、$[K]$、$\{\ddot{u}\}$、$\{\dot{u}\}$、$\{u\}$ 和$\{F(t)\}$ 分别表示质量矩阵、阻尼矩阵、刚度矩阵、节点加速度向量、节点速度向量、节点位移向量和随时间变化的载荷力。

作为结构动力学的经典内容，瞬态动力学的理论和计算方法都比较成熟，并形成了各种数值分析软件。其中 ANSYS 有限元软件包具有强大的前处理实体建模及其网格划分工具，强大的求解器，多领域通用性和丰富的后处理功能，已经被研究者普遍采用。本章采用 64 位 ANSYS12.1 版本软件包对绕组振动进行计算。

9.2.2　绕组有限元建模

绕组的有限元建模思路与第 3 章中模态有限元模型一致，认为导线层间紧密排列，将绕组线圈体看成一层，将实际的绕线结构和段间绝缘忽略。与模态有限元模型不同的是，瞬态动力学振动模型不仅包括各个绕组及其绕组间的绝缘件，还包含了与绕组绝缘件接触的部分铁心。这是因为绕组的模态由其自身的性质决定，而绕组的电磁振动跟其接触的铁心相关，铁心的刚度和固定方式都对绕组振动有较大的影响。感应滤波换流变压器绕组及其相应铁心的瞬态动力学 3-D 有限元模型如图 9.5 所示。

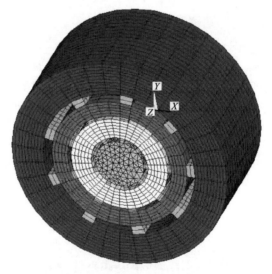

图 9.5　绕组及其相应铁心瞬态动力学 3-D 有限元模型

绕组的有限元模型选用了 20 节点的六面体 solid95 单元剖分,可得到比四面体单元更高的剖分精度。由于模型主要分析绕组的振动,所以与绕组相接触的铁心采用了自由剖分的方式,而三个绕组均采用了扫掠的剖分方式,保证了绕组节点分布的径向和轴向的对称性,这与绕组的受力和振动的性质相对应。

9.2.3 绕组振动有限元计算

模型中各种材料所需的材料属性如表 9.3 所示。模型中各绕组的边界条件取为自由边界,与绕组绝缘件接触的部分铁心则应当另外考虑。在实际中,铁心也存在由磁致伸缩引起的振动,如果同时考虑铁心振动的影响,问题势必会复杂化。铁心与绕组并非直接接触,铁心的振动是通过绝缘件对绕组产生影响的,而绝缘件的弹性系数较小,对二者之间的缓冲较好,可以认为铁心对绕组的影响很小。所以,可对铁心施加位移约束,将铁心振动对绕组振动的影响忽略,使得问题得以合理的简化。

表 9.3 有限元模型中各材料属性

材料属性	绕组	铁心与铁轭	绝缘撑条
弹性模量/(N/m²)	0.95×10^{11}	2.058×10^{11}	0.25×10^{11}
密度/(kg/m³)	3045	7650	1700
泊松系数	0.3	0.25	0.3

由于绕组电磁力为不规则的波形,所以对于电磁力激励的加载采取了将 0.04s 内时变的电磁力平均分成 400 个相等的载荷步的离散化处理,即每个载荷步的时间为 0.0001s。对于整个计算,其求解过程为:先对第一个载荷步求解,以第一个求得的结果作为第二个载荷步的初始条件,接着对第二个载荷步求解,以第二个求得的结果作为第三个载荷步的初始条件,如此反复,总共需求解 400 次。加载了电磁力的绕组模型如图 9.6 所示。

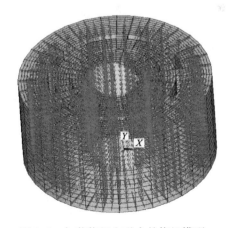

图 9.6 加载绕组电磁力的绕组模型

对绕组有限元模型在四种工况下分别进行瞬态动力学的求解,可以得到各个绕组的振动特性,其中在 t 为 0.0209s 时的绕组振动云图如图 9.7 所示。

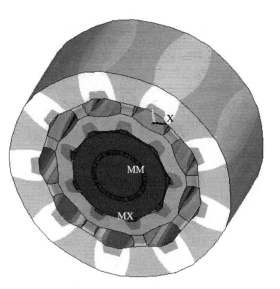
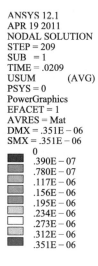

(a) 未投入感应滤波装置

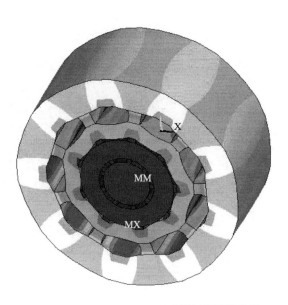
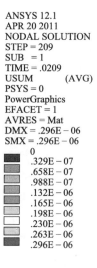

(b) 全投入感应滤波装置

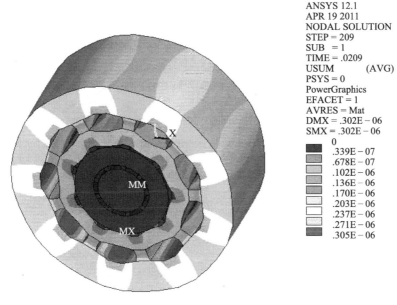

ANSYS 12.1
APR 19 2011
NODAL SOLUTION
STEP = 209
SUB = 1
TIME = .0209
USUM　　　(AVG)
PSYS = 0
PowerGraphics
EFACET = 1
AVRES = Mat
DMX = .302E − 06
SMX = .302E − 06
　　　0
　　　.339E − 07
　　　.678E − 07
　　　.102E − 06
　　　.136E − 06
　　　.170E − 06
　　　.203E − 06
　　　.237E − 06
　　　.271E − 06
　　　.305E − 06

(c) 投入5、7次感应滤波装置

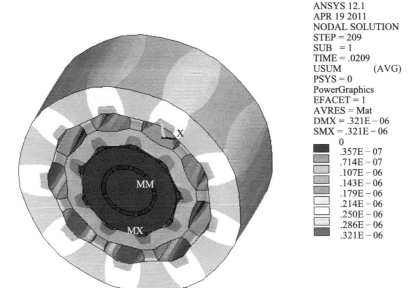

ANSYS 12.1
APR 19 2011
NODAL SOLUTION
STEP = 209
SUB = 1
TIME = .0209
USUM　　　(AVG)
PSYS = 0
PowerGraphics
EFACET = 1
AVRES = Mat
DMX = .321E − 06
SMX = .321E − 06
　　　0
　　　.357E − 07
　　　.714E − 07
　　　.107E − 06
　　　.143E − 06
　　　.179E − 06
　　　.214E − 06
　　　.250E − 06
　　　.286E − 06
　　　.321E − 06

(d) 投入11、13次感应滤波装置

图 9.7　四种工况下绕组振动云图对比

从图 9.7 中可以看出,四种工况下的绕组振动型式是相同的,由于绕组结构和电磁力激励在径向和轴向上完全对称,所以绕组的振动云图也完全对称。不同工况下绕组的振动位移量不同,未投入,全投入,投入 5、7 次,投入 11、13 次感应滤波装置这四种工况下绕组的最大位移分别为 0.351×10^{-6} m、0.296×10^{-6} m、0.305×10^{-6} m、0.321×10^{-6} m。也就是说未投入感应滤波装置时,绕组的最大位移量最大,全部投入时最小,而分别投入 5、7 次和投入 11、13 次则处于前两者之间。初步分析认为投入感应滤波装置对抑制绕组的振动有较明显的作用。

为了更直观地观察感应滤波装置对绕组振动的影响,可取出各个绕组中振动最为强烈的节点对比四种工况下的振动波形。经整理得到振动-时间历程波形如图 9.8 所示。图 9.8 中,左上角的第二坐标系是对图中虚线圆形所在位置图形的局部放大,通过局部放大图能更清楚地观察到四种工况下的曲线对比情况。

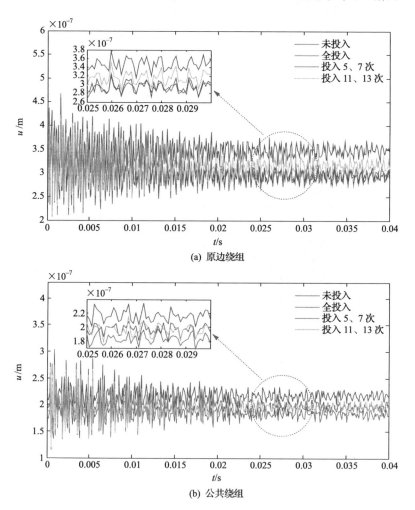

(a) 原边绕组

(b) 公共绕组

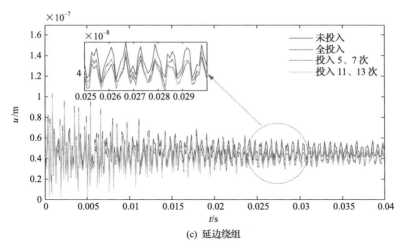

(c) 延边绕组

图 9.8   四种工况下绕组振动时域曲线

为了更清楚地对四种工况下绕组电磁振动进行定量对比,又将各个绕组振动最强烈节点的振动位移和振动速度的均值做了详细统计,如表 9.4 和表 9.5 所示。在整个时间历程中,如图 9.8 所示,振动位移为正值,而振动方向为来回往复,其速度有正有负,所以我们对绕组的振动位移取算术平均值,而对振动速度则取均方根值来作为对比的数值。

表 9.4   四种工况下绕组振动位移对比

绕组组别	振动位移(AVG)/m			
	未投入	全投入	投入 5、7 次	投入 11、13 次
原边绕组	3.48×10^{-7}	2.94×10^{-7}	2.98×10^{-7}	3.15×10^{-7}
公共绕组	2.17×10^{-7}	1.83×10^{-7}	1.93×10^{-7}	1.96×10^{-7}
延边绕组	4.77×10^{-8}	4.02×10^{-8}	4.27×10^{-8}	4.25×10^{-8}

表 9.5   四种工况下绕组振动速度对比

绕组组别	振动速度(RMS)/(m/s)			
	未投入	全投入	投入 5、7 次	投入 11、13 次
原边绕组	2.32×10^{-4}	1.96×10^{-4}	1.98×10^{-4}	2.10×10^{-4}
公共绕组	1.42×10^{-4}	1.20×10^{-4}	1.27×10^{-4}	1.29×10^{-4}
延边绕组	1.00×10^{-4}	0.84×10^{-4}	0.89×10^{-4}	0.89×10^{-4}

9.2.4 有限元计算结果分析

从图 9.7、图 9.8 以及表 9.4 和表 9.5 中可以看出各个绕组的振动有如下几点规律。

(1) 图 9.7 显示,四种工况下的绕组振动型式相同,由于绕组结构和电磁力激励完全对称,所以绕组的振动云图也完全对称。图 9.8 显示,经过约一个工频周期(0.02s)后,各绕组振动趋于稳定,其振动方式为在某一固定位移附近做来回往复振动。

(2) 表 9.4 和表 9.5 显示,三个绕组中,原边绕组的振动位移和振动速度最大,公共绕组次之,延边绕组最小。根据木桶效应可知,对原边绕组振动的抑制是变压器绕组整体振动抑制的关键。

(3) 对于换流变压器的绕组振动抑制,对原边绕组的振动抑制最为关键。表 9.4 和表 9.5 显示原边绕组的振动位移和速度在全投入和单独投入 5、7 次与 11、13 次滤波装置后,其幅值均有明显下降,这表明感应滤波技术对绕组振动具有良好的抑制效果。

(4) 比较全投入和单独投入 5、7 次与 11、13 次滤波装置三种工况,全投入时原边绕组的振动位移和速度下降程度最大,单独投入 5、7 次与 11、13 次滤波装置时下降程度较小,其中单独投入 5、7 次又比单独投入 11、13 次下降得更多。这表明,5、7 次谐波对绕组振动的影响较大。

(5) 在全投入和单独投入 5、7 次与 11、13 次滤波装置后,公共绕组和延边绕组的振动位移和速度幅值也同样随之下降,但是其下降幅度不及原边绕组。

经过上面的分析可以看出,投入感应滤波装置之后各个绕组,尤其是原边绕组的振动得到了有效的抑制。而单独投入 5、7 次感应滤波装置的振动抑制效果要好于单独投入 11、13 次,表明 5、7 次谐波对绕组振动的影响较大。感应滤波技术能够对绕组振动起到抑制作用的原因在于,它能有效地将特征次谐波屏蔽于阀侧绕组,减少了网侧绕组的谐波电流,改变了绕组的电磁力和变压器的漏磁场,进而对绕组的电磁振动产生了良好的抑制效果,这对换流变压器具有重要的工程意义。

9.3 本 章 小 结

本章结合换流变压器的特点,简要分析了对变压器绕组振动抑制的必要性以及感应滤波对绕组振动的影响;比较了毕奥-沙瓦定律和拉格朗日定理的电磁力计算方法,确定了采用拉格朗日定理计算绕组的电磁力;结合直流输电系统研究平台中的感应滤波换流变压器样机,对绕组电磁力的计算做了详细的推导,并得到了四种工况下各个绕组的径向、轴向电磁力,计算结果表明,投入感应滤波装置能够有效地减小原边绕组和公共绕组径向力的幅值,其中 5、7 次感应滤波装置对电磁力的抑制作用较大;建立了绕组和相应铁心的有限元模型,确定了有限元计算的边界条件以及电磁力激励的加载方法,最终得到了各个绕组在四种工况下的振动特性,计算结果显示,感应滤波技术对各个绕组的振动有明显的抑制作用,其中 5、7 次感应滤波装置对绕组振动有较大的抑制作用。

第10章　感应滤波应用于轻型直流输电的可行性研究

随着大功率全控型电力电子器件制造水平的提高以及以挤压式聚合物为绝缘材料的新型直流电缆的出现,具有自换相能力的电压源型换流器(VSC)在直流输配电领域中的应用在学术界和工程界引起了广泛的关注。基于电压源型换流器的新型直流输电技术(瑞士 ABB 公司称之为 HVDC-Light,德国 Siemens 公司称之为 HVDCPLUS(power link universal systems))具有以下主要的技术特点[12,114]:①可工作于无源逆变方式,特别适合于受端为弱交流系统或者孤立负荷的场合;②可对有功功率和无功功率独立控制,这对于向城市中心区送电是非常有吸引力的;③换流器的紧凑型、模块化和标准化设计有利于降低换流站的投资成本。虽然轻型直流输电目前的电能输送功率不高(小于 300MW),在高压/特高压输变电领域还无法取代电流源型直流输电的地位,但它代表了直流输电技术发展的一个重要方向,融合了现代电力电子技术以及先进的控制理论与方法,在一些特殊的输配电场合具有明显的技术优势。

通过前面章节的研究可知,感应滤波在应用于电流源型直流输电时,在解决直流输电谐波、无功功率、可靠换相、暂态稳定性等方面的相关问题上存在诸多的技术优势,那么,这种滤波新技术以及由此所形成的新型技术装备能否适应现代直流输电的新发展? 能否在直流输配电领域得到更为广泛的应用? 这正是本章重点研究的问题。为此,本章将提出一种具有新颖拓扑结构的电压源型感应滤波换流器(voltage source inductive filter converter, VSIFC),并对其应用于轻型直流输电的可行性以及相关的技术特性进行研究。

10.1　电压源型感应滤波换流器

图 10.1 给出了两种具有代表性的用于轻型直流输电的传统电压源型换流器拓扑电路。由图可知,传统的电压源型换流器采用可关断功率器件(具有代表性的是 IGBT)组成三相桥式换流电路,并通过电力变压器与电力系统侧或者发电系统侧相连接,其中,图 10.1(a)中的电力变压器充分利用了自身的漏抗,起到了图 10.1(b)中的换流电抗器的作用。为了滤除换流阀产生的高次谐波,一般情况

下会在换流器电网侧配置具有一定滤波容量的高通阻尼滤波器,不过相比于传统的电流源型换流器,其滤波容量比较小。

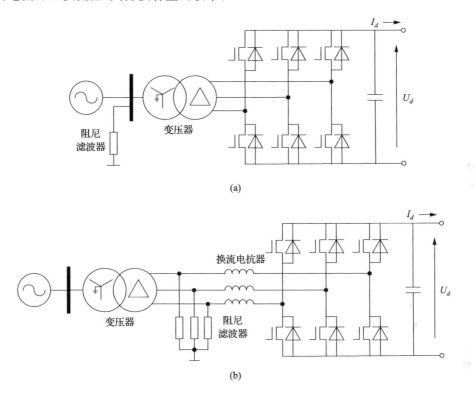

图 10.1　传统的电压源型换流器(VSC)

　　图 10.2 给出了应用感应滤波技术所形成的两种类型的新型电压源型感应滤波换流器。其中,图 10.2(a)采用的感应滤波变压器,其二次侧为延边三角形接线,并于公共三角形端引出抽头,连接对高次谐波具有高通特性的感应滤波全调谐装置;图 10.2(b)采用的感应滤波变压器为三绕组结构型式,其中的第三绕组为单独的感应滤波绕组,同样并接了对高次谐波呈高通特性的感应滤波全调谐装置。具体的接线方案和原理见第 2 章。值得说明的是,虽然含独立滤波绕组的 VSIFC采用的感应滤波变压器为三绕组结构型式,这和普通的三绕组变压器接线无异,但其设计方法是按照感应滤波的原理进行设计的,其运行特性也与传统的三绕组变压器不同,这是该种类型的感应滤波变压器区别于传统变压器最为本质的地方,工作机理部分同样见第 2 章。

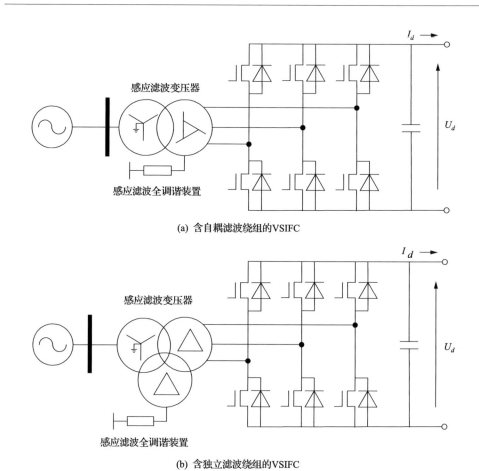

(a) 含自耦滤波绕组的VSIFC

(b) 含独立滤波绕组的VSIFC

图 10.2　新型的电压源型感应滤波换流器(VSIFC)

10.2　可行性及技术特性分析

　　感应滤波在电压源型换流器中的应用,就结构型式而言,取代了传统电压源型换流器中的电力变压器和换流电抗器,这相当于将原拓扑结构中的换流电抗器、高通阻尼滤波器以及电力变压器集成为感应滤波变压器及其滤波系统,因此,感应滤波的实施使得电压源型换流站具有比较明显的集成化设计与安装的优点,有利于节约换流站的用地资源,降低换流站的投资成本。

　　实际上,对于电压源型换流器,换流电抗器或者具有相同功能的变压器是必不可少的,它主要起到连接换流器和外部交流系统,实现两者间功率交换的目的。图 10.3 给出了用于分析换流器与外部系统间功率交换的等效电路图和矢量图。

图中,将变压器等效为两部分:一部分为理想变压器,主要起到变压的作用,以获取换流器运行所需要的电压;另一部分是变压器的漏抗部分,主要起到实现换流器与外部系统功率交换的桥梁的作用。交流系统电压 U_N 的幅值和相位由系统的潮流决定,换流器电压 U_C 的幅值和相位由换流器的控制来决定。

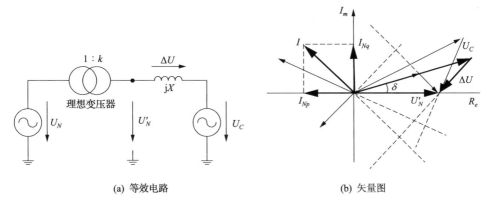

(a) 等效电路　　　　　　　　　　　　　(b) 矢量图

图 10.3　换流器与交流系统功率交换的等效电路图和矢量图

由图 10.3(b)的矢量图可知,通过改变交流系统侧电压 U'_N 和换流桥交流阀侧电压 U_C 之间的相位差 δ 以及 U_C 的幅值,就可以改变输出电流 I 的幅值和相位,使之运行于不同的象限内,这表明了电压源型换流器所具有的实现有功功率和无功功率交换的功能。从图 10.3 所示变压器的交流系统侧看进去的有功功率 P_N 和无功功率 Q_N 交换可根据以下公式进行计算:

$$P_N = \frac{u_N^2}{x_T}\lambda\sin\delta \tag{10.1}$$

$$Q_N = \frac{u_N^2}{x_T}(1-\lambda\cos\delta) \tag{10.2}$$

式中, u_N 表示交流系统实际电压标幺值;λ 表示换流器交流阀侧电压 U_C 和交流系统实际电压 U_N 的比值;x_T 表示变压器的漏抗标幺值。

从式(10.1)和式(10.2)可知,有功功率 P_N 和无功功率 Q_N 可通过改变 δ 和 λ 来控制,而变压器漏抗或者换流电抗器漏抗 x_T 在此控制中起到重要的媒介作用,直接影响控制量的大小。

通过第 6 章的分析已经知道,感应滤波的实施使得感应滤波变压器及其滤波系统的等值阻抗在感性范围内降低,不过,对于电压源型感应滤波换流器,屏蔽的是频率比 5、7、11、13 次谐波更高的高频谐波(一般是 31 次以上),因此,虽然感应滤波变压器及其滤波系统的等值阻抗会有所降低,但降幅不会很大。但是根据式(10.1)和式(10.2),可以初步得到的结论是,由于等值电抗的降低,将会增大 P_N

和 Q_N 的值,这意味着感应滤波的实施能够在换流器和交流系统间实现更多的有功功率和无功功率交换。

在电压源型换流器中,与换流桥相连接的变压器功能比较特殊,文献[114]对该变压器的主要功能进行了描述,总结如下。

(1)在换流桥交流阀侧与交流电网侧之间提供一定的电抗值,也就是起到换流电抗器的作用。

(2)将电网侧电压通过一定容量的变压器,转换成自关断换流桥正常运行所需要的电压和电流。

(3)将两组换流桥通过变压器的连接组成一组换流桥,以提高 VSC 的传输容量,并且在一定程度上起到抑制高次谐波的作用。

(4)将两组相互独立的并且具有不同直流接地电势的换流桥通过变压器连接起来。

感应滤波变压器在电压源型换流器中所起的作用同样满足上述 4 个主要功能,并且,其所具备的一个特色技术优势就是高次谐波的就近隔离与屏蔽。对于采用自关断功率器件的换流桥,由于换流阀的开关频率一般在 $1\sim2\mathrm{kHz}$ 的较高范围内,所产生的谐波电流频率比较高(一般是 31 次谐波频率以上)。高次谐波分量的存在,对电力变压器或者换流电抗器的危害是不可忽视的,它会在变压器或者电抗器铁心中产生高频谐波磁通,并在绕组及铁心周围产生呈尖波特点的高频谐波磁通,引起附加损耗的增加以及振动与噪声。而根据第 2 章的机理分析可知,感应滤波的实施,可以使得高次谐波的这种危害大为削弱,这对于改善变压器或者换流电抗器的电磁环境,提高其运行效率是有益处的。

10.3 基于感应滤波的轻型直流输电测试系统

为了验证基于感应滤波的轻型直流输电原理的正确性,揭示其具有的暂稳态运行特性,并对其应用于实际直流输电的可行性进行评估,有必要建立一个具有代表意义的测试系统,对其各方面的性能进行测试,这种测试系统对基于感应滤波的轻型直流输电后续研究的开展也是有益处的。

图 10.4 为传统的轻型直流测试系统,该测试系统就电压源型直流输电而言具有一定的代表性,值得说明的是,该测试系统中的变压器既起到联络外部发电端或者外部电网的作用,又充分利用了其自身的漏抗部分,起到换流电抗器的作用。当然,也可以为该测试系统配置专门的换流电抗器,不过,与外部电网的联络而言,变压器仍然是需要的。

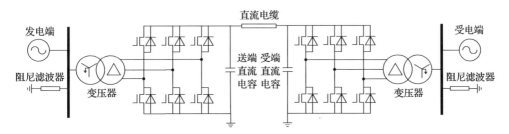

图 10.4　传统的轻型直流输电测试系统

图 10.5 给出了两种拓扑结构的新型的基于感应滤波的轻型直流输电测试系统。其中,图 10.5(a)采用了具有自耦绕组的感应滤波变压器及其滤波系统;图 10.5(b)采用了具有独立滤波绕组的感应滤波变压器及其滤波系统,具体的接线方案与原理分析见第 2 章和第 3 章。并且,根据该两章的相关计算式,可以得到新型与传统轻型直流输电测试系统变压器和滤波器的额定参数,如表 10.1 和表 10.2 所示。

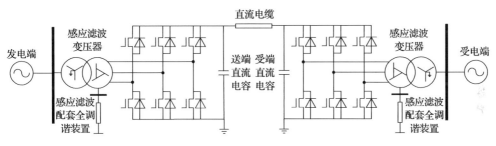

(a) 含自耦感应滤波绕组

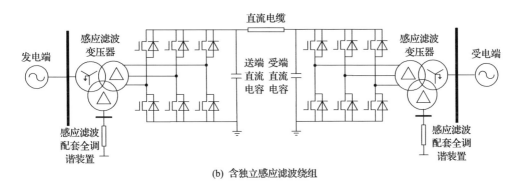

(b) 含独立感应滤波绕组

图 10.5　新型的基于感应滤波的轻型直流输电测试系统

表 10.1　新型与传统轻型直流输电测试系统参数(变压器)

类型	送端		受端	
	传统	新型	传统	新型
容量/(MV·A)	100	100	100	100
接线方案	星形/三角形	星形/延边三角形	星形/三角形	星形/延边三角形
正序漏抗/p.u.	0.21	0.21	0.21	0.21
线电压/kV	13.8/62.5	13.8/62.5/32.3524	115.0/62.5	115.0/62.5/32.3524

表 10.2　新型与传统轻型直流输电测试系统参数(滤波器)

类型	送端		受端	
	传统 (无源滤波)	新型 (感应滤波)	传统 (无源滤波)	新型 (感应滤波)
滤波容量/(MV·A)	10	10	10	10
电压等级/kV	13.8	32.3524	115	32.3524
电容器/μF	139	25.343	2	25.343
电抗器/mH	—	0.28891	—	0.28891
电阻器/Ω	0.5	—	—	—

　　从结构上看,感应滤波技术的实施相当于将公共联结点(PCC)处的滤波装置移置到了更靠近谐波源(换流阀)的变压器的二次侧,而从工作特性上看,呈现出一定的技术特性与优势。下面将采用电力系统电磁暂态仿真工具 PSCAD/EMTDC,并结合理论分析,以及通过与传统轻型直流输电进行对比,对其主要的技术特性进行研究。

10.4　基于感应滤波的轻型直流输电运行特性

10.4.1　滤波特性

　　对于基于电压源型换流器(VSC)的轻型直流输电,在交流侧谐波特性上与具有刚性特点的基于电流源型换流器(CSC)的高压/特高压直流输电具有本质的不同。当接入交流电网时,电压源型换流器向系统输出的电流谐波的大小与其产生的谐波电压、开关频率和接入阻抗等因素有关,当输出基波电流为 0 时,电压源型换流器将成为纯粹的谐波源。电压源换流器交流侧输出电压含有的谐波次数与载波频率有关,一般地,假定谐波次数为 f_n,则有[19]

$$f_n = k_1 n \pm k_2 \tag{10.3}$$

式中，k_1 为载波频率的倍频数；n 和 k_2 为正整数，通常，k_2 最大取到 2，因为当 $k_2 > 2$ 时，其谐波幅值很小，可以忽略不计。

目前，在轻型直流输电工程中采用的载波频率可达到 1950Hz（对应基频为 50Hz 的交流系统）或者 1980Hz（对应基频为 60Hz 的交流系统）[19,46]。当轻型直流输电交流系统基频为 60Hz 时，1980Hz 的载波频率对应的倍频数 k_1 为 33，根据式(10.3)，换流器交流侧的谐波次数主要为 31、35、65、67 等。图 10.6 为传统的基于 VSC 的轻型直流输电（VSC-HVDC）和本章提出的新型的基于 VSIFC 的轻型直流输电（VSIFC-HVDC）交流阀侧、变压器网侧绕组和交流电网侧电流波形。

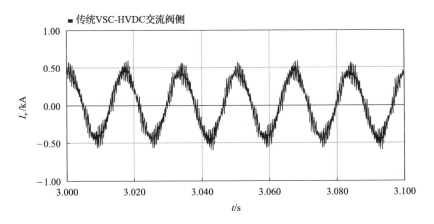

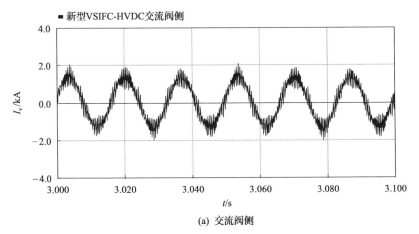

(a) 交流阀侧

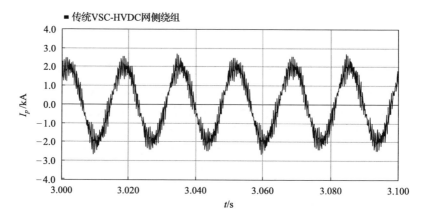

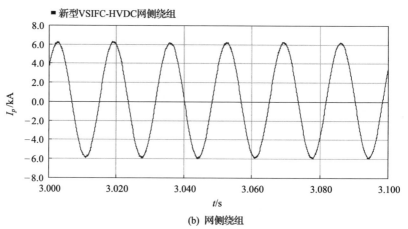

(b) 网侧绕组

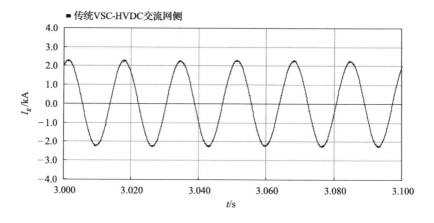

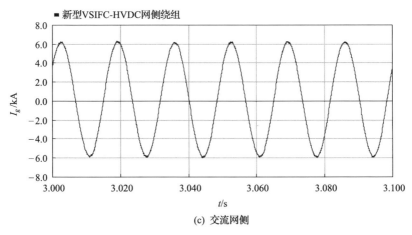

(c) 交流网侧

图 10.6　新型与传统轻型直流输电交流阀侧、网侧绕组和电网侧电流波形

由图 10.6 可知,相比于电流源型换流器 CSC,虽然电压源型换流器交流阀侧电流波形呈正弦性,但仍然存在一定程度上的畸变,如图 10.6(a)所示;在从变压器的二次侧通过电磁变换反馈至一次侧绕组时,传统的 VSC-HVDC 网侧绕组电流波形的正弦性明显差于新型的 VSIFC-HVDC 网侧绕组的电流波形,如图 10.6(b)所示;在传统的 VSC-HVDC 交流电网侧布置高通阻尼滤波器进行滤波后,其电网侧波形呈现出与新型的 VSIFC-HVDC 网侧绕组电流波形类似的正弦性,如图 10.6(c)所示。值得说明的是,由于新型 VSIFC-HVDC 已经在靠近谐波源(换流桥)处进行感应滤波,且滤波后反馈至网侧绕组的电流波形已经呈现出非常好的正弦性,因此,其交流电网侧无需另行布置高通阻尼滤波器。

对图 10.6 所示电流波形进行傅里叶分解(FFT),可进一步得到新型 VSIFC-HVDC 和传统 VSC-HVDC 交流侧谐波电流含量的百分比,如表 10.3 所示。为了更为形象地揭示出新旧系统谐波含量的对比结果,给出了相应的柱状图,如图 10.7 所示。值得说明的是,通过对 PSCAD/EMTDC 测试结果来看,换流器不仅含有满足式(10.3)的特征谐波,还含有一定含量的其他次的非特征谐波,如 101 次和 103 次,因此,为了真实反映换流器的谐波特性,也给出了这些谐波的 FFT 结果。

表 10.3　新型与传统轻型直流输电系统谐波含量对比(载波频率: f_s =1980Hz,单位:%)

基波或谐波	新型 VSIFC-HVDC			传统 VSC-HVDC		
	阀侧	网侧绕组	电网侧	阀侧	网侧绕组	电网侧
1	100	100	100	100	100	100
31	15.77935	0.035818	0.0358179	13.6375	13.7163	0.55274
35	13.3901	0.098651	0.098651	11.961	12.0084	0.39258

续表

基波或谐波	新型 VSIFC-HVDC			传统 VSC-HVDC		
	阀侧	网侧绕组	电网侧	阀侧	网侧绕组	电网侧
65	11.00374	0.258597	0.2585974	7.68183	7.73939	0.10847
67	10.6944	0.258902	0.2589018	7.49439	7.52282	0.09614
95	1.942375	0.049767	0.0497672	2.02916	2.07653	0.02267
97	3.870257	0.11119	0.1111897	2.61664	2.62685	0.02562
101	3.650268	0.102583	0.1025826	2.45663	2.47715	0.02589
103	1.635869	0.049633	0.0496329	1.74979	1.75815	0.01971
THD	26.42891	0.415625	0.4156251	21.5472	21.6627	0.69489

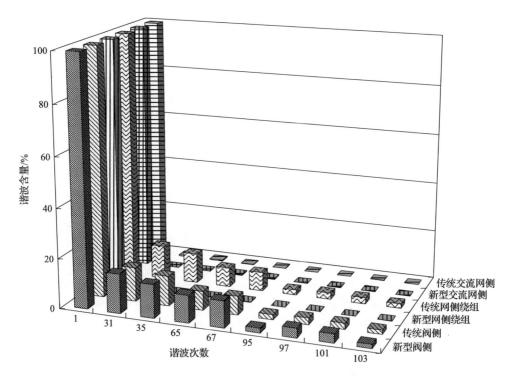

图 10.7　新型与传统轻型直流输电主要谐波电流含量对比的柱状图

由表 10.3 和图 10.7 可知,新型 VSIFC-HVDC 和传统 VSC-HVDC 的阀侧电流具有相似的谐波特性,这是由于两种系统采用了拓扑结构和元器件参数完全一样的换流阀组,即具有相似的谐波源。值得特别提出的是,两种系统中谐波特性有显著不同的地方在于网侧绕组的电流,对于传统的 VSC-HVDC,其网侧绕组电流的总的谐波畸变率 THD 为 21.6627%,而对于新型的 VSIFC-HVDC,仅有

0.4156％,这意味着对于本章所提出的采用感应滤波的 VSIFC-HVDC 新系统,其变压器网侧绕组的附加谐波损耗会大为降低,而与此同时,感应滤波的实施会降低变压器铁心中的谐波磁通以及铁心与绕组周围的谐波磁动势,这相当于在很大程度上综合解决了谐波给轻型直流输电中的变压器或/与换流电抗器带来的附加损耗、噪声、振动等问题。

不仅如此,从新旧系统交流电网侧的电流波形谐波含量来看,传统 VSC-HVDC 交流网侧电流中 31、35 次谐波电流的含量分别为 0.55274％、0.39258％,而新型 VSIFC-HVDC 分别为 0.0358179％、0.098651％,这些大大低于传统的 VSC-HVDC 系统;从总的谐波畸变率来看,传统 VSC-HVDC 交流网侧电流波形的 THD 为 0.69489％,而新型 VSIFC-HVDC 系统为 0.415625％,这表明了本章所提出的 VSIFC-HVDC 在具有上述技术优势的同时,其滤波效果也优于传统的无源滤波。

10.4.2　换流器 PQ 特性

式(10.1)和式(10.2)实际上表征了电压源型换流器向交流系统注入的功率与控制量之间的数学关系。由这两个式子可以看到,在交流系统母线电压 u_N 以及变压器漏抗或换流电抗器电抗 x_T 确定的情况下,换流器发出的有功功率 P 和无功功率 Q 主要由控制量 λ 和 δ 决定,通过控制这两个量就可以控制有功功率和无功功率的大小和方向,使电压源型换流器运行于 PQ 平面上的任意象限。

对于本章所建立的新型 VSIFC-HVDC 和传统 VSC-HVDC 测试系统,采用了完全相同的控制模式以及结构和参数完全一样的控制器。对于送端的换流站,采用了定无功功率 Q_{VSC} 控制和潮流控制两种控制模式。

图 10.8 给出了不断改变送端定 Q_{VSC} 控制器的无功功率设定值时,新型 VSIFC 和传统 VSC 的 PQ 响应特性曲线,测量点选择变压器的一次侧出线端,这主要是为了充分考虑变压器漏抗对换流器 PQ 特性的影响。由图可知,在无功功率设定值由 1.0、0.8、0.4、0、−0.4、−0.8、−1.0 逐步变化的过程中,控制器的输出量也就是送端换流器调制比 mr 逐渐变大,换流器发出的无功功率 Q_{VSC} 随之由正值逐步变为负值。对比新型 VSIFC 和传统 VSC 的 PQ 响应特性可知,在要求换流器发出 0.8p.u. 的无功功率时,传统的 VSC 已经达到了 Q_{VSC} 的极限(m_r = 1.0),不能再发出更多的无功功率;而新型 VSIFC 此时依然具有一定的无功调节裕度(m_r <1.0),即使在要求换流器发出 1.0p.u. 的无功功率时,VSIFC 依然未达到无功功率调节的极限。不仅如此,在具有充裕的无功功率调节范围的同时,新型 VSIFC 向交流侧发出的有功功率也大大高于传统的 VSC。

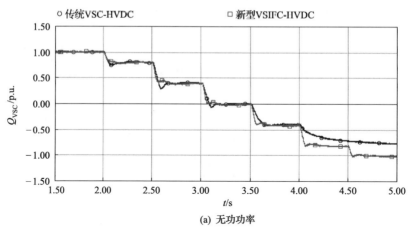

(a) 无功功率

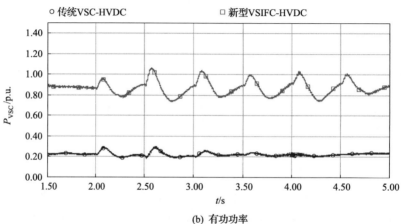

(b) 有功功率

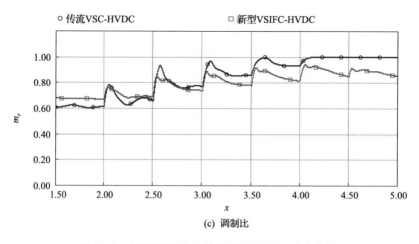

(c) 调制比

图 10.8　新型 VSIFC 和传统 VSC 的 PQ 响应特性

10.4.3　双向潮流控制特性

快速灵活的潮流控制是直流输电具有的一个技术优势,特别是对于基于电压源型换流器的轻型直流输电,输电线路潮流的可控性更加灵活,且控制范围更为广阔,因为基于自关断换流阀的电压源型换流器能够在一定范围内比较方便地调节换流器交流阀侧输出电压的幅值和/或相角。

对于图 10.4 所示的传统 VSC-HVDC 测试系统和图 10.5 所示的新型 VSIFC-HVDC 测试系统,其送端换流站采用了相同的线路潮流控制和定无功功率 Q_{VSC} 控制这两种控制模式。

下面结合图 10.3 所示的换流器与交流系统功率交换等效电路图,对新旧两个测试系统所采用的线路潮流控制的基本原理加以阐释。设这两个测试系统中送端和受端交流电网侧母线电压分别为 $U_{SG}\angle\delta_{SG}$ 和 $U_{RG}\angle\delta_{RG}$,送端和受端换流器交流阀侧电压相量分别为 $U_{SC}\angle\delta_{SC}$ 和 $U_{RC}\angle\delta_{RC}$,则送端换流器和交流系统交换的有功功率 P_S 以及受端换流器和交流系统交换的有功功率 P_R 分别为

$$P_S = \frac{U_{SG}U_{SC}}{X_{ST}}\sin(\delta_{SG} - \delta_{SC}) \tag{10.4}$$

$$P_R = \frac{U_{RG}U_{RC}}{X_{RT}}\sin(\delta_{RG} - \delta_{RC}) \tag{10.5}$$

式中,X_{ST} 和 X_{RT} 对于传统的 VSC-HVDC 测试系统而言,分别表示送端和受端换流站中具有换流电抗器功能的变压器的等值漏抗;而对于本章提出的新型 VSIFC-HVDC 测试系统而言,分别表示送端和受端换流站中感应滤波变压器及其配套全调谐装置的等值电抗。

送端和受端换流器输出线电压有效值 U_{SC} 和 U_{RC} 由直流侧电压 U_{Sd} 和 U_{Rd}、脉宽调制(PWM)方式相关的直流电压利用率 μ_S 和 μ_R 以及调制比 m_S 和 m_R 共同决定,即

$$U_{SC} = \frac{\mu_S m_S}{\sqrt{2}}U_{Sd} \tag{10.6}$$

$$U_{RC} = \frac{\mu_R m_R}{\sqrt{2}}U_{Rd} \tag{10.7}$$

由式(10.6)和式(10.7)可知,轻型直流输电对潮流的控制能力主要体现在对换流器交流阀侧线电压幅值与相角的控制,在送端换流站采用定交流母线电压控制(间接地表现在定送端换流站直流电压的控制)时,线路潮流的控制主要体现在对送端换流器相角的控制,也就是对 PWM 移相角的控制。

　　图 10.9 和图 10.10 分别给出了线路潮流正反向流动时新型 VSIFC-HVDC 和传统 VSC-HVDC 的响应特性曲线。由图可知,在潮流正向流动(从送端流向受端)时,新型 VSIFC-HVDC 送端换流站的直流输出功率明显高于传统 VSC-HVDC,送端和受端交流母线电压的相角差也大于传统的 VSC-HVDC,但是,新旧系统的 PWM 移相角相差不大,这种现象从一个层面上体现出新型 VSIFC-HVDC 的功率输送能力以及潮流控制能力高于传统的 VSC-HVDC;特别是潮流反转时(如图 10.10 所示),在新旧系统的 PWM 移相角相差不大的情况下,新型 VSIFC-HVDC 依旧保持比较高的功率输送密度。

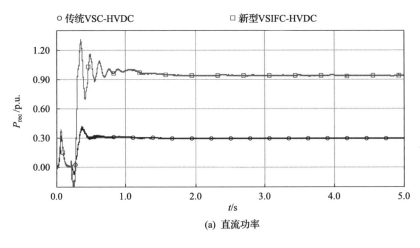

(a) 直流功率

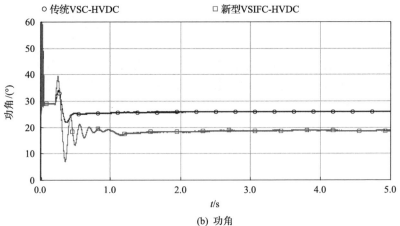

(b) 功角

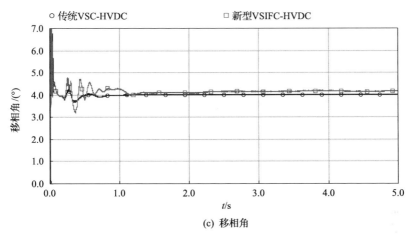

(c) 移相角

图 10.9　潮流正向流动时新型 VSIFC-HVDC 和传统 VSC-HVDC 的响应特性曲线

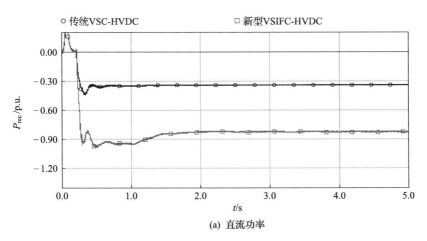

(a) 直流功率

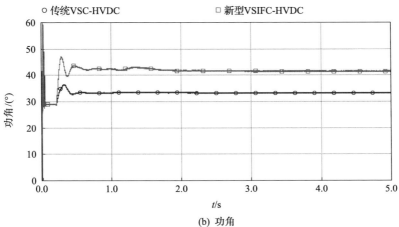

(b) 功角

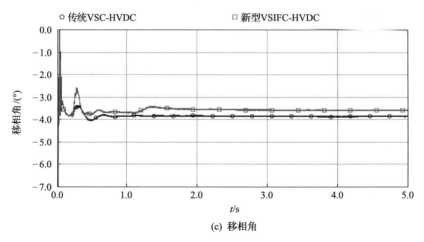

(c) 移相角

图 10.10　潮流反向流动时新型 VSC-HVDC 和传统 VSIFC-HVDC 的响应特性曲线

10.4.4　电压稳定性

新型 VSIFC-HVDC 和传统 VSC-HVDC 测试系统的受端换流站均采用了定交流母线电压控制,这也间接地体现了受端换流站的定直流电压控制能力。下面对新旧系统受端换流站在定电压控制模式下维持电压的能力进行测试。

图 10.11 给出了受端换流站定交流母线电压控制器的基准电压设定值发生 ±0.1p. u. 的阶跃时,新型 VSIFC-HVDC 和传统 VSC-HVDC 受端交流母线电压、直流电压和控制量(调制比)的响应特性曲线。由图可知,在基准电压发生阶跃时,新旧系统受端换流站均能比较好地维持直流输出电压,略有不同之处在于,在基准电压抬升至 1.1p. u. 时,传统 VSC-HVDC 受端换流器的调制比已经达到最大,而新型 VSIFC-HVDC 的调制比仍然小于 1.0,这意味着在基准电压继续增加时,新系统仍然具有一定的维持电压的能力。

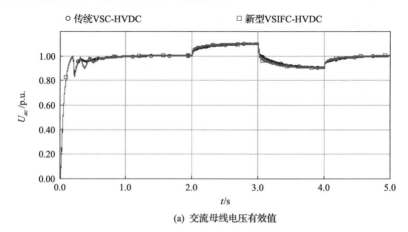

(a) 交流母线电压有效值

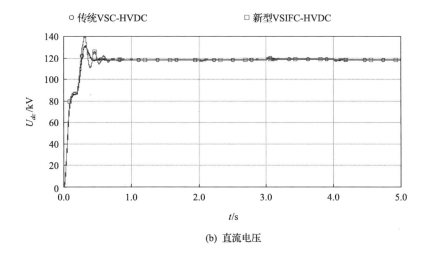

(b) 直流电压

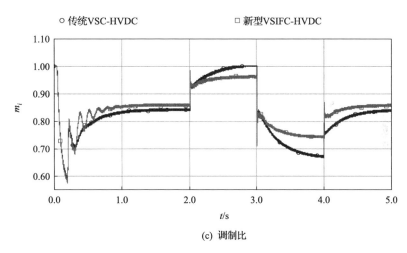

(c) 调制比

图 10.11　电压控制指令±0.1 的阶跃时新型 VSIFC-HVDC 和传统 VSC-HVDC 的
响应特性曲线

10.4.5　故障恢复特性

当送端交流系统在 2.1s 发生 3 个周波的单相接地故障时,新型 VSIFC-HVDC 和传统 VSC-HVDC 交流母线电压、直流电压以及换流器调制比的响应特性曲线对比如图 10.12 所示。

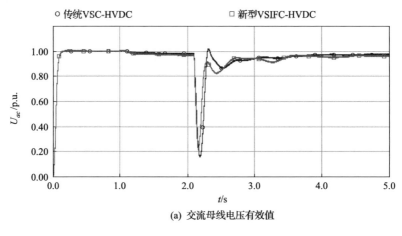

(a) 交流母线电压有效值

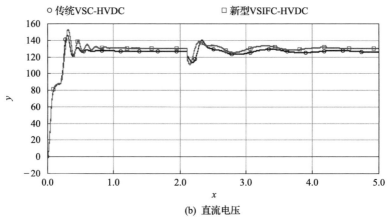

(b) 直流电压

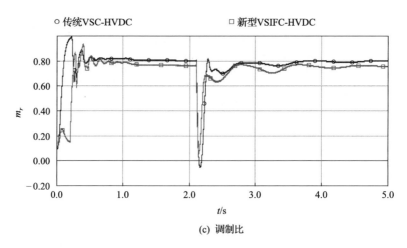

(c) 调制比

图 10.12　送端交流系统单相接地故障时新型 VSIFC-HVDC 和传统 VSC-HVDC 的响应特性

由图 10.12 可知,在交流系统发生单相接地故障期间,新型 VSIFC-HVDC 和传统 VSC-HVDC 的交流母线电压均发生一定程度的跌落,不过新系统电压跌落量略小于传统的轻型直流输电系统。与此同时,新旧系统送端直流侧电压也随之有所跌落,但跌落量均并不太大。在故障切除后,新旧系统均能够比较好地恢复至故障前的运行状态。

当受端交流系统在 2.1s 时发生 3 个周波的单相接地故障时,新型 VSIFC-HVDC 和传统 VSC-HVDC 受端换流站的直流功率、交流母线电压、直流电压以及换流器调制比的响应特性曲线对比如图 10.13 所示。

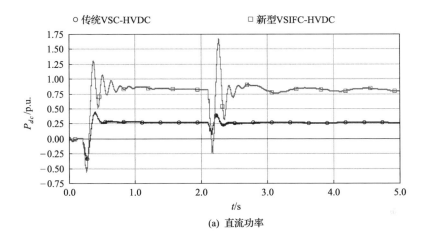

(a) 直流功率

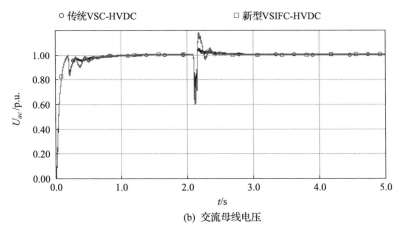

(b) 交流母线电压

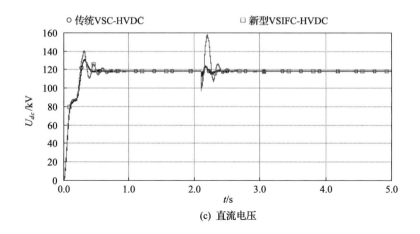

(c) 直流电压

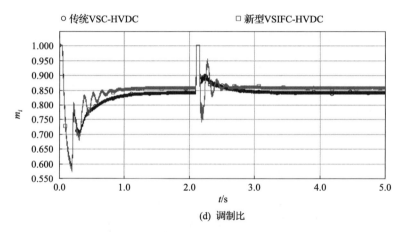

(d) 调制比

图 10.13　受端交流系统单相接地故障时新型 VSIFC-HVDC 和传统 VSC-HVDC 的
响应特性

　　由图 10.13 可知,在非故障运行期间,新型 VSIFC-HVDC 直流功率高于传统
的 VSC-HVDC 直流功率,这主要是由新系统所具有的高功率输送能力决定的,主
要体现在受端在采用间接定直流电压控制模式时,新型 VSIFC-HVDC 中从送端
换流站流入受端换流站的直流电流高于传统 VSC-HVDC 系统。由于新型
VSIFC-HVDC 运行于比较高的功率输送水平,电流对逆变站换流阀的刚性作用
强于传统 VSC-HVDC,因此当受端交流系统在故障清除后的恢复期间交流母线电
压和直流电压的超调量略大于传统 VSC-HVDC 系统,不过,新旧系统均能够比较
好地恢复至故障前的运行水平。

10.5　本章小结

本章对感应滤波理论在现代直流输电领域的进一步应用拓展进行了有益探讨。首先，提出了一种具有新颖拓扑结构的电压源型感应滤波换流器（VSIFC），并就其应用于轻型直流输电的可行性及相关技术特性进行了初步的分析；然后，根据前面章节建立的感应滤波理论及其在直流输电中的应用研究体系，并结合一个具有代表意义的基于电压源型换流器（VSC）的轻型直流输电测试系统，建立了一个可与之作对比研究的新的基于 VSIFC 的轻型直流输电测试系统；最后，基于电力系统电磁暂态仿真工具 PSCAD/EMTDC，对这两个测试系统在运行中所表征出的滤波特性、换流器 PQ 特性、双向潮流控制特性、电压稳定性以及故障恢复特性进行了比较具体的研究。综合本章完成的研究工作，其主要的贡献与所得的重要结论如下。

（1）首次提出了一种具有新颖拓扑结构的电压源型感应滤波换流器（VSIFC），将传统电压源型换流器中的换流电抗器和/或电力变压器以及高通阻尼滤波器用感应滤波变压器及其配套全调谐装置代替。

（2）新型 VSIFC-HVDC 具有优良的谐波屏蔽功能。从结构上看，VSIFC 相当于将 VSC 电网侧公共连接点（PCC）的高通滤波装置移置到靠近谐波源（换流阀组）的阀侧绕组抽头处；从工作原理看，体现出的是一种与传统无源滤波技术截然不同的新型感应滤波技术；从效果上看，将换流桥产生的主要高次谐波抑制于阀侧绕组内部，使之不至于由变压器的电磁感应而馈入至网侧绕组以及 PCC 处，这相当于从源头遏制了谐波的传播路径及其污染面积。

（3）提出了两种类型的基于 VSIFC 的轻型直流输电拓扑结构，并根据前面章节的理论分析部分与数学模型部分，建立了一个可与目前的基于 VSC 的轻型直流输电作对比的新型的基于 VSIFC 的轻型直流输电测试系统，这为后续 VSIFC-HVDC 研究工作的深层次开展提供了一个具有实用价值的标准测试系统。

（4）新型 VSIFC-HVDC 具有良好的暂稳态运行特性。相比于传统的 VSC-HVDC，新型 VSIFC-HVDC 在体现出优良的滤波特性同时，具有比较高的功率输送能力（这体现出 VSIFC 的有功功率特性），在要求发出 1.0p.u. 的无功功率时，传统 VSC 的调制比已经达到 1.0，而新型 VSIFC 的调制比仍然小于 1.0，这意味着新型 VSIFC 具有更为广的静止无功补偿能力（这体现出 VSIFC 的无功功率特性），不仅如此，新型 VSIFC-HVDC 还体现出良好的双向潮流控制能力，在实现基波潮流正反向流动的同时，能够保持较高的功率输送密度；在遭受控制器指令值阶跃和交流系统典型故障（单相接地故障）时，表现出较好的暂态响应特性以及故障恢复能力。

第 11 章　感应滤波平衡变压器的工程应用研究

11.1　工程应用背景

采用感应滤波的多功能平衡变压器二次侧同时具有两相系统和三相系统,两相系统用于牵引负荷供电,而构造三相系统的主要目的是,在三相抽头接入特殊设计的滤波器,利用变压器二次绕组对谐波电流构成安匝平衡作用,使传递到一次侧绕组的谐波电流尽可能小,以期望获得更好的滤波效果。其次是兼作无功补偿和带所用电变压器等多项功能。

尽管理论分析与计算以及实验室条件下的模型试验已证实了多功能平衡变压器原理的正确性,但变压器要实现现场挂网运行并经受现场试验考验,不仅需要变压器本身样机的研制,还需要一系列与之配套的技术研制与开发。

11.2　样机及其配套滤波器设计和制造中的关键技术

11.2.1　多功能平衡变压器的设计与制造

多功能平衡变压器由于要满足多个阻抗匹配关系,必须采用特殊的绕组布置和结构设计,其技术关键是,既要满足二次测 B 相等值阻抗与 A 相(或 C 相)等值阻抗的比值等于 2.732,又要满足被抽头分开的两部分等值阻抗按一定的比例关系分配(本变压器抽头阻抗比 x 为 0.7376),才能使得三相系统的内阻抗相等,从而构成对称的三相系统。另外由于变压器内部绕组交叉,接头之间的焊接工艺也是一个关键的技术问题。

11.2.2　可调电抗器的设计与制造

可调电抗器是本系统中的重要配套设备,其基本技术要求是电感值线性可调,且调节范围可达 10% 以上。调节电感值的目的是修正理论计算与现场实际参数的差别,并研究滤波效果最佳时的参数调节范围。其技术关键是一方面要保证 110kV 电网功率因数为 0.9~1.0 且不能过补,另一方面电感与电容要适当配合,以满足最佳滤波效果的等值阻抗要求。在设计和制造时要考虑基波与谐波电流叠加的影响。

11.2.3　微机保护装置的开发与参数整定

系统保护是系统可靠运行的必要条件。由于本多功能平衡变压器增加了三相变三相系统,其运行特点不同于以往的阻抗匹配平衡变压器。所以,有必要重新研究系统保护方案、原理与方法,详细设计保护线路,开发微机保护装置,并进行现场调试和参数整定。微机保护装置的关键技术是,数据的实时采集、滤波与处理,数据通信,平衡电流的计算,保护动作的判断及参数整定,装置出口回路的继电器可靠动作等。

本微机保护装置的功能包括:①差动电流速断保护;②二次谐波制动电流的比率差动保护;③零序过电流保护;④低电压启动的三相过电流保护;⑤低电压启动的单相过电流保护;⑥过负荷保护;⑦重瓦斯、轻瓦斯、温度、进线失压等多种保护。

11.3　试 验 方 案

11.3.1　系统结构图

系统结构图如图 11.1 所示。图 11.1 中,多功能平衡变压器的一次侧接到三相 110kV 电网,牵引负荷从主变压器二次侧的两条 27.5kV 馈线(d、e 点)引入,三相滤波器和所用电变压器从主变压器二次侧的三个 10.5kV 抽头(a、b、c 点)接入。为进行对比试验,保留了两相 27.5kV 滤波器(并补装置),但三相滤波器与两相滤波器不同时投入。测量点分别在 P1、P2、P3 三处。

11.3.2　滤波器的构成

1. 三相滤波器

采用可调电抗器,其电感值可在 43.5～48mH 范围内调节。单台电容器采用 6.3kV、100kvar,每相 2 串 6 并,三相滤波器的构成如图 11.2 所示。

2. 两相滤波器

采用普通电抗器,感容比等于 0.12,单台电容器采用 8.4kV、100kvar,每相 4 串 4 并,两相滤波器的构成如图 11.3 所示。

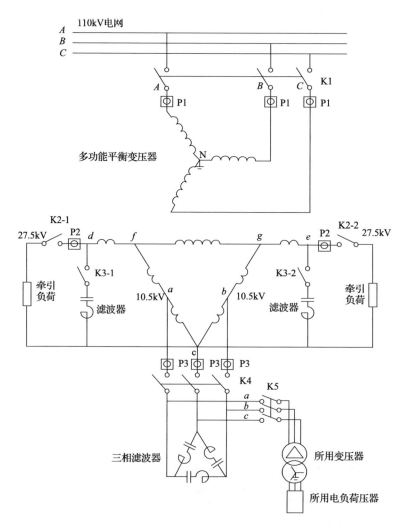

图 11.1　现场运行系统结构图

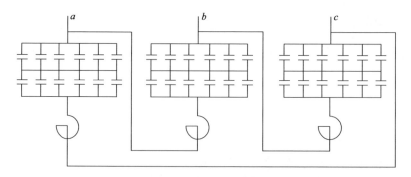

图 11.2　三相滤波器的构成

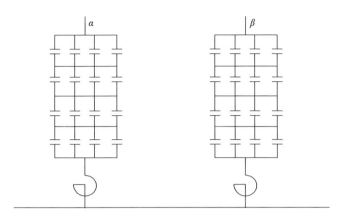

图 11.3　两相滤波器的构成

11.4　运行方式研究

本节以试验结果为依据,分析研究多功能平衡变压器各种运行方式的特点及性能。通过对现场实测数据与理论数据进行详细的对比分析,证实现场条件下多功能平衡变压器运行的可靠性和可行性。同时,现场实测数据也证实,该多功能平衡变压器利用安匝平衡原理进行滤波是正确的,且具有比常规方法更好的滤波效果。更进一步的研究表明,由于本平衡变压器能够带所用电变压器或其他三相负载,可先通过三相变压器将电压降低至 400V 左右,再接入有源滤波器以实现动态无功补偿。

11.4.1　两相系统运行方式研究

1. 电流关系

当多功能平衡变压器二次侧的两相系统接入牵引负荷,而三相系统不接任何负载时,变压器处于两相系统运行方式,其运行特点与阻抗匹配平衡变压器相似,完全可作为阻抗匹配平衡变压器使用。

如前所述,多功能平衡变压器两相系统运行方式下的电流关系为

$$
\begin{bmatrix} \dot{I}_A \\ \dot{I}_B \\ \dot{I}_C \end{bmatrix} = \frac{1}{2\sqrt{3}K_2} \begin{bmatrix} \sqrt{3}+1 & -\sqrt{3}+1 \\ -2 & -2 \\ -\sqrt{3}+1 & \sqrt{3}+1 \end{bmatrix} \begin{bmatrix} \dot{I}_\alpha \\ \dot{I}_\beta \end{bmatrix} \tag{11.1}
$$

在现场安装运行了两台型号相同的多功能平衡变压器(16000kV·A、110kV/27.5kV)。将其中一台作为被试变压器,加装了相应的配套设备和各种测量及保护装置。除采用常规测试仪器(如谐波分析仪)之外,另外委托有关单位开发了专用的测试仪器和设备。测试时间大约为2周,对各种运行方式和工况进行了现场试验,记录了大量的现场数据,其中包括连续24小时的数据。

表11.1给出了两相系统运行方式的5种工况,包括仅有单相负荷和两相均有负荷的情况。两相均有负荷又分为基本相等、一相负荷较大的不同情况。

表 11.1 多功能平衡变压器样机两相系统运行方式下的工况

工况 1	工况 2	工况 3	工况 4	工况 5
$I_\alpha=0, I_\beta\neq0$	$I_\alpha\neq0, I_\beta=0$	$I_\alpha\approx I_\beta$	$I_\alpha>I_\beta$	$I_\alpha<I_\beta$

表11.2给出了5种工况的一、二次侧电流实测值。表中,I_2和I_0分别为变压器一次侧实测电流的负序分量和零序分量。表11.2的数据指出,在各种工况下,一次侧的零序电流均小于0.5A。负序电流则与两相负荷电流的差值有关,当两相负荷电流基本相等时,负序电流很小,一次侧三相电流接近于对称,说明该平衡变压器产品设计是成功的,性能满足设计要求。为便于对比分析,表11.2还同时给出了一次侧电流的理论值,该理论值按平衡变压器的电流关系计算得出。由于理论值与实测值之间的误差均在5%以内,这便证实了多功能平衡变压器两相运行电流关系式的正确性。

表 11.2 多功能平衡变压器样机两相系统运行方式的电流

电流类别			工况 1	工况 2	工况 3	工况 4	工况 5
实测值	I_α	有效值/A		165.24	127.16	138.33	124.92
		相位/(°)		−148.11	−143.55	−140.28	−146.42
	I_β	有效值/A	116.58		127.43	108.84	155.76
		相位/(°)	−51.23		−51.78	−52.27	−51.20
实测值	I_A	有效值/A	7.69	44.48	35.82	37.83	36.56
		相位/(°)	124.17	−149.32	−159.92	−153.73	−165.70
	I_B	有效值/A	23.47	31.75	34.72	35.13	37.35
		相位/(°)	127.54	29.60	80.60	75.40	86.46
	I_C	有效值/A	31.46	12.65	36.18	30.82	44.12
		相位/(°)	−53.92	31.40	−39.22	−35.54	−41.40

续表

	电流类别		工况 1	工况 2	工况 3	工况 4	工况 5
实测值	I_2	有效值/A	16.55	23.09	0.57	4.09	4.76
		相位/(°)	50.31	−135.70	126.36	−118.98	71.98
	I_0	有效值/A	0.16	0.15	0.31	0.22	0.31
		相位/(°)	−100.77	−70.78	−85.84	−89.32	−91.38
理论值	I_A	有效值/A	7.87	46.31	37.00	39.15	37.72
		相位/(°)	123.56	−148.00	−158.45	−152.26	−164.31
	I_B	有效值/A	24.44	33.12	36.18	36.54	38.91
		相位/(°)	130.00	31.46	82.40	77.15	88.05
	I_C	有效值/A	32.28	13.20	37.06	31.72	45.25
		相位/(°)	−51.57	33.37	−36.94	−33.26	−39.35
误差	I_A	有效值/%	2.34	4.11	3.29	3.49	3.17
	I_B	有效值/%	4.13	4.31	4.21	4.01	4.18
	I_C	有效值/%	2.61	4.35	2.43	2.92	2.56

2. 电压相位关系

两相系统运行时,二次侧电压具有如下关系:

$$\begin{bmatrix} U_\alpha \\ U_\beta \end{bmatrix} = \begin{bmatrix} E_\alpha \\ E_\beta \end{bmatrix} - \begin{bmatrix} Z_{11} & -Z_{12} \\ -Z_{12} & Z_{11} \end{bmatrix} \cdot \begin{bmatrix} I_\alpha \\ I_\beta \end{bmatrix} \tag{11.2}$$

式中,E_α、E_β 为两相对称电势,即空载电压;Z_{11}、$-Z_{12}$ 分别为等值自感阻抗和互感阻抗。设计时,一般应保证 $-Z_{12}/Z_{11} < 5\%$,以使得本相电压受邻相电流的影响尽可能小,并使两相电压的相位差尽可能保持 90° 不变。

表 11.3 给出了一、二次侧电压的现场实测数据。表 11.3 中,U_A、U_B 和 U_C 分别为 110kV 一次侧三相电压,U_α 和 U_β 分别为 27.5kV 二次侧两相电压。EU 为一次侧三相电压的不平衡度,其值按式(11.3)计算。式(11.3)中,a、b 和 c 分别为 110kV 侧三相电压的有效值。

$$\mathrm{EU} = \sqrt{\frac{1 - \sqrt{3 - 6(a^4 + b^4 + c^4)/(a^2 + b^2 + c^2)^2}}{1 + \sqrt{3 - 6(a^4 + b^4 + c^4)/(a^2 + b^2 + c^2)^2}}} \times 100(\%) \tag{11.3}$$

表 11.3 多功能平衡变压器样机两相系统运行方式的电压

电压类别		空载	工况 1	工况 2	工况 3	工况 4	工况 5
U_A	有效值/kV	72.085	71.389	70.910	70.327	70.381	70.282
	相位/(°)	−118.72	−118.25	−119.13	−118.66	−118.80	−118.56
U_B	有效值/kV	71.232	70.720	70.274	69.676	69.708	69.703
	相位/(°)	120.95	120.85	121.64	121.06	121.10	121.04
U_C	有效值/kV	71.587	70.293	71.357	69.837	70.015	69.659
	相位/(°)	0	0	0	0	0	0
EU/%		0.6911	0.9018	0.8865	0.5603	0.5556	0.5753
U_α	有效值/kV	29.367	29.135	27.925	28.024	28.056	28.055
	相位/(°)	−103.44	−103.04	−105.66	−104.99	−105.26	−104.50
U_β	有效值/kV	29.233	28.217	29.052	27.857	28.239	27.506
	相位/(°)	−13.29	−14.16	−12.96	−15.37	−14.88	−16.43
两相电压相位差/(°)		90.15	88.88	92.7	89.62	90.38	88.07

从表 11.3 的数据可知,当 α 相无负荷而 β 相有负荷(工况 1)时,相位差小于 90°;当 α 相有负荷而 β 相无负荷(工况 2)时,相位差大于 90°;当空载或两相负荷接近(工况 3)时,两相电压相位差接近于 90°。两相电压相位差变化范围为 88.07° ~ 92.7°,且一相负载电流的变化对另一相电压的影响较小,说明该平衡变压器较好地满足了基本的电压性能指标。表 11.3 还指出,两相运行时一次侧电压不平衡度在 0.5556% ~ 0.9018% 变化,即使空载时,电压不平衡度也达到 0.6911%,仍满足电能质量要求。

上述现场试验结果表明,在两相系统运行方式下,一次侧中性点电流、三相电压不平衡度、二次侧电压相位差等性能指标均较好地满足了设计要求,说明该运行方式是可行的,运行性能是较佳的,由此证实了本多功能平衡变压器具有带两相牵引负荷的基本功能。

11.4.2 三相系统运行方式研究

当多功能平衡变压器的两相牵引负荷为空载,而 a、b、c 抽头接入三相负载时,变压器处于三相系统运行方式。

三相系统运行方式下的电流关系为

$$
\begin{bmatrix} \dot{I}_A \\ \dot{I}_B \\ \dot{I}_C \end{bmatrix} = \frac{x}{(\sqrt{3}+3)K_2} \begin{bmatrix} 2 & -1 & -1 \\ -1 & 2 & -1 \\ -1 & -1 & 2 \end{bmatrix} \begin{bmatrix} \dot{I}_{La} \\ \dot{I}_{Lb} \\ \dot{I}_{Lc} \end{bmatrix} \tag{11.4}
$$

1. 三相滤波器的设计和制造

图 11.1 中,特殊设计的三相滤波器接于 10.5kV 的三个抽头,滤波器对基波电流呈容性,起到无功补偿的作用。对于高次谐波,该滤波器借助变压器二次绕组,使二次绕组流过的电流方向相反,安匝相互抵消,由此构成谐波安匝平衡,使传递到一次侧的谐波电流尽可能小。该方法可认为是由变压器绕组产生一个与谐波电流大小相等、方向相反的补偿电流,以达到削弱谐波电流的目的。这相当于以无源滤波的成本达到有源滤波的效果。三相滤波器的设计及参数计算是一个技术关键,它不同于常规设计方法。其设计步骤如下:首先由谐波滤波模型及变压器参数计算出极大削弱某次谐波的等值阻抗,再按无功补偿要求和抽头处的电压计算出滤波器的基波感抗和基波容抗。

以极大削弱 3 次谐波为例,若由谐波滤波模型及变压器参数计算出极大削弱 3 次谐波的等值阻抗为 Z_3,则可由式(11.5)计算出基波感抗和基波容抗。

$$\begin{cases} j(3X_{L1} - X_{C1}/3) = Z_3 \\ X_{C1} - X_{L1} = 3U_\Delta^2 \cdot 10^3/Q \end{cases} \tag{11.5}$$

式中, X_{C1} 表示基波容抗; X_{L1} 表示基波感抗; Z_3 表示谐波等值阻抗; $U_\Delta = 10.5$kV,表示抽头处的电压; Q 表示三相总无功补偿功率,kvar。

本系统中,通过计算得出 $Z_3 = -j2\Omega$。按功率因数要求,取定 $Q = 2800$kvar,由式(11.5)计算得: $X_{L1} = 14.02\Omega$, $X_{C1} = 132.14\Omega$, $X_{L1}/X_{C1} = 0.1061$,该值小于常规设计的 0.12,这是本滤波方法的特色之处。

图 11.2 中的新型三相滤波器,单台电容器的规格为 6.3kV、100kvar。每相 2 串 6 并,合计 1200kvar,三相共计 3600kvar,电容器利用率 = 2800/3600 = 77.78%。为配合本次试验,研制了 3 台线性可调电抗器,其电感值在 43.5~48mH 变化。

图 11.3 中的常规两相滤波器,其感容比一般取为 $X_{L1}/X_{C1} = 0.12$,以避免谐波电流放大。作为对比,两相滤波器总无功补偿功率为 2435.9kvar,单台电容器的规格为 8.4kV、100kvar。每相 4 串 4 并,合计 1600kvar,两相共计 3200kvar。电容器利用率 = 2435.9/3200 = 76.12%。

2. 三相容性负载运行方式

如上所述,当在抽头处接入三相滤波器时,滤波器对基波呈容性,相当于三相容性负载。在无牵引负荷时,变压器处于三相系统运行方式,其电流数据如表 11.4 所示。表 11.4 中的电流实测值与理论值误差在 5% 以内,说明三相系统运行方式下的电流关系式正确无误。

表 11.4　多功能平衡变压器样机三相系统运行方式的电流

项目		I_a	I_b	I_c	I_A	I_B	I_C
电流实测值	有效值/A	95.86	96.70	96.23	15.48	15.80	16.17
	相位/(°)	−32.0	−152.2	86.84	−36.63	−154.88	82.76
电流理论值	有效值/A				16.09	16.49	16.83
	相位/(°)				−33.64	−151.46	86.27
有效值误差	百分值/%				3.93	4.36	4.09

表 11.5 为一、二次侧电压关系。由于本系统的网侧电压较高,故抽头处的电压高于 10.5kV,今后在设计时可降低此电压水平至 10kV 左右。

表 11.5　多功能平衡变压器样机三相系统运行方式的电压

项目		A 相	B 相	C 相
一次侧电压	有效值/kV	70.444	70.366	69.83
	相位/(°)	−119.45	120.34	0
二次侧电压	有效值/kV	11.258	11.324	11.209
	相位/(°)	−122.1	118.2	−3.2

3. 三相负荷为滤波器和所用电变压器并联运行方式

图 11.1 中,若三相负载由滤波器与所用变压器并联构成,则三相系统不仅作滤波与无功补偿之用,还可为变电所提供所用电源。现场试验时,带上所有的所用电负载,运行约 40 分钟,结果表明该运行方式是可行的。由于抽头的电压较高,为保证安全起见,该方式运行时间不长。该试验表明,三相抽头可同时接入滤波器和所用变压器。将来可进一步研究动态无功补偿的可行性,即通过降压变压器将电压降低至 400V 左右,以便于利用电力电子器件实现电容器的动态投切,从而大大降低电力电子器件的成本。

11.4.3　两相系统和三相系统同时运行方式研究

多功能平衡变压器 27.5kV 母线接入两相牵引负荷,10.5kV 抽头处接入三相滤波器,此时变压器处于两相系统和三相系统同时运行方式下,电流关系为

$$
\begin{bmatrix} \dot{I}_A \\ \dot{I}_B \\ \dot{I}_C \end{bmatrix} = \frac{1}{2\sqrt{3}K_2} \begin{bmatrix} \sqrt{3}+1 & -\sqrt{3}+1 \\ -2 & -2 \\ -\sqrt{3}+1 & \sqrt{3}+1 \end{bmatrix} \begin{bmatrix} \dot{I}_\alpha \\ \dot{I}_\beta \end{bmatrix} + \frac{x}{(\sqrt{3}+3)K_2} \begin{bmatrix} 2 & -1 & -1 \\ -1 & 2 & -1 \\ -1 & -1 & 2 \end{bmatrix} \begin{bmatrix} \dot{I}_{La} \\ \dot{I}_{Lb} \\ \dot{I}_{Lc} \end{bmatrix}
$$

$$(11.6)$$

检测出的电压和电流值如表 11.6 所示。

表 11.6　多功能平衡变压器样机两相和三相同时运行方式的电压和电流

项目			$I_a≈0$	$I_β≈0$	$I_a≈I_β$	$I_a>I_β$	$I_a<I_β$
实测值	U_a	/kV	29.290	27.209	27.083	27.428	28.490
		/(°)	−103.92	−106.67	−104.78	−107.40	−106.18
	$U_β$	/kV	28.009	29.254	27.848	28.237	27.927
		/(°)	−16.56	−14.40	−16.83	−16.16	−16.73
	I_a	/A	9.7	165.13	136.29	164.20	88.04
		/(°)	−144.62	−163.99	−165.16	−149.69	−137.20
	$I_β$	/A	126.87	2.99	135.28	94.94	134.41
		/(°)	−53.19	57.48	−51.66	−53.56	−53.10
实测值	I_a	/A	91.87	94.38	86.86	92.04	92.06
		/(°)	−31.76	−35.61	−33.62	−35.48	−33.85
	I_b	/A	97.80	87.91	91.50	90.35	94.24
		/(°)	−153.11	−154.48	−153.84	−155.39	−155.23
	I_c	/A	93.20	93.79	91.63	91.55	91.63
		/(°)	83.82	87.22	84.09	84.73	83.55
实测值	I_A	/A	5.48	37.87	31.49	39.86	20.33
		/(°)	−25.82	−147.29	−162.45	−141.78	−124.93
	I_B	/A	31.14	18.17	22.15	25.57	31.91
		/(°)	149.37	4.43	99.27	80.42	120.23
	I_C	/A	25.91	23.41	36.20	27.17	30.06
		/(°)	−32.03	53.08	−21.32	−2.49	−22.41
理论值	I_A	/A	5.36	38.68	32.57	40.94	20.63
		/(°)	−21.65	−145.29	−162.29	−140.13	−123.77
	I_B	/A	31.90	19.01	22.30	26.55	32.69
		/(°)	152.83	7.48	99.81	81.82	122.37
	I_C	/A	26.57	23.45	36.85	27.64	30.80
		/(°)	−28.27	56.48	−19.10	−0.08	−19.86
误差	I_A	/%	−2.28	2.16	3.43	2.69	1.44
	I_B	/%	2.44	4.64	0.65	3.82	2.46
	I_C	/%	2.53	0.17	1.81	1.67	2.45

表 11.6 的数据说明,在两相系统与三相系统同时运行方式下,电流的关系式正确无误,三相系统与两相系统可以同时运行,且三相系统的加入并不会破坏电流平衡关系。其重要意义在于,多功能平衡变压器在满足基本功能的情况下,还可以开发出多项辅助功能,从而实现一机多能。

11.4.4 运行效果分析

在三相系统接入对称三相滤波器时,滤波器起着无功补偿和高次谐波滤波之功效,补偿效果和滤波效果见以下分析。

1. 滤波器的补偿效果

接入滤波器之后的功率因数如表 11.7 所示。由表 11.7 可见,当系统两相负荷电流等于 0 时,一次侧的有功功率很小,无功功率为超前的容性功率。此时功率因数为 0.1065 很低,且为超前,表现为过补偿。当负荷功率增大时,一次侧的容性功率减小,功率因数随之提高,但仍为超前。当负荷功率增大到 4.26MW 时,一次侧的无功功率变为感性无功,且数值相对较小,此时一次侧功率因数很高,相当于将负荷的功率因数由 0.7918 提高到 0.9952。此时补偿适中。当负荷超过 5MW 时,其负荷无功也增大,此时补偿容量不够,一次侧的功率因数反而有所下降,表现为欠补偿。

表 11.7 多功能平衡变压器样机接入滤波器时的功率因数

项目		空载	I_α 较小	$I_\beta = 0$	$I_\alpha \approx I_\beta$	$I_\alpha > I_\beta$	$I_\alpha < I_\beta$
I_α/A		0	36.45	224.37	113.30	114.48	41.49
I_β/A		0	118.22	0	104.82	84.51	146.46
一次侧	P_1/MW	0.3802	4.2384	5.5025	5.5531	5.0774	4.6352
	$Q_1/Mvar$	−3.5487	−0.6813	0.9787	0.8049	0.4727	0.4548
	$\cos\varphi_1$	0.1065*	0.9873*	0.9845	0.9897	0.9957	0.9952
二次侧	P_2/MW	0.0064	3.8817	5.1599	5.1470	4.6805	4.2647
	$Q_2/Mvar$	−0.2103	2.3490	3.5673	3.5970	3.3575	3.2902
	$\cos\varphi_2$	0.0303*	0.8555	0.8226	0.8197	0.8126	0.7918

* 表示超前

2. 滤波器的滤波效果

多功能平衡变压器一个重要的功能是高次谐波滤波。为考察其滤波效果,分别测出了无滤波器、常规两相滤波器(接于 27.5kV 母线)、本章所述三相滤波器(接于 10.5kV 抽头)三种情况下的 110kV 网侧电流,测试数据如表 11.8 所示。根据表 11.8 的数据,可以得出不同滤波方法时谐波电流的滤除率,结果如表 11.9 所示。

表 11.8　110kV 网侧三相电流测试结果

序号	滤波位置	相序	基波及谐波电流/A				总谐波电流/A	谐波电流平均值/A	总畸变率/%	电铁负荷/MW
			基波	3 次	5 次	7 次				
1	无滤波	A	83.15	20.20	7.1	4.08	21.80	14.46	26.21	8.731
		B	60.68	13.58	5.49	1.56	14.73		24.28	
		C	23.48	6.32	1.61	2.13	6.86		29.22	
	27.5kV 母线	A	34.73	2.63	1.69	0.6	3.18	7.70	9.17	8.714
		B	61.80	7.74	2.93	1.82	8.47		13.71	
		C	95.64	10.24	4.54	2.3	11.43		11.96	
	10.5kV 抽头	A	28.56	0.54	2.1	0.77	2.30	3.87	8.06	8.689
		B	41.20	3.88	1.01	1.14	4.17		10.12	
		C	69.91	3.79	3.15	1.48	5.15		7.36	
2	无滤波	A	84.77	13.15	6.21	3.84	15.04	10.05	17.74	8.526
		B	61.72	9.53	4.72	2.60	10.95		17.74	
		C	22.33	3.60	1.71	1.15	4.15		18.58	
	27.5kV 母线	A	29.99	1.83	1.96	0.47	2.72	6.44	9.08	8.46
		B	46.45	5.50	3.77	2.06	6.98		15.02	
		C	76.27	7.30	5.78	2.38	9.61		12.60	
	10.5kV 抽头	A	30.95	0.47	3.5	0.69	3.60	5.39	11.63	8.537
		B	45.92	3.34	4.13	2.73	3.85		8.38	
		C	77.04	3.35	7.64	2.51	8.71		11.31	
3	无滤波	A	67.13	12.58	4.65	2.23	13.60	9.16	20.25	8.079
		B	48.15	8.14	4.41	1.36	9.36		19.43	
		C	20.40	4.49	0.50	0.43	4.54		22.25	
	27.5kV 母线	A	73.71	7.74	5.83	2.25	9.95	6.61	13.5	8.055
		B	62.50	5.92	4.41	1.40	7.51		12.02	
		C	12.65	1.70	1.43	0.85	2.38		18.80	
	10.5kV 抽头	A	67.0	5.36	3.51	4.15	7.63	5.50	11.39	8.044
		B	61.51	5.98	1.82	3.00	6.93		11.27	
		C	9.71	0.92	1.38	1.01	1.94		20.00	

续表

序号	滤波位置	相序	基波及谐波电流/A				总谐波电流/A	谐波电流平均值/A	总畸变率/%	电铁负荷/MW
			基波	3次	5次	7次				
4	无滤波	A	17.35	4.36	0.79	1.04	4.55	10.96	26.23	6.022
		B	44.81	11.62	2.20	1.89	11.98		26.73	
		C	62.44	15.87	2.98	2.52	16.34		26.17	
	27.5kV母线	A	48.75	4.57	5.46	1.51	7.28	4.81	14.93	6.012
		B	45.16	3.63	3.98	0.86	5.45		12.08	
		C	6.38	0.88	1.35	0.53	1.70		26.59	
	10.5kV抽头	A	20.48	0.53	2.47	0.43	2.56	3.40	12.51	6.067
		B	21.47	2.83	0.90	1.38	3.27		15.25	
		C	40.52	2.60	3.32	1.09	4.36		10.75	

表 11.9　110kV 网侧谐波电流降低百分值

序号	总谐波电流/A（三相平均值）			谐波电流降低百分值/%		
	无滤波 (1)	27.5kV 滤波 (2)	10.5kV 滤波 (3)	(2)相对于 (1)	(3)相对于 (1)	(3)相对于 (2)
1	14.46	7.70	3.87	46.75	73.24	49.74
2	10.05	6.44	5.39	35.92	46.37	16.30
3	9.16	6.61	5.50	27.84	39.96	16.79
4	10.96	4.81	3.4	56.11	68.98	29.31
平均	11.16	6.39	4.54	41.66	57.14	28.04

从表 11.9 可见,对于常规滤波方法,谐波电流滤除率的平均值为 41.66%,而对于本章所述滤波方法,其谐波滤除率的平均值为 57.14%,最大值为 73.24%。本章方法与常规方法相比,谐波电流降低的平均值为 28.04%,最大值为 49.74%。这说明采用三相滤波器的滤波效果明显优于常规方法的两相滤波器。

11.5　本章小结

本章对多功能平衡变压器的工程应用进行了研究,讨论了工程应用中的一些关键技术,对具体现场运行具有很强的指导意义。以一台 16000kV·A/110kV 多功能平衡变压器样机为对象,研究了各种运行方式的可行性。研究了该产品的技术特点以便指导设计和运行。在变电所完成了许多运行可靠性试验,并用一些特殊的仪器设备,如 24 通道综合电能分析仪和谐波分析仪测量了大量的数据。

通过实际现场运行数据分析,可得出下述结论。

(1)本牵引变压器处于两相系统运行方式下,可作为阻抗匹配平衡变压器使用。一次侧电流无零序分量,两相电压的相位差也接近于 90°。

(2)本变压器处于三相运行方式下,当三相负载为容性性质的滤波器时,变压器将向系统输送无功,使一次侧的功率因数变为超前。

(3)本变压器两相系统与三相系统组合运行方式是可行的。运行时一次侧仍无零序电流,当二次侧两相电流对称且三相电流亦对称时,一次侧电流成为对称三相电流。

(4)本新型三相滤波器具有无功补偿功能。在两相负荷适当时,可以将一次侧功率因数补偿到接近于 1,但当两相负荷空载或轻载时存在过补情况。解决的办法是采用动态无功补偿,根据负荷情况随时调节无功补偿量的大小。

(5)本三相滤波器滤波效果十分明显。在负荷及补偿容量大致相同时,其平均谐波滤除率高出常规两相滤波器约 28%,值得大力推广应用。

(6)本变压器除具有带牵引负荷的基本功能外,还具有无功补偿、带所用电负载和高次谐波滤波等辅助功能。

第12章 感应滤波在工业直流系统中的工程实践研究

直流输配电技术在以经济、安全、高效与灵活的运行与控制为目标的现代电力系统中扮演着越来越重要的角色。在输电领域,基于电流源型换流器的高压/特高直流输电在远距离输电以及大电网互联方面具有一定的技术优势;在配电领域,基于电压源型换流器的轻型直流输电在城市输/配电网,孤岛送电、电气化铁道直流配电网等领域凸现出一定的技术优势;在用电领域,尤其是化工、冶金等关乎国计民生的大型工业负荷用电领域,直流供电技术(也称变流技术)的应用更为广泛。特别是,从直流技术的发展历程以及近现代世界工业化进程来看,真正意义的商用直流技术是从用电领域开始的,这与独立用电设备的相对容量较小、运行方式的多样性以及技术更新的便携性与快速性不无关系。

感应滤波技术以及由此所形成的成套技术装备(感应滤波换流变压器及其配套全调谐装置)能否在实际直流输电工程,尤其是高压/特高压直流输电工程中得到工程应用,这是由多种因素共同决定的。为了深层次地推动新型感应滤波技术在交直流输变电领域的产业化应用,确立了以某国有大型化工集团直流供电系统的节能改造为契机,建立国内外首个采用感应滤波技术的示范性直流用电工程的方案。通过联合相关电气设备制造厂商以及具有工程设计与安装资质的国家某化工设计研究院,于 2009 年 3 月成功实现了采用感应滤波技术的直流用电示范性工程的首台套安装与试运行,运行情况迄今良好。本章将对基于感应滤波的示范性直流系统的工程应用背景、主参数设计、实际运行效果以及相关的运行效益进行研究。

12.1 工程应用背景

12.1.1 原金属阳极直流供电系统

图 12.1 为国内某大型化工集团供食盐电解负荷的金属阳极直流供电系统简化接线图。图 12.2 为该系统中的整流变压器实物图。该直流供电系统电气一次接线主要由三部分构成:①变压器部分,由有载调压变压器和整流变压器构成,其中,整流变压器采用了双反星形带平衡电抗器同相逆并联结构型式,这完全是为了满足换流阀组交直流侧的低压大电流特性,有载调压变压器部分具有移相功能,主要目的是在一定程度上消除整流器及直流负荷产生的主要谐波对 35kV 电网的危

害;②整流器部分,每套整流机组采用两套三相全波不可控二极管整流桥,负责将交流电转换成电解负荷所需的直流电,为工业电解负荷提供低压大电流的直流电源;③在整流变压器和整流桥之间串联有自饱和电抗器,这主要是考虑到对电流的调节精度(有载调压粗调、自饱和电抗器细调)。

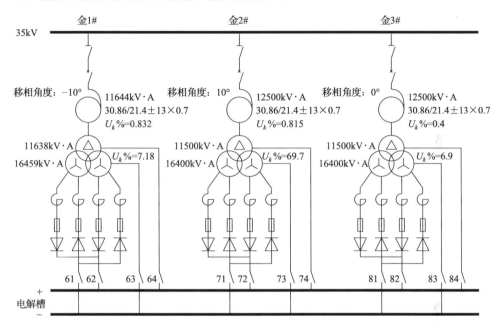

图 12.1 原有金属阳极直流供电系统简化接线图

图 12.2 原系统运行中的整流变压器实物图

12.1.2　运行测试

　　根据该化工集团动力厂提供的数据可得到该套金属阳极直流供电系统近四年的用电情况以及直流负荷长期运行情况，如表 12.1 和表 12.2 所示。由表可知，该套机组连接的电力负荷为食盐电解负荷，食盐电解槽为金属阳极隔膜槽，从历年运行数据来看，工艺生产比较稳定，连续性强，直流输电电压略有变化的原因是实际电解生产过程中电解槽串联台数发生了变化。

表 12.1　近四年金属阳极直流系统的用电情况

参数	2004 年	2005 年	2006 年	2007 年
用电量/(kW·h)	171713000	150808514	158378040	149507840
年电费/万元(按 0.45 元/(kW·h)计)	7727	6786	7127	6728
平均负荷/kW	20000	17500	18300	17300
单台平均负荷/kW	6670	5850	6100	5770
单台最高负荷/kW	8825	8820	8820	8820
单台输出最高直流电流/kA	21	21	21	21

表 12.2　原金属阳极直流系统的直流输出变化情况

I_{dc}/kA	38	40	42	45	48	50	52	54
U_{dc}/V	377~386	378~390	380~395	389~398	391~403	392~408	395~412	396~415

　　在技术改造之前，对该套工业直流供电系统 1♯ 整流机组进行了相关的运行测试。测试点分别为直流供电系统 35kV 交流电网侧，也就是图 12.1 所示的金 1♯～3♯ 这三套机组的网侧汇流处；金 1♯ 机组网侧出线端，也就是金 1♯ 机组有载调压变压器的一次侧以及直流负荷侧。

　　图 12.3 和图 12.4 分别给出了相应的测量波形。值得说明的是，由于直流负荷侧的直流电流比较大，无法通过测量得到直流电流的波形，不过表 12.2 给出了其长期运行的统计数据。由测量波形可知，由于三套 6 脉波整流机组 35kV 交流网侧的汇流作用，其电网侧电压与电流波形基本呈正弦性，如图 12.3(a)所示；而有载调压变压器的一次侧电流波形存在比较严重的畸变，如图 12.3(b)所示；直流输出电压波形具有一定的尖波分量，不甚理想。表 12.3 为交流侧测量点电流波形的畸变率以及主要谐波电流含量的实测数据。

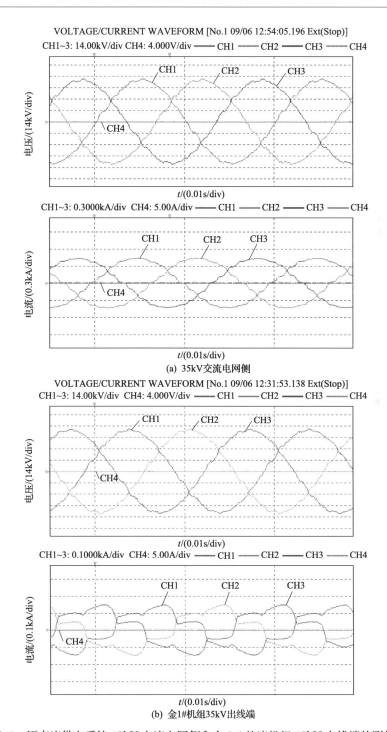

图 12.3　原直流供电系统 35kV 交流电网侧和金 1♯整流机组 35kV 出线端的测量波形

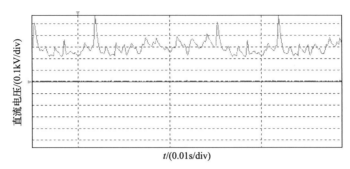

图 12.4　原直流供电系统金 1♯ 整流机组直流输出电压测量波形

表 12.3　原直流供电系统交流侧电流的 THD 和主要次谐波电流的含量

基波或谐波次数	35kV 交流电网侧		金 1♯ 整流机组网侧出线端	
	有效值/A	含量/%	有效值/A	含量/%
1	306.5	100	91.6	100
5	7.2	2.35	20.4	22.27
7	4.2	1.37	7.2	7.86
11	2	0.65	6.5	7.10
13	1.4	0.46	3.5	3.82
THD/%	4.41		25.48	

12.2　基于感应滤波的新型工业直流系统

12.2.1　电气主接线与实物图

　　鉴于原有金属阳极直流供电系统存在的上述诸多问题,采用感应滤波整流变压器及其配套全调谐装置以及相控桥式整流器,对原系统中的金 1♯ 机组进行了技术改造,如图 12.5 所示。由图可知,改造后的金 1♯ 新机组和其他机组相比,具有明显的集成化设计的特征,感应滤波整流变压器的网侧绕组与有载调压绕组有机结合在一起,感应滤波绕组并接了具有 1726.8kvar 基波无功补偿量的感应滤波配套全调谐装置,阀侧绕组采用同相逆并联型式,出线端无自饱和电抗器,而是直接与相控桥式整流器相连接,通过有载调压开关和晶闸管触发角的协同控制,对直流电流进行快速、精确的闭环调节,实现直流系统的高效、稳定运行。

　　图 12.6 为感应滤波整流变压器原理接线图及现场安装实物图。图 12.7 为感应滤波整流变压器配套的辅助全调谐支路。由图 12.6(a)所示的原理接线图可知,感应滤波整流变压器将有载调压部分和整变部分集成在了一起,其中,主变部分含独立的感应滤波绕组,该绕组在实际设计中,近似满足零等值电抗的设计条

件,并且,外接对 5、7、11、13 次主要特征谐波电流具有全调谐特征的辅助感应滤波
支路,如图 12.7 所示。关于感应滤波变压器的工作机理、绕组与结构布置、电磁特
性分析详见第 2 章和第 3 章。

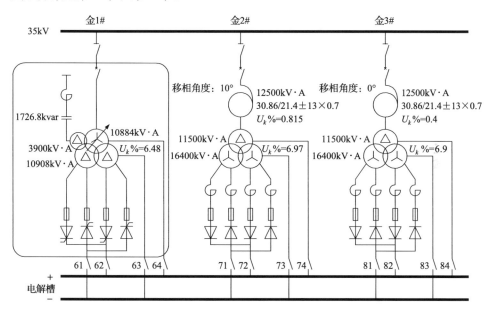

图 12.5　技术改造后金属阳极直流供电系统简化接线图

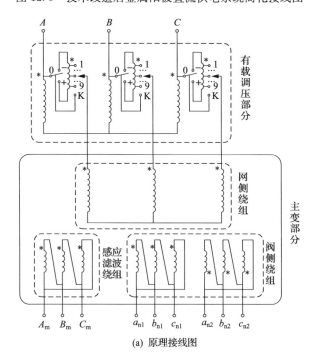

(a) 原理接线图

(b) 实物图

图 12.6　感应滤波整流变压器原理接线图、实物图与铭牌参数

图 12.7　感应滤波配套全调谐装置实物图

12.2.2　主要设计参数

表 12.4 和表 12.5 分别给出了感应滤波整流变压器部分的设计参数和感应滤波配套全调谐装置的主要设计参数。

表 12.4　感应滤波整流变压器基本设计参数

参数	网侧绕组	阀侧绕组	感应滤波绕组
	星形	三角形（同相逆并联）	三角形
线电压/kV	35	0.35	10
容量/(kV·A)	10884	10908	3900
等值阻抗/%	3.115	3.365	0.115

表 12.5　感应滤波配套全调谐装置主要设计参数

参数	5 次全调谐支路	7 次全调谐支路	11 次全调谐支路	13 次全调谐支路
接入点电压/kV	10	10	10	10
补偿容量(单相)/kvar	309.1	157.8	62.91	45.79
电容器 $C/\mu F$	9.751	5.0763	2.0808	1.4931
电容器容量/(kV·A)	646.21	385.87	204.57	164.05
电抗器 L/mH	41.5632	40.7343	40.2425	40.1544
电抗器容量/(kV·A)	346.92	231.5	141.12	118.41

由表 12.4 可知,感应滤波绕组的等值阻抗百分比大大小于网侧绕组的等值阻抗百分比,其工程设计近似满足感应滤波技术实现所必备的条件之一。由表 12.5 可知,5、7、11、13 次全调谐支路的参数设计是按照满足既定的总的基波无功补偿容量的前提条件下,通过损耗最小原则分配各条支路的无功补偿量,并按照相应次谐波频率下全调谐的特征进行设计的,其工程设计近似满足感应滤波技术实现所必备的条件之二。

12.3　运行测试与结果分析

图 12.8 分别为感应滤波实施前后感应滤波整流变压器网侧绕组出线端的电压与电流实测波形。

由图 12.8 可知,在未实施感应滤波时,整流变压器网侧绕组出线端的电流波形畸变非常严重,而实施感应滤波后,其电流波形呈现出比较良好的正弦性,通过 FFT 分析结果(表 12.6)可知,未实施感应滤波时,电流波形的畸变率(THD)为 25.16%,而实施感应滤波时,THD 为 6.55%,降幅非常明显,这正是感应滤波区别与目前的无源滤波和有源滤波的独特的技术优势,因为,这体现出整流变压器网

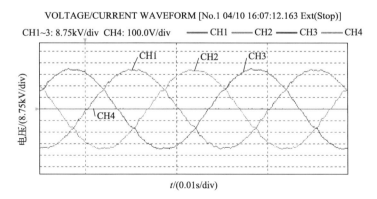

VOLTAGE/CURRENT WAVEFORM [No.1 04/10 16:07:12.163 Ext(Stop)]
CH1~3: 8.75kV/div CH4: 100.0V/div ——CH1 ——CH2 ——CH3 ——CH4

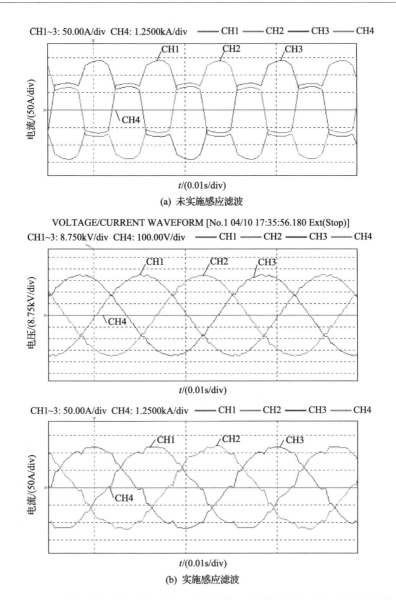

图 12.8　感应滤波实施前后整流变压器网侧绕组出线端的电压与电流实测波形

侧绕组中谐波电流的含量已经很小,很大一部分谐波电流只在阀侧绕组和感应滤波绕组内流通,这意味着谐波的流通路径被遏制在一个很小的范围内,这是当前的无源滤波和有源滤波无法做到的。虽然无源滤波和有源滤波同样能够抑制交流电网的谐波,但是无法抑制整流变压器绕组内的谐波电流以及铁心内的谐波磁通。

表 12.6　感应滤波实施前后网侧绕组电流波形畸变率和主要谐波含量的比较

基波或谐波次数	1 号整流机组网侧出线端谐波含量/%	
	未实施感应滤波	实施感应滤波
1	100.00	100.00
5	21.69	4.96
7	9.79	2.03
11	6.23	2.16
13	4.26	0.41
总谐波畸变率	25.16	6.55

图 12.9 为感应滤波实施前后整流变压器附加绕组(用于观测变压器的铁心磁通)空载电压的实测波形,这主要反映了整流变压器在实际运行过程中铁心磁通受谐波的影响程度,同时也反映了谐波对变压器励磁特性的影响。表 12.7 为间接得到的感应滤波实施前后整流变压器铁心磁通的谐波含量数据对比。

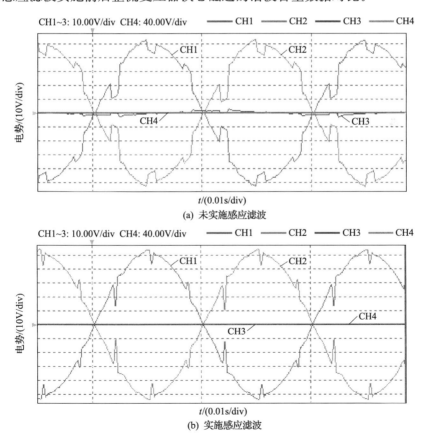

(a) 未实施感应滤波

(b) 实施感应滤波

图 12.9　感应滤波实施前后整流变压器心柱和铁轭匝电势实测波形

表 12.7　感应滤波实施前后整流变压器匝电势谐波含量对比

直流电流/kA	未实施感应滤波			实施感应滤波		
	基波匝电势/V	5 次匝电势/V	7 次匝电势/V	基波匝电势/V	5 次匝电势/V	7 次匝电势/V
10	35.63	1.75	0.81	36.41	0.85	0.29
15	35.52	2.56	1.56	36.16	1.23	0.69
18	35.37	2.94	1.92	36.01	1.42	0.91

值得说明的是,通过理论研究发现,感应滤波的实施不仅能显著降低变压器网侧绕组的谐波电流含量,而且使得变压器铁心中的谐波磁通以及绕组和铁心周围的谐波磁势也得以降低(理论分析部分和电磁特性分析部分见第 2 章)。因此,为了在实际工程中验证这个在理论研究中发现的重要成果,在首台套感应滤波整流变压器的主铁心上附加了少许匝数的空载绕组 K_1 和 K_2,通过测量这两个附加绕组的空载电压,间接地获取变压器实际运行过程中铁心磁通的相关信息。

由图 12.9 可知,实施感应滤波时整流变压器附加绕组的空载电压波形畸变明显地好于未实施感应滤波时的情形,这间接地反映了感应滤波对整流变压器铁心谐波磁通的抑制效果。由表 12.7 可知,就单次谐波而言,以 5 次谐波为例,在未实施感应滤波时,其含量为 8.31%,而实施感应滤波后,其含量降为 2.33%;就波形总畸变率 THD 而言,未实施感应滤波时,THD 为 15.32%,实施感应滤波后 THD 降为 8.05%。这形象地反映出感应滤波的实施降低了整流变压器铁心中的谐波磁通,改善了整流变压器的励磁特性。

12.4　本章小结

本章对感应滤波技术在工业直流供电系统中的工程应用情况进行了研究。首先,介绍了工程应用的背景,对国内某大型化工集团金属阳极直流供电系统的主电气接线方式、运行测试结果以及该系统存在的主要问题进行了分析;然后在此基础上,介绍了基于感应滤波的新型工业直流供电系统的电气主接线、感应滤波整流变压器及其配套全调谐装置的现场安装图以及主要的设计参数;最后,对基于感应滤波技术的新型工业直流系统的实际运行情况进行了现场测试,由测试结果可知如下结论。

(1)感应滤波技术在应用于实际的直流工程时体现出了良好的滤波效果,这与前面相关章节的理论研究和系统仿真结果是一致的。特别值得再次说明的是,从现场运行情况看,整流变压器网侧绕组(包括有载调压部分)的谐波电流含量显著降低,总畸变率从实施感应滤波前的 25.16% 降至实施感应滤波后的 6.55%,降幅非常明显。

（2）感应滤波技术明显降低了整流变压器铁心中的谐波磁通，改善了整流变压器的励磁特性，这与前面相关章节的理论研究和电磁仿真结果是一致的。值得特别指出的是，变压器铁心交变磁通中若含有高频谐波分量，则对变压器的危害是不容忽视的，不仅会增加铁心的磁滞损耗和涡流损耗，还会引起振动与噪声。而感应滤波技术能够从根本上抑制变压器铁心中的谐波磁通，这对于改善变压器，尤其是换流变压器的电磁环境是不无裨益的。

（3）感应滤波技术作为一种新型的电力滤波技术，其滤波机理有别于目前的无源滤波技术和有源滤波技术，而从本章实际直流工程的运行结果来看，确实体现出了它的技术特点与优势，这与前面相关章节的理论分析结果也是一致的。

第 13 章 高效能感应滤波整流系统工程应用及能效分析

感应滤波技术与无源滤波技术、有源滤波技术的本质区别在于它充分利用和挖掘变压器的电磁潜能,利用感应滤波绕组在谐波频率下的安匝平衡作用,通过削弱变压器铁心谐波磁通来实现将谐波有效隔离并就近抑制于变压器谐波源侧。因此,实践中感应滤波技术必须与变压器紧密结合,鉴于此,感应滤波技术的应用总是以"滤波变压器"的身份出现。

本章主要针对感应滤波技术在大功率整流供电领域的最新应用形式,对其工程应用情况进行系统性总结和分析。首先简单介绍高效能 12 脉波感应滤波整流系统的应用背景、系统接线方案和主参数设计情况;在此基础上,以其中某电解供电系统应用工程作为典型案例,就该系统谐波、功率因数、各部件功率损耗量测及效率指标情况进行深入分析,有助于全面认识和把握该高效能整流系统的运行特性,对其在工程应用领域的推广具有推动作用。

13.1 高效能 12 脉波整流系统工程应用典型案例

随着首台套基于感应滤波的绿色节能直流电站在电解食盐水工程项目中的成功应用,在总结既有 6 脉波感应滤波系统应用经验及结合工程实际需求的基础上,课题研究组采用谐波磁通抑制原理,同样采取了滤波绕组等值阻抗相对极小值和滤波支路全调谐设计并结合常规的多脉波整流技术,进一步构建了一种 12 脉波型式的高效能感应滤波整流系统,并在多个电解项目中得到了工程应用,高效能整流系统自投运至今,均已安全运行 18 个月,现场测试表明,该型系统各项特性指标均优于既有常规 12 脉系统,从而将感应滤波技术的工程应用研究推至一个新的高度。

13.1.1 主电路拓扑结构与实物图

图 13.1 为高效能 12 脉波整流系统主电路拓扑结构图,如前面所述,该系统整流变压器采用单机组 12 脉波设计,器身为平面 3 铁柱结构。该种拓扑结构的特点是实现各功能项的高度有机集成,设计思想几乎囊括了当前针对大功率整流的所有节能增效技术:主机网侧绕组集成自耦式正反调压设备,以有效缩减变压器制造

成本和占用空间;阀侧采用 Y/△ 整流绕组并配以同相逆并联结构,在移相实现铁心 $6n\pm1(n=1,3,5,\cdots)$ 次谐波电流磁势消除的同时,有效削弱由阀侧交流母排大电流电磁场所造成的各种附加及杂散损耗;另变压器最显著的特征是二次侧设计有感应滤波绕组,配合其外接的 LC 调谐滤波阵列,可进一步消除变压器铁心中由 12 脉波整流所生的 11、13 次特征谐波磁势,就近实现整个系统谐波抑制和无功补偿功能。

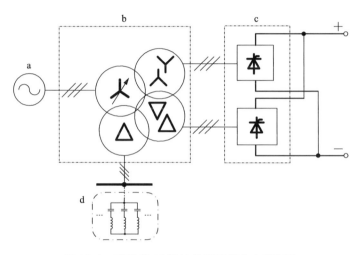

图 13.1　高效能 12 脉波整流系统主电路拓扑
a-交流电源系统；b-新型整流变压器；c-整流柜；d-LC 滤波装置

如图 13.1 所示,高效能 12 脉波整流系统主要由 3 部分构成:新型整流变压器、整流柜及外接 LC 滤波装置。整个系统以带感应滤波的整流变压器为核心,各部件功能单元紧密协作,实现高效能整流。图 13.2 给出了某电解大功率整流系统接线图。

图示系统主要构成设备有:节能滤波型变压器、整流器、感应滤波补偿装置、效率监控系统、工业电视监控等。该工程规模为年产 4 万吨电解锰,按一期、二期实施。系统母线采用 110kV 供电降压至 35kV 后供负载,下设四条容量为 12500kV·A 整流变,27 级有载调压,12 脉波同相逆并联接线方式。该项目年运行在 8000 小时以上,节电按提高 1.5% 计算,每年可为客户创造经济效益 268 万元以上,可见节能增效潜力巨大。

值得注意的是,在图 13.2 所示电解工程的实施过程中,由于用户场地限制,新安装的 4、5 号整流机组外接 LC 滤波阵列仅由 11、13 次调谐支路构成,参照本书相关章节的分析,现场可观测到 5、7 次谐波放大现象,但程度较轻微,尚在系统安全容许范围之内,并且满足相关的谐波限制标准。

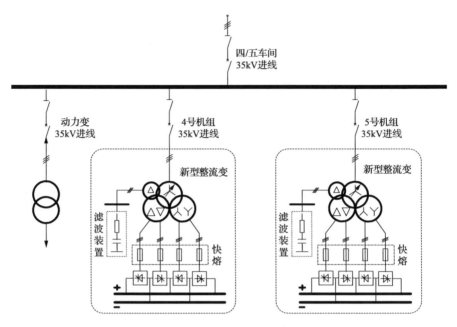

图 13.2　某电解整流供电系统接线图

　　图 13.3 给出了该电解锰工程其中一机组的生产现场实物图片,其中,图 13.3(a)为核心装备之新型整流变压器,图 13.3(b)和(c)为配套的由电抗器和电容器组成的 LC 滤波阵列。

　　图 13.4 给出的是该系统现场大功率整流器及其控制系统,其由整流器柜屏及综合控制屏组成,主要负责实施系统交直流变换、稳流控制及其他相关保护、通信等。图 13.4(a)为整流柜整体布局情况,图 13.4(b)为晶闸管阀臂结构局部放大效果。

(a) 单机组12脉波带感应滤波整流变压器

 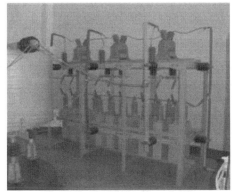

(b) 感应滤波补偿装置之电抗器阵列　　　　　　(c) 感应滤波补偿装置之电容器阵列

图 13.3　某电解工程现场整流变压器及配套滤波装置

(a) 大功率整流器及其系统控制设备

(b) 整流柜局部放大效果

图 13.4　某电解工程现场整流柜及控制系统

在第 5 章提及根据高效能整流系统的主电路结构特点,研制了一套面向工程实用的大功率工业整流能效分析系统,该系统由现场电参数采集装置、通讯网络及后台管理软件组成。应用该系统可以实现对整流系统各部件损耗、效率、电能质量参数实时监控,同时,后台管理软件利用数据库操作技术,也具备波形显示及电能计量相关参数的测显、数据储存记录功能。

图 13.5 给出了该系统电参数采集装置于整流现场低压阀侧及直流测量点的安装施工场景,其中图 13.5(a)为采集装置整体安装情况,图 13.5(b)为采集装置内部部件结构,图 13.5(c)为直流侧大电流霍尔传感器安装情况。

(a) 电参数采集装置及安装现场　　　　　(b) 电参数采集装置内部结构

(c) 直流大电流霍尔传感器安装情况

图 13.5　某电解工程现场能效分析系统之电参数采集装置

参照图 13.5 可知,整流柜侧面安放现场电参数采集装置电气屏蔽柜 1 个,内装阀侧参数采集终端 4 台,直流侧采集终端 1 台。阀侧低压交流母排电压采集直接由安装在整流阀侧 12 个铜排上的金属套件(电压等级 500V)引接至采集柜;阀侧低压交流母排电流采集通过于 12 个铜排上套装的罗氏线圈互感器(变比为 5000A/5V)经积分调理电路转换为 0~5V 信号后接入采集柜;直流侧电压(电压等级 600V)直接从直流输出母排引线接入采集柜;直流输出电流采集由安装于直流母排的霍尔互感器(变比为 20kA/5V)实现,其采集直流电流后经积分电路转换为 0～5V 输出信号,最后再经屏蔽线接入至现场电参数采集装置。

高效能整流系统的另一个成功应用案例是某公司二期 2 万吨电解锰项目,于 2010 年启动,2011 年 8 月试生产,系统采用 35kV 母线接入,二台容量均为 12500kV•A 整流变,27 级有载调压,12 脉波整流同相逆并联方案,该项目全部采用绿色节能直流电站专利技术,系统运行两年多以来稳定可靠,实测整流效率达 98.05%,实测功率因数为 0.98,谐波滤除率远低于国家标准。该项目年运行在 8000 小时以上,节电提高 1.5%,每年可为客户创造经济效益 120 万元以上,效果明显。

图 13.6 给出的是该电解锰工程一次系统单相电气接线示意图,图中整流变压器阀侧整流绕组共用一个单元圈表示。该系统主设备参数及运行工况基本同图 13.2 所示工程。

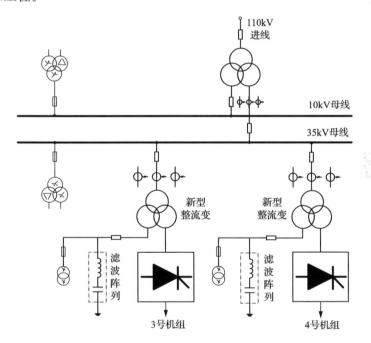

图 13.6　某电解锰工程一次系统单相电气接线图

图 13.7 给出了该电解锰工程 3 号机组主设备的现场实物图片,其中,图 13.7(a) 为核心装备之新型整流变压器,图 13.7(b) 为组装式整流柜之晶闸管整流器及其控制系统,图 13.7(c) 和(d)为配套的由电抗器和电容器组成的 LC 滤波阵列。

须提及的是在图 13.6 所示电解锰工程的实施过程中,其配套感应滤波装置方案选型及参数设计依据本书相关章节的论述,共配置了 5、11 和 13 次三条滤波支路,并根据参数优化软件输出结果用于指导设计和生产,在有效节省滤波器初期投资的基础上,根据投运现场的监测数据来看,各项性能指标均达到了预设的要求。

(a) 新型12脉波感应滤波整流变压器

(b) 晶闸管整流器及其控制系统组装屏

(c) 感应滤波补偿装置之电抗器阵列

(d) 感应滤波补偿装置之电容器阵列

图 13.7　某电解工程高效能 12 脉波整流系统现场实物图

　　由于上述两项工程各方面情况均很相似,简洁起见,将选其一作为研究对象,进行后续相关内容的阐述和讨论。

13.1.2　系统主要设计参数分析

　　表 13.1 给出了上述 3 号机组新型 12 脉波感应滤波整流变压器的设计主参数。从表中可以看出,经优化设计的滤波绕组等值阻抗值远小于网侧绕组的等值阻抗,满足变压器实施感应滤波的特殊绕组阻抗设计要求。

　　表 13.1 中,现场进行变压器的短路阻抗测试,采取将变压器阀侧 4 个整流绕组所有端子并接短路的实验方案,从这个角度上看,可将变压器视为一个 3 绕组类型。参照 3 绕组变压器绕组等值阻抗的计算公式,可相应得到各绕组的等值阻抗大小;在绕组电阻值表示形式中,调压绕组部分的电阻值为 0.10051Ω,网侧本体绕组电阻值为 0.25279Ω。

表 13.1 新型 12 脉波感应滤波整流变压器设计主参数

参数	网侧绕组	阀侧绕组		滤波绕组
绕组接法	星接	星接	角接	角接
绕组容量/(kV·A)	12500	6750	6750	3000
额定电压/kV	35	0.64	0.64	10
短路阻抗/%	$Z_{G\text{-}ER}$	$Z_{G\text{-}F}$	$Z_{ER\text{-}F}$	
	5.82	3.68	1.98	
绕组等值阻抗/%	Z_G	Z_{ER}	Z_F	
	3.76	2.14	−0.08	
绕组电阻值/Ω	0.10051+0.25279	$2.5845×10^{-4}$	$7.4862×10^{-4}$	0.30446
短路损耗/kW		81.34		
空载损耗/kW		16.93		

注:下标 G 表示网侧绕组,F 表示滤波绕组,ER 表示阀侧等效整流绕组

表 13.2 给出了配套无源滤波装置的初始设计参数,此为理论上优化输出结果,在实际工程中,由于滤波组件制造、安装误差及运行环境的影响,各器件实际参数还需进一步调整和校验。

表 13.2 配套无源滤波装置主要设计参数

参数	5 次滤波支路	11 次滤波支路	13 次滤波支路
工作电压/kV	10	10	10
基波单相容量/kvar	339.4	83.58	45.03
电容器 C/μF	31.114	7.915	4.274
电抗器 L/mH	13.026	10.579	14.028

工程上对滤波装置参数进行调整和调谐工作,主要是进行电抗器的电感值微调,典型的做法是移动电抗器的安装位置或对其匝数进行增减处理。表 13.3 给出了一组实际工程中对上述滤波装置参数进行了校验和调节的结果。

表 13.3 新型 12 脉波整流变压器滤波支路谐波电压及电抗(容抗)实测值

参数	5 次滤波支路			11 次滤波支路			13 次滤波支路		
	A 相	B 相	C 相	A 相	B 相	C 相	A 相	B 相	C 相
谐波电压/V	4.3	3.5	4.5	4.2	5.1	5.6	2.3	4.4	2.4
谐波相位/(°)	4.9	5.77	8.74	−10.9	−4.34	−8.99	5.87	5.8	9.85
等效电阻/Ω	0.019	0.137	0.092	0.099	0.132	0.111	0.064	0.126	0.006
等效电抗/Ω	0.012	0.013	0.08	−0.03	−0.01	−0.02	0.007	0.128	0.012

由表可知,调整后的各滤波支路谐波电压降至很小,相应支路谐波电压电流相位差也较小,经测算后的谐波等效电阻与电抗值接近零值,可认为十分接近相应次谐波下的调谐状态,具备实施感应滤波的条件。

13.2　高效能 12 脉波整流系统工程应用能效分析

高效能整流系统在工程应用中的谐波抑制、无功补偿效果及对系统能效指标的影响情况都是需关注的内容,通过合理制定监测方案,按照科学计算方法进行各项性能指标的测取,并给出客观合理的评价,对高效能整流系统的工程应用推广具有十分重要的意义。

13.2.1　系统测量接线及实施方案

根据不同的测试内容,制订出相应详细的测试方案;并依据测试方案,对测试点和测试仪器数量进行相应的配置。

本处测试项目具体包括感应滤波整流变压器(含感应滤波功补设备)效率、晶闸管整流器效率、系统网侧功率因数及系统 35kV 总进线处谐波情况等。根据上述测试要求,拟配置两套测试接线方案:一个是由多台专用测量仪器经同步后所进行的测量,另一个是采用由本课题组自主研发的能效监测系统所展开的测量。

图 13.8 标明了所示系统各测量点的位置选定情况。图中两套整流系统按照测量先后顺序,分别选定各系统的交流网侧、低压阀侧、滤波侧及直流侧 4 个点进行测量设备的安装和测试工作。

应用第一种测量方案进行系统能效监测,测量仪器拟选用日本日置 HIOKI 3198 和 3390 系列功率分析仪便携式设备。其中 3390 是 3198 的升级版,二者外观、功能并没有太显著的区别,其测量接线端子布置如图 13.9 所示。

因实验条件限制,共配置 5 台功率分析仪,其中 HIOKI 3390 一台,HIOKI 3198 四台。采取一次测量一套感应滤波整机组,测量前,所有仪器均准确对时并清零,然后从同一时刻开始记录,配置每秒记录一组数据,共记录 5 分钟(300 个点),内容包括电压均方根值、电流均方根值、有功功率、无功功率、功率因数、电压和电流 THD、谐波有效值等。从记录的数据中得到每个时刻点的输入功率和输出功率,然后计算各点的效率,最后取 300 个点的效率进行平均,得平均效率。

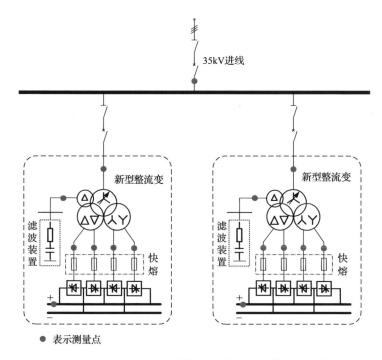

● 表示测量点

图 13.8　某电解工程高效能 12 脉波整流系统现场实物图

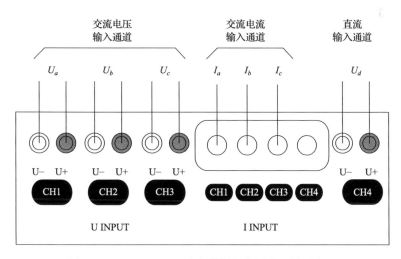

图 13.9　HIOKI 3198 功率分析仪信号输入端子布置

　　测量变压器效率时各仪器的分配和使用情况如表 13.4 所示。其中 1 台仪器测量 35kV 网侧电压电流,另 4 台仪器同步测量阀侧 4 个桥的交流电压、电流波形。

表 13.4 整流变压器效率测量实施方案

测量点	测量仪器	测量内容	备注
网侧开关柜	3390	网侧输入功率	PT:35kV/100V CT:300A/5A
阀侧铜排正△组	3198	阀侧输出功率	电压:直接测量 电流:罗氏线圈互感器 (5000A/500mV)
阀侧铜排反△组	3198	同上	同上
阀侧铜排正 Y 组	3198	同上	同上
阀侧铜排反 Y 组	3198	同上	同上

测量整流器效率时各仪器的分配和使用情况如表 13.5 所示。仅需 4 台仪器，分别用于同步测量变压器阀侧四个整流桥的交流电流和半桥臂晶闸管阀两端的电压，并据此计算整流器效率。

表 13.5 整流器效率测量实施方案

测量点	测量仪器	测量内容	互感器变比	备注
a 正△组整流桥交流侧铜排 b 直流母线正极	3198	①交流电流 ②半桥臂晶闸管电压	电压:直接测量 电流:罗氏线圈互感器:5000A/500mV	电压端子跨接在交流铜排与直流母线正极
a 反△组整流桥交流侧铜排 b 直流母线正极	3198	①交流电流 ②半桥臂晶闸管电压	电压:直接测量 电流:罗氏线圈互感器:5000A/500mV	电压端子跨接在交流铜排与直流母线正极
a 正 Y 组整流桥交流侧铜排 b 直流母线正极	3198	①交流电流 ②半桥臂晶闸管电压 ③整流柜输出直流电压	电压:直接测量 电流:罗氏线圈互感器:5000A/500mV 直流电压直接测量	电压端子跨接在交流铜排与直流母线正极 直流电压接入 CH4 电压通道
a 反 Y 组整流桥交流侧铜排 b 直流母线正极	3198	①交流电流 ②半桥臂晶闸管电压 ③整流柜输出直流电流	电压:直接测量 电流:罗氏线圈互感器:5000A/500mV 霍尔直流电流传感器:20kA/5V	电压端子跨接在交流铜排与直流母线正极 直流电流检测信号(0～5V)接入 CH4 电压通道

三相晶闸管整流全桥实质由上下两个半桥串联而成，对于同相逆并联单机 12 脉波整流系统，共包含 8 个半桥整流电路。通过 4 台 3198 的数据计算 4 个半桥损耗，然后取其平均值 $P_{r(av)}$，即得单个半桥损耗的平均值，再将该值乘以 8，便可得到整流器的总损耗 P_z。

$$P_z = 8P_{r(av)} \tag{13.1}$$

设整流器输出的直流功率为 $P_d = U_d I_d$，则整流器的效率为

$$\eta_2 = \frac{P_d}{P_d + P_z} \times 100(\%) \tag{13.2}$$

13.2.2　系统电能质量谐波指标分析

能否实施有效的谐波治理是高效能整流系统进行工程推广应用的首要关注点，而大功率整流系统一般可等效为一个电流源型的非线性谐波源，因此，对系统谐波电流的抑制效果好坏显得尤为重要。

图 13.10 给出了一组实施感应滤波前后的主要测点电压、电流波形，其中，图 13.10(a)、(b) 为整流机组未实施感应滤波前于网侧 35kV 进线处测得的电压、电流波形，图 13.10 (c) 为整流机组实施感应滤波后于网侧 35kV 进线处测得的电压波形，图 13.10(d) 为整流机组实施感应滤波时滤波侧的电流波形。

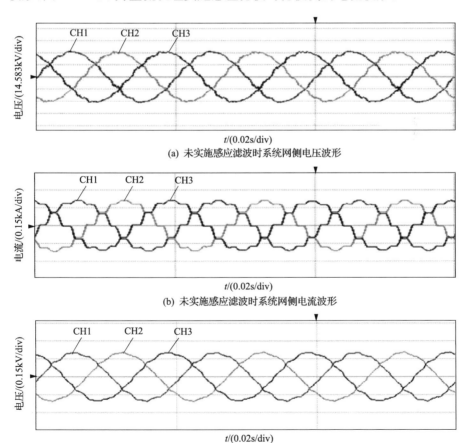

(a) 未实施感应滤波时系统网侧电压波形

(b) 未实施感应滤波时系统网侧电流波形

(c) 实施感应滤波时系统网侧电压波形

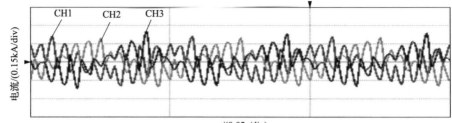

(d) 实施感应滤波时系统滤波侧电流波形

图 13.10　变压器主要测点电压电流实测波形

分析图 13.10 可知,系统网侧的电压波形近似为正弦波,基本可忽略整流非线性负载对电网电压波形的影响;在不投入滤波装置未实施感应滤波时,系统网侧电流波形与传统的 12 脉波整流系统一致,整体上波形畸变度比 6 脉波系统波形要小,效率更高;当实施感应滤波时,系统网侧波形均有明显改善,变得更加光滑和接近正弦波,在变压器滤波侧呈现出谐波滤除和无功补偿的波形特征,说明感应滤波技术在抑制谐波方面是成效显著的。

对照图 13.10 所示的波形,可进一步分析各波形的谐波成分。对图示波形进行了 FFT 分析,图 13.11 给出了相应波形的 FFT 分析输出频谱分布图。

具体的频谱分析结果数据列于表 13.6,表中主要给出了所关注的 5、7、11、13 次及总谐波畸变率 THD 值分析项目,各次电流数据均表示的是幅值,与图 13.11 所示各波形的纵坐标相对应。

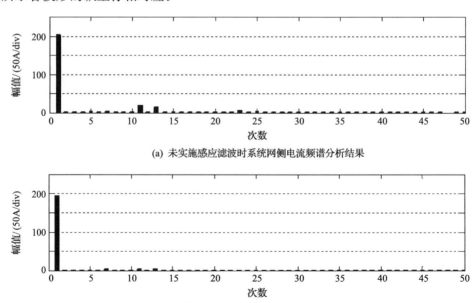

(a) 未实施感应滤波时系统网侧电流频谱分析结果

(b) 实施感应滤波时系统网侧电流频谱分析结果

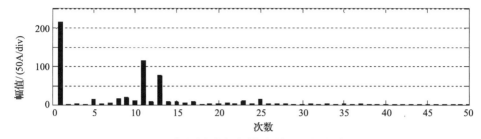

(c) 实施感应滤波时系统滤波侧电流频谱分析结果

图 13.11　系统实测电流波形频谱分析

表 13.6　系统实测波形 FFT 分析结果数据

分析项目	未实施感应滤波 网侧电流波形数据	实施感应滤波 网侧电流波形数据	实施感应滤波 滤波侧电流波形数据
基波/A	204.46	193.91	129.5
5 次/A	4.22	1.57	8.351
7 次/A	3.05	2.78	3.476
11 次/A	19.742	3.06	69.472
13 次/A	14.576	2.3	45.77
THD/%	13.26	4.08	71.18

　　由图 13.11 和表 13.6 可以看出,在未实施感应滤波的情况下,相对 6 脉波整流系统,采用 12 脉波系统的网侧电流谐波含量均不是很严重,谐波分布主要以 11、13 及其倍次谐波成分为主;而在投入滤波装置实施感应滤波后,系统滤波侧发挥滤波作用,直接表现为滤波侧的 11、13 次谐波成分数值较大,其 THD 值达 71.18%,而变压器网侧实测电流波形 THD 值由 13.26% 改善至 4.08%,网侧电流波形指标满足相同容量等级的国内、国外有关谐波含量限制标准的要求。滤波侧和系统网侧电流波形的 THD 值一涨一降,充分表明感应滤波技术对系统谐波治理的有效性。

13.2.3　系统电能质量功率因数指标分析

　　由第 2 章感应滤波系统无功补偿原理部分的理论分析可知,投入感应滤波装置在对谐波进行治理的同时还兼具无功补偿功能。相对于常规的网侧功补方案,其突出特质是借助整流变压器的滤波绕组,在距离无功消耗最近点处实现无功补偿,缩短了无功电流输送距离,有利于减小变压器损耗,提高整个系统效率。

　　考察感应滤波实施前后系统网侧功率因数指标变化情况对评价高效能整流系统无功功率补偿效果具有十分重要的意义。电网供电部门对用户电能质量的评估,也主要是针对系统靠近电网侧公共交流耦合点处的功率因数进行考核。

图 13.12 给出的是感应滤波实施前后在系统网侧实测的电压电流基波矢量分析结果。由图可知,当未实施感应滤波时,系统网侧 A 相电压电流相位差为 18.9°,而当实施感应滤波即投入滤波装置后,二者相位差减至 8.73°,意味着系统网侧功率因数得到了提高;由感应滤波装置提供无功补偿的直接结果是使得系统网侧电压幅度略有上升,而电流则由 144.77A 下降至 135.27A,减小近 7% 的份额,表明在负载保持不变的前提下,无功补偿有效减小由电网所提供的无功电流,使系统视在功率需求额下降,从而可相应降低整流变压器的设计容量,节省工程投资。

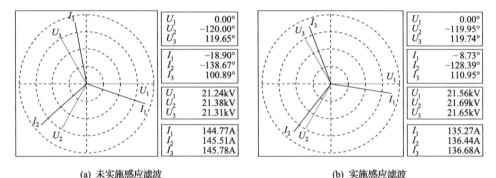

(a) 未实施感应滤波   (b) 实施感应滤波

图 13.12   系统网侧实测电压电流基波矢量图

根据 13.2.1 节所提供的测量方案,由机组网侧测量记录数据,可得到每个时间点的网侧功率因数,取一段时间内的数据进行平均,便可得到系统机组网侧功率因数的平均值。

图 13.13 给出的是机组在 9.2MW 工况下的功率因数波动情况。系统测试工况:直流输出功率为 9.2MW,直流电压为 564V,连续测试记录 5min。

系统网侧三相各自的功率因数变化曲线如图 13.13(a)所示;将三相功率因数取平均,可得三相平均功率因数变化曲线,如图 13.13(b)所示,5min 时间间隔内

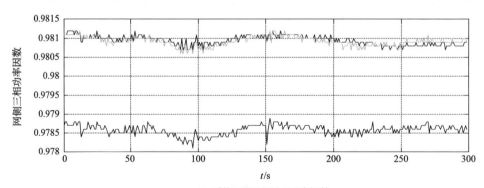

(a) 系统网侧三相独立功率因数

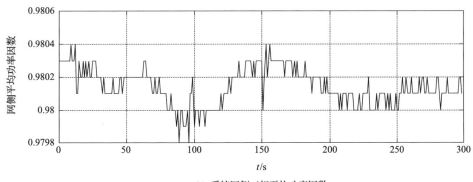

(b) 系统网侧三相平均功率因数

图 13.13　系统网侧功率因数 5min 内的波动情况(9.2MW)

统计平均功率因数为 0.9801。同时由图 13.13 可看出,系统网侧三相功率因数并不是完全一致,存在不平衡现象,主要是由系统三相电源不平衡或负载不平衡所导致,另三相功补容量的相对不平衡也是其重要影响因素。

图 13.14 给出的是机组在 10.7MW 工况下的功率因数波动情况,连续测试记录10min,此时系统直流输出电压为 550V,系统网侧平均功率因数统计值为 0.964。

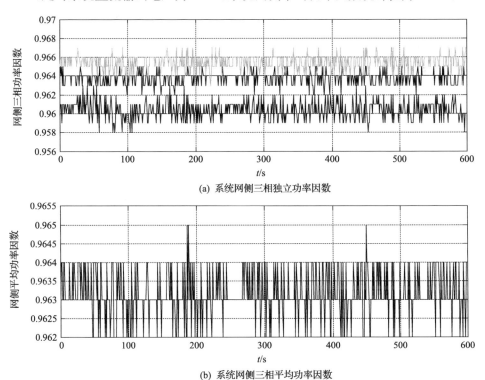

(a) 系统网侧三相独立功率因数

(b) 系统网侧三相平均功率因数

图 13.14　系统网侧功率因数 10min 内的波动情况(10.7MW)

测试过程中发现,当变压器档位调节合适时,投入滤波器后,机组网侧的功率因数可达 0.98 以上;但当变压器档位调节不合理时,典型的如实际直流负荷较轻时,变压器档位却较高,输出电压上升,从而导致晶闸管控制角较大,功率因数较差。解决措施是在负荷统计变化较大的情况下,建议按照第 5 章所做的论述,实现变压器调压与晶闸管触发角二者以电能质量为目标的联调协同动态控制或者科学合理安排巡视时间对变压器档位进行适当调整,以使系统网侧功率因数始终处于较高的水平。

现场记录数据同时表明,在控制角较小的情况下,投入所有滤波器后,可使功率因数达到 0.99,实现最佳无功补偿。

13.3 系统效率分析

高效能整流系统之要义首当其节能增效功能,通过对整流变压器内部谐波的治理及就近提供无功补偿,从这两方面来有效提升系统总体效率。因此,关于高效能整流系统总体效率指标的考核和评价,对感应滤波技术在工程应用上的推广具有决定性意义。

13.3.1 系统总体效率指标分析

系统效率总核算由各功率部件效率和损耗组成。由于仪器数量的限制,系统效率采用分步法测量,即先测量变压器的输入功率和阀侧功率,由此计算出变压器(含功补滤波装置)的效率和损耗;再测量整流器的损耗,并由测量得到的直流输出电压、电流,计算得到直流功率,计算出整流器的效率;而机组的总损耗等于变压器损耗与整流器损耗两部分之和。

具体各功率部件效率及系统总效率的测算数据和过程如下。

1) 整流变压器效率

参照 13.2.1 节所提供的测量方案,对整流变压器网侧的各相有功功率和三相总有功功率监测并记录 10min,在该段时间内的有功功率曲线变化情况如图 13.15 所示。

分析图 13.15 可知,系统网侧总有功接近 10MW 额定工况,且三相有功功率存在不平衡现象,该状况与 13.2.3 节系统功率因数分析时情况相一致。

变压器阀侧 4 个连接组各自三相有功及阀侧总有功变化曲线如图 13.16 所示。

由图 13.16 可清晰地看到,10min 时间间隔内 4 个整流连接组的负载分配情况,它们的有功输出并不是完全相等,最大组与最小组相差近 300kW;另自测试记录第 8min 起,负载开始略有增加,这可从阀侧总有功功率曲线观察得到;将测试数据进行平均,可得阀侧各连接组及总有功的平均功率;由测得的变压器网侧输入功率和阀侧输出功率,可进行变压器损耗和效率计算,具体数值如表 13.7 所示。

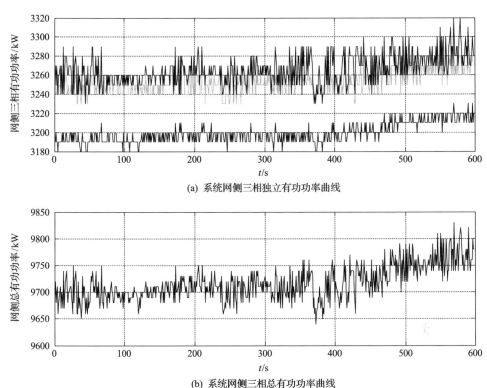

(a) 系统网侧三相独立有功功率曲线

(b) 系统网侧三相总有功功率曲线

图 13.15　系统网侧有功功率 10min 时间间隔内的波动情况

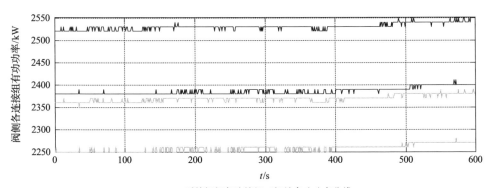

(a) 系统阀侧各连接组三相总有功功率曲线

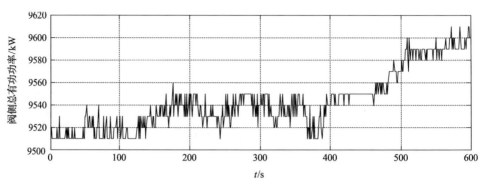

(b) 系统阀侧总有功功率曲线

图 13.16 系统阀侧有功功率 10min 时间间隔内的波动情况

表 13.7 系统整流变压器效率测算(10min 平均值)

计算项目		测试数据
网侧输入功率/kW	A 相	3198.92
	B 相	3252.93
	C 相	3264.89
	输入总功率	9716.74
阀侧输出功率/kW	连接组 1	2529.85
	连接组 2	2368.65
	连接组 3	2385.93
	连接组 4	2257.57
	输出总功率	9542.00
变压器损耗/kW		174.74
变压器效率/%		98.2

表中各计算项是取 10min 时间内的统计平均值,由表可知,变压器损耗为 174.74kW,效率为 98.2%。值得注意的是,变压器损耗的计算包含了滤波侧外接滤波装置损耗部分,若去除该损耗来计算变压器效率,则数值将会更大些。

2) 晶闸管整流器效率

晶闸管整流器效率的测算,由 13.2.1 所制订的测试方案,采取先测试 4 个半桥电压电流波形,再平均得半桥平均值,最后乘以 8 得到阀侧 4 套整流桥的功率效能参数。

　　整流器 4♯ 半桥(反 Y 连接组)的桥臂电流、电压和瞬时功率波形如图 13.17 所示。图 13.17(b)中,半桥阀臂瞬时电流波形的水平黑粗线表示该半桥的电流平均值,取值约为 3.94kA;图 13.17(c)中,瞬时有功功率波形的水平黑粗线表示该半桥的臂功率平均值,取值约为 7.95kW,即为该半桥的功率损耗值。

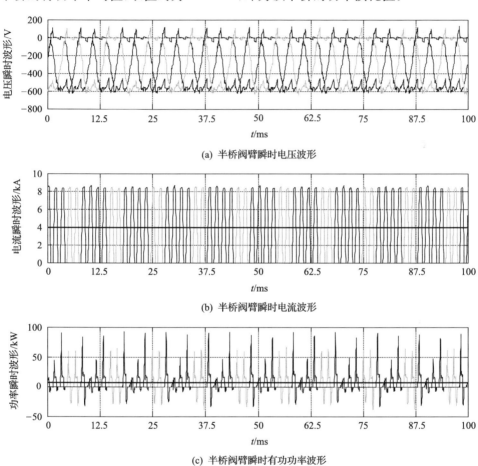

(a) 半桥阀臂瞬时电压波形

(b) 半桥阀臂瞬时电流波形

(c) 半桥阀臂瞬时有功功率波形

图 13.17　系统阀侧半桥电压、电流及功率瞬时波形

　　其他半桥阀臂的波形与之类似,4 个所测试半桥的损耗平均值为 7.63kW,该值乘以 8,便得晶闸管整流器的总损耗功率,计算值为 61.04kW。

　　根据测得的晶闸管整流器输入、输出功率,可进行整流器效率的计算。具体数据及计算结果如表 13.8 所示。

　　表 13.8 中,整流器的输入功率由输出功率减去整流器损耗得到。由表可知,在该测试时点处晶闸管整流器的效率约为 99.34%。

表 13.8　系统晶闸管整流器效率测算

测算项目	测算点	测算数据
整流桥损耗/kW	1♯半桥	7.50
	2♯半桥	6.60
	3♯半桥	8.73
	4♯半桥	7.95
	半桥均值	7.63
整流桥输出电流/kA	1♯全桥	4.06
	2♯全桥	4.52
	3♯全桥	3.72
	4♯全桥	3.94
整流桥输出电压/V	—	564.46
整流器输出功率/kW	—	9166.83
整流器损耗/kW	—	61.04
整流器输入功率/kW	—	
整流器效率/%	—	99.34

3) 机组整体效率

由于在分别测试系统变压器和整流器效率过程中,负荷变动不是太大,可认为变压器和整流器的损耗基本不变,而所测试机组总损耗为二者损耗之和,取值约为235.78kW(174.74+61.04)。并且机组输出功率为9166.83kW,由此可计算出测试机组整体效率(含功补装置)为

$$\eta = \frac{9166.83}{9166.83 + 235.78} \times 100\% = 97.49\% \tag{13.3}$$

13.3.2　系统效率指标修正

1) 变压器损耗功率修正

由于测试现场包含两套高效能整流系统及动力变,工作人员每天对总屏进线和各分屏进线的电能进行计量跟踪比较,发现三个分屏的电度数之和大于总屏的电度数。为进一步验证该事实,在本次测试过程中,采用 4 台功率分析仪同步测量总屏和分屏功率,测量结果是各分屏功率之和确实大于总屏功率。

表 13.9 给出了现场工作人员 19 天内总屏电度数与分屏合计电度数的比值,其值均大于 1,19 天内比值的平均值为 1.012。分析原因认为两者的差异来源于网侧电压和电流互感器的误差。因总屏的电能表作为供电部门收费的依据,计量用的互感器和仪表已经过校核,可作为基准。

表 13.9　总屏电度数与分屏合计电度数比值

序号	日期	分屏合计数/总屏数
1	5 月 16 日	1.012
2	5 月 15 日	1.012
3	5 月 14 日	1.010
4	5 月 13 日	1.014
5	5 月 12 日	1.013
6	5 月 11 日	1.012
7	5 月 10 日	1.016
8	5 月 9 日	1.014
9	5 月 8 日	1.014
10	5 月 6 日	1.011
11	5 月 5 日	1.010
12	5 月 4 日	1.011
13	5 月 3 日	1.008
14	5 月 2 日	1.012
15	5 月 1 日	1.012
16	4 月 30 日	1.008
17	4 月 29 日	1.012
18	4 月 28 日	1.012
19	4 月 27 日	1.009
平均		1.012

在对两台机组的变压器效率进行测量时,变压器输入功率的测量直接采用了机组网侧配置的电压和电流互感器,变压器阀侧输出电压直接测量,输出电流采用功率分析仪标配的罗氏线圈电流互感器进行测量。经校定,罗氏线圈电流互感器的平均精度为 +1%。因此,变压器损耗修正值公式为

$$变压器损耗修正值 = \frac{变压器输入功率}{1.012} - \frac{变压器输出功率}{1.01} \tag{13.4}$$

参照变压器损耗值修正公式(13.4),代入相关测试数据,可求得变压器损耗和效率修正处理后的值,如表 13.10 所示。

表 13.10　变压器损耗和效率修正

项目	输入功率/kW	输出功率/kW	损耗/kW	效率/%
修正前	9716.74	9542.0	174.74	98.20
修正后	9601.52	9447.52	154.0	98.40

2）整流器损耗的修正

整流器效率测量时，所有的电压测量均未采用互感器，只有阀侧的电流测量采用罗氏线圈互感器。参照第 5 章阐述的直流输出电流反演测算法，直流电流可由阀侧测量电流间接推算出来。因此，罗氏线圈电流互感器的精度对整流器输入功率和输出功率有相同的影响，考虑到罗氏线圈电流互感器的平均精度校定为＋1％，故整流器损耗值的修正公式为

$$整流器损耗修正值 = \frac{整流器输入功率}{1.01} - \frac{变压器输出功率}{1.01} \tag{13.5}$$

根据整流器损耗修正公式（13.5），可计算整流器损耗及效率的修正值，如表 13.11 所示。由于整流器的输入功率和输出功率按同比例修正，所以，修正前后整流器的效率值不发生变化。

表 13.11　整流器损耗及效率修正

项目	输入功率/kW	输出功率/kW	损耗/kW	效率/%
修正前	9227.87	9166.83	61.04	99.34
修正后	9136.51	9076.07	60.44	99.34

3）机组效率的修正

根据表 13.10 和表 13.11 所示数据，可最终得到机组总损耗和总效率的修正结果，如表 13.12 所示。

表 13.12　机组总损耗和总效率修正

项目	输入功率/kW	输出功率/kW	损耗/kW	效率/%
修正前	9402.7	9166.83	235.78	97.49
修正后	9290.5	9076.07	214.44	97.69

13.3.3　系统额定工况下的机组效率

参照国家标准《电力整流设备运行效率的在线测量》（GB/T 18293—2001）的规定，由整流设备实际工况下的效率，推算额定工况下的效率，其计算公式为

$$\eta_{dn} = \frac{1}{1 + \left(\dfrac{1}{\eta_d} - 1\right)\dfrac{U_d I_{dn}}{U_{dn} I_d}} \tag{13.6}$$

式中，η_{dn}、η_d 分别表示额定和实际工况下的效率；U_d、I_d 表示实际工况下的直流输出电压、电流；U_{dn}、I_{dn} 表示额定工况下的直流输出电压、电流。

所测试系统，额定工况为直流输出 640V/16kA，参照换算公式(13.6)，可求得所测试整流系统在额定工况下的运行效率，具体参算数据及结果如表 13.13 所示。

表 13.13　机组实际工况和额定工况下的效率

分析项目	直流电压/V	直流电流/kA	效率/%
实际工况	564.46	16.24	97.69
额定工况	640	16	98

13.4　本章小结

走工程化道路是任何先进理论和技术发展成熟的必经环节，也只有接受来自工程实际的检验，才能更进一步推动理论和技术的深化与发展。感应滤波理论与技术在发展过程中，针对不同领域形成了不同的工程应用形式和具备不同的运行特性，随着工程应用的不断拓展，在工程实践中涌现出的各类问题及解决问题的经验也亟需理论研究及时跟进和经验积累加以梳理，以形成系统性和指导性的理论和方法。

本章主要针对感应滤波技术在大功率整流供电领域的最新应用形式，完成了对其工程应用情况进行初步系统性的研究和分析，所做工作主要包括以下几方面。

（1）首先简单介绍了高效能 12 脉波感应滤波整流系统的工程应用背景、系统接线方案和主参数设计情况，以图文并茂的形式重点介绍了其工程应用成功案例，为接续的解剖麻雀式的能效特性分析做铺垫。

（2）以其中某电解供电系统应用工程作为典型案例，设计和介绍了关于系统能效测算的接线和实施方案；并基于测试数据，重点研究和分析了系统电能质量谐波指标、功率因数指标、各部件功率损耗和效率指标情况，根据所测算的各项能效指标数据，确证了高效能整流技术在系统电能质量控制、部件节能增效方面所具有的独特优势。

（3）本章最后指出了在工程测试中由于所选用传感器测量精度而引起的误差问题，并同时给出了存在问题的解决方法；通过对各能效指标进行修正处理，最后给出了基于修正数据所计算得到的系统在额定运行工况下的总效率。

由本章所做的高效能整流系统工程应用研究，其结论表明，基于感应滤波技术构建的高效能大功率整流系统，真正具备系统节能和电能优质的高效能属性，可为该技术在其他领域的工程应用推广提供有益参考以及借鉴作用。

参 考 文 献

[1] 张国宝. 科学发展：电力工业赢得挑战的根本途径. 电气时代，2009，5：26-27

[2] 郝卫平. 电力发展：问题与对策. 中国电力企业管理，2009，4：12-13

[3] 方燕平. 我国电力工业的发展与展望. 电力系统装备，2009，4：62-65

[4] Emadi A, Williamson S S, Khaligh A. Power electronics intensive solutions for advanced electric, hybrid electric, and fuel cell vehicular power systems. IEEE Transactions on Power Electronics, 2006, 21(3): 567-577

[5] Blaabjerg F, Chen Z, Kjaer S B. Power electronics as efficient interface in dispersed power generation systems. IEEE Transactions on Power Electronics, 2004, 19(5): 1184-1194

[6] Wang F, Rosado S, Thacker T, et al. Power electronics building blocks for utility power system applications. The 4th International Power Electronics and Motion Control Conference, 2004, 1: 354-359

[7] 汤广福，贺之渊. 2008 年国际大电网会议系列报道——高压直流输电和电力电子技术最新进展. 电力系统自动化，2008，32(22)：1-5

[8] Zhang X P, Rehtanz C, Pal B. Flexible AC Transmission Systems: Modeling and Control. Berlin: Springer, 2006

[9] Song Y H, Johns A T. Flexible AC Transmission Systems (FACTS). London: The Institution of Electrical Engineers, 1999

[10] 喻新强. 国家电网公司直流输电系统可靠性统计与分析. 电网技术，2009，33(12)：1-7

[11] 吴怀权. 国内高压直流输电技术及装备的发展. 电力系统装备，2009，4：59-61

[12] Sood V K. 高压直流输电与柔性交流输电控制装置——静止换流器在电力系统中的应用. 徐政，译. 北京：机械工业出版社，2008

[13] Bahrman M P, Johnson B K. The abcs of HVDC transmission technologies. IEEE Power and Energy Magazine, 2007, 5(2): 32-34

[14] Anderson B R. HVDC transmission-opportunities and challenges. The 8th IEE International Conference on AC and DC Power Transmission, 2006: 24-29

[15] Gemmel B, Loughran J. HVDC offers the key to untrapped hydro potential. IEEE Power Engineering Review, 2002, 22(5): 8-11

[16] 王兆安，杨君，刘进军. 谐波抑制与无功功率补偿. 北京：机械工业出版社，1999

[17] Wakileh G J. 电力系统谐波-基本原理、分析方法和滤波器设计. 徐政，译. 北京：机械工业出版社，2003

[18] Das J C. Passive filters-potentialities and limitations. IEEE Transactions on Industry Applications, 2004, 40(1): 232-241

[19] 赵婉君. 高压直流输电工程技术. 北京：中国电力出版社，2004

[20] Xiao Y. Algorithm for the parameters of double tuned filter. 8th International Conference on Harmonics and Quality of Power, 1998, 1: 154-157

[21] 罗隆福, 俞华, 刘福生, 等. 高压直流输电系统中双调谐滤波器参数研究及其仿真. 电力自动化设备, 2006, 26(10): 25-27

[22] 李普明, 徐政, 黄莹, 等. 高压直流输电交流滤波器参数的计算. 中国电机工程学报, 2008, 28(16): 115-121

[23] 宋蕾, 文俊, 闫金春, 等. 高压直流输电系统直流滤波器的设计. 高电压技术, 2008, 34(4): 647-651, 677

[24] 肖遥, 尚春, 林志波, 等. 低损耗多调谐无源滤波器. 电力系统自动化, 2006, 30(19): 69-72

[25] 童泽, 罗隆福, 李勇. 高压直流输电系统多调谐滤波器参数摄动的影响分析. 电网技术, 2008, 32(4): 52-55, 66

[26] ABB. ConTune-continuously tuned AC filter. http://www.abb.com/[2009-02-05]

[27] 陈国柱, 吕征宇, 钱照明. 有源电力滤波器的一般原理及应用. 中国电机工程学报, 2000, 20(9): 17-21

[28] Jou H L, Wu J C, Chang Y J, et al. A novel active power filter for harmonic suppression. IEEE Transactions on Power Delivery, 2005, 20(2): 1507-1513

[29] Wu L H, Zhuo F, Zhang P B, et al. Study on the influence of supply-voltage fluctuation on shunt active power filter. IEEE Transactions on Power Delivery, 2007, 22(3): 1743-1749

[30] 王群, 姚为正, 刘进军. 谐波源与有源电力滤波器的补偿特性. 中国电机工程学报, 2001, 21(2): 16-20

[31] Moran L A, Pastorini I, Dixon J, et al. A fault protection scheme for series active power filters. IEEE Transactions on Power Electronics, 1999, 14(5): 928-938

[32] Kuo H H, Yeh S N, Hwang J C. Novel analytical model for design and implementation of three-phase active power filter controller. IEE Proceedings Electric Power Applications, 2001, 148(4): 369-383

[33] 周林, 蒋建文, 周雏维. 基于单周控制的三相四线制有源电力滤波器. 中国电机工程学报, 2003, 23(3): 85-88, 125

[34] 范瑞祥. 并联混合型有源电力滤波器的理论与应用研究. 长沙: 湖南大学博士学位论文, 2007

[35] 汤赐, 罗安, 范瑞祥, 等. 新型注入式混合有源滤波器应用中的问题. 中国电机工程学报, 2008, 28(18): 47-53

[36] Fujita H, Yamasaki T, Akagi H. A hybrid active filter for damping of harmonic resonance in industrial power systems. IEEE Transactions on Power Electronics, 2000, 15(2): 215-222

[37] Corasaniti V F, Barbieri M B, Arnera P L, et al. Hybrid power filter to enhance power quality in a medium-voltage distribution network. IEEE Transactions on Industrial Electronics, 2009, 56(8): 2885-2893

[38] Akagi H, Hatada T. Voltage balancing control for a three-level diode-clamped converter in a medium-voltage transformerless hybrid active filter. IEEE Transactions on Power Electronics, 2009, 24(3): 571-579

[39] Corasaniti V F, Barbieri M B, Arncra P L, et al. Hybrid power filter for reactive and harmonics compensation in a distribution network. IEEE Transactions on Industrial Electronics, 2009, 56(3): 670-677

[40] 陈国柱, 吕征宇, 钱照明. 典型工业电网谐波及其混合有源滤波抑制. 电网技术, 2000, 24(5): 59-63

[41] 唐卓尧, 任震. 并联型混合滤波器及其滤波特性分析. 中国电机工程学报, 2000, 20(5): 25-29

[42] Senini S, Wolfs P J. Analysis and design of a multiple-loop control system for a hybrid active filter. IEEE Transactions on Industrial Electronics, 2002, 49(6): 1283-1292

[43] 刘福生, 聂光前, 肖乐军. 阻抗匹配平衡变压器的模型试验及其性能分析. 铁道学报, 1992, 3: 23-31

[44] 刘福生, 左辰. 阻抗匹配平衡变压器牵引负荷的负序影响与谐波分析. 电网技术, 1989, (1): 26-32

[45] 李勇, 罗隆福, 刘福生, 等. 变压器感应滤波技术的发展现状与应用前景. 电工技术学报, 2009, 24(3): 86-92

[46] 韩民晓, 尹忠东, 徐永海, 等. 柔性电力技术-电力电子在电力系统中的应用. 北京: 中国水利水电出版社, 2007

[47] Rehtanz C. Why moving R&D to China. http://www.eaylf.com/[2007-09-07]

[48] 袁清云, 高理迎, 余军, 等. 特高压直流输电技术研究成果综述//2006 年特高压输电技术国际会议论文集. 北京: 国家电网, 2006: 588-591

[49] 杨一鸣, 章旭雯. 特高压直流换流站设备的降噪措施. 高电压技术, 2006, 32(9): 149-152

[50] 浙江大学发电教研组. 直流输电. 北京: 中国水利电力出版社, 1985

[51] 戴熙杰. 直流输电基础. 北京: 中国水利电力出版社, 1990

[52] 李晓萍, 文习山, 蓝磊, 等. 单相变压器直流偏磁实用与仿真. 中国电机工程学报, 2007, 27(9): 33-40

[53] 马玉龙. 高压直流输电系统的稳定性分析. 北京: 华北电力大学博士学位论文, 2006

[54] 徐政. 交直流电力系统动态行为分析. 北京: 机械工业出版社, 2005

[55] 郝巍, 李兴源, 金小明, 等. 直流输电引起的谐波不稳定及其相关问题. 电力系统自动化, 2006, 30(19): 94-99

[56] Jiang X, Gole A M. A frequency scanning method for the identification of harmonic instabilities in HVDC systems. IEEE Transactions on Power Delivery, 1995, 10(4): 1875-1881

[57] Hammad A E. Analysis of second harmonic instability for the chateauguay HVDC/SVC scheme. IEEE Transactions on Power Delivery, 1992, 7(1): 410-415

[58] Bodger P S, Irwin G D, Woodford D A. Controlling harmonic instability of HVDC links connected to weak AC systems. IEEE Transactions on Power Delivery, 1990, 5(4): 2039-2046

[59] Chen S, Wood A R, Arrillaga J. HVDC converter transformer core saturation instability:

A frequency domain analysis. IEE Proc. Gener. Transm. Distrib. , 1996，143(1)：75-81

[60] Larsen E V, Baker D H, Mclver J C. Low-order harmonic interactions on AC/DC systems. IEEE Transactions on Power Delivery, 1989，4(1)：493-501

[61] 穆子龙，李兴源. 交直流输电系统相互影响引起的谐波不稳定问题. 电力系统自动化，2009，33(2)：96-100

[62] 穆子龙，李兴源，金小明，等. 云广特高压直流送端谐波不稳定问题研究. 电网技术，2008，32(20)：8-14

[63] 荆勇，欧开健，任震. 交流单相故障对高压直流输电换相失败的影响. 高电压技术，2004，30(3)：60-62

[64] Bauman J, Kazerani M. Commutation failure reduction in HVDC systems using adaptive fuzzy logic controller. IEEE Transactions on Power Systems, 2007，22(4)：1995-2002

[65] Sun Y Z, Peng L, Ma F, et al. Design a fuzzy controller to minimize the effect of HVDC commutation failure on power system. IEEE Transactions on Power Systems, 2008，23(1)：100-107

[66] Hansen A, Havemann H. Decreasing the commutation failure frequency in HVDC transmission systems. IEEE Transactions on Power Delivery, 2000，15(3)：1022-1026

[67] Thio C V, Davies J B, Kent K L. Commutation failures in HVDC transmission systems. IEEE Transactions on Power Delivery, 1996，11(2)：946-957

[68] 欧开健，任震，荆勇. 直流输电系统换相失败的研究——换相失败的影响因素分析. 电力自动化设备，2003，23(5)：5-8, 25

[69] 任震，欧开健，荆勇. 直流输电系统换相失败的研究-避免换相失败的措施. 电力自动化设备，2003，23(6)：6-9

[70] 林凌雪，张尧，钟庆，等. 基于小波能量统计法的 HVDC 换相失败故障诊断. 电力系统自动化，2007，12(10)：61-64

[71] 袁旭峰，文劲宇，程时杰. 与弱交流系统相连接的 HVDC 系统临界换相电压降及逆变站的运行范围. 电网技术，2007，31(19)：24-30

[72] 马玉龙，肖湘宁，姜旭. 交流系统接地故障对 HVDC 的影响分析. 中国电机工程学报，2006，26(11)：144-149

[73] 余江，周红阳，黄佳胤，等. 交流系统故障导致直流线路保护动作的分析. 南方电网技术，2009，3(3)：20-23

[74] 李爱民，蔡泽祥，任达勇，等. 高压直流输电控制与保护对线路故障的动态响应特性分析. 电力系统自动化，2009，33(11)：72-75, 93

[75] 许爱东，柳勇军，吴小辰. ±800kV 云广特高压直流安全稳定控制策略研究. 南方电网技术，2008，2(5)：14-18

[76] 朱韬析，武诚，王超. 交流系统故障对直流输电系统的影响及改进建议. 电力系统自动化，2009，33(1)：93-98

[77] Sato M, Yamaji K, Sekita M, et al. Development of a hybrid margin angle controller for HVDC continuous operation. IEEE Transactions on Power Systems, 1996，11(4)：1792-1798

[78] Jovcic D, Pahalawaththa N, Zavahir M. Inverter controller for HVDC systems connected to weak AC systems. IEE Proceedings-Geneation, Transmission and Distribution, 1999, 146(3): 235-240

[79] Sato N, Honjo N, Yamaji K, et al. HVDC converter control for fast power recovery after AC system fault. IEEE Transactions on Power Delivery, 1997, 12(3): 1319-1326

[80] 马丁 J. 希斯科特. 变压器实用技术大全. 王晓莺, 等, 译. 北京: 机械工业出版社, 2004

[81] 辜承林, 陈乔夫, 熊向前. 电机学. 武汉: 华中科技大学出版社, 2005

[82] 金建铭. 电磁场有限元方法. 西安: 西安电子科技大学出版社, 1998

[83] 孙宇光, 王祥珩, 桂林, 等. 场路耦合法计算同步发电机定子绕组内部故障的暂态过程. 中国电机工程学报, 2004, 24(1): 136-141

[84] 许加柱, 罗隆福, 李季. 基于场路耦合法的大电流互感器屏蔽绕组分析. 中国电机工程学报, 2006, 26(23): 167-172

[85] Luo L F, Li H Y, Li Y, et al. Study on the electromagnetic transient state in the new converter transformer based on coupled field-circuit method//International Conference on Electrical Machines and Systems. Wuhan: IEEE, 2008: 4291-4295

[86] 王胜辉, 田立坚, 唐任远. 基于场路耦合法的机网暂态仿真研究. 沈阳工业大学学报, 1997, 19(5): 20-24

[87] 瓦修京斯基 C B. 变压器的理论与计算. 崔立君, 杜恩田, 等, 译. 北京: 机械工业出版社, 1983

[88] 崔立君. 特种变压器理论与设计. 北京: 科学技术文献出版社, 1996

[89] 夏道止, 沈赞埙. 高压直流输电系统的谐波分析及滤波. 北京: 水利电力出版社, 1994

[90] 罗隆福, 李勇, 刘福生, 等. 基于新型换流变压器的直流输电系统滤波装置. 电工技术学报, 2006, 21(12): 108-115

[91] 罗健. 系统灵敏度理论导论. 西安: 西北工业大学出版社, 1990

[92] 吴敏, 桂卫华, 何勇, 等. 现代鲁棒控制. 长沙: 中南大学出版社, 2006

[93] 孙竹森, 俞敦耀. 华新换流站噪声控制探讨. 电力建设, 2007, 28(11): 10-13

[94] 胡雨龙, 李兴, 赵明. 高压直流换流站噪声综合治理. 南方电网技术, 2009, 3(1): 49-52

[95] 高湛, 胡小龙. 蔡家冲. (宜都)换流站噪声治理研究和实践. 电力建设, 2007, 28(3): 13-16

[96] 李勇, 罗隆福, 许加柱, 等. 采用新型换流变压器的直流输电稳态模型. 电力系统自动化, 2006, 30(21): 28-32

[97] 李勇, 罗隆福, 贺达江, 等. 新型直流输电系统典型谐波分布特性分析. 电力系统自动化, 2009, 33(10): 59-63

[98] Luo L F, Li Y, Xu J Z, et al. A new converter transformer and a corresponding inductive filtering method for HVDC transmission system. IEEE Transactions on Power Delivery, 2008, 23(3): 1426-1431

[99] 李靖宇. 换流变压器直流偏磁的试验研究. 变压器, 2005, 42(9): 25-28

[100] Yacamini R, Oliveria J C. Instability in HVDC schemes at low-order integer harmonics.

IEE Proceedings Part C, 1980, 127(3): 179-188

[101] Ainsworth J D. Harmonic instability between controlled static converters and AC networks. IEE Proceedings, 1967, 114(7): 949-957

[102] Ainsworth J D. The phase locked oscillator-a new control system for controlled static converters. IEEE Transactions on Power Appartus and Systems, 1968, 87(3): 859-865

[103] Zeng L S, Zhu Z X, Bai B D. Research on influence of DC magnetic bias on a converter transformer//Proceeding of International Conference on Electrical Machines and Systems 2007. Seoul: IEEE, 2007: 1346-1349

[104] 杨小兵, 李兴源, 金小明, 等. 云广特高压直流输电系统中换流变压器铁心饱和不稳定分析. 电网技术, 2008, 32(19): 5-9

[105] Szechtman M, Wess T, Thio C V. A benchmark model for HVDC systems studies//1991 International Conference on AC and DC Power Transmission. London: IEEE, 1991: 374-378

[106] 张桂斌, 徐政. 直流输电技术的新发展. 中国电力, 2000, 33(3): 32-35

[107] 陈华山. 换相电抗的测量与计算. 变压器, 1997, 34(3): 22-23

[108] 李兴源. 高压直流输电系统的运行与控制. 北京: 科学出版社, 1998

[109] 艾飞, 李兴源, 王晓丽, 等. 交流系统强度与所联直流输电系统换相失败关系研究. 四川电力技术, 2009, 32(3): 1-4, 35

[110] 吴命利, 范瑜. 星形延边三角形接线平衡变压器的阻抗匹配与数学模型. 中国电机工程学报, 2004, 24 (11): 160-166

[111] 汤蕴璆, 史乃. 电机学. 北京: 机械工业出版社, 1999

[112] 韩正庆, 高仕斌, 李群湛. 基于变压器模型的新型变压器保护原理和判据. 电网技术, 2005, 29(5): 67-71

[113] 安世亚太. ANSYS动力学分析指南. http://pera. e-works. net. cn/[2007-07-25]

[114] Schettler F, Huang H, Christl N. HVDC transmission systems using voltage sourced converters design and applications//IEEE Power Engineering Society Summer Meeting. Seattle: IEEE, 2000: 715-720